北京市哲学社会科学规划办公室
北京市教育委员会　资助出版

北京知识管理研究报告 2015

BEIJING ZHISHI GUANLI YANJIU BAOGAO 2015

葛新权　主编

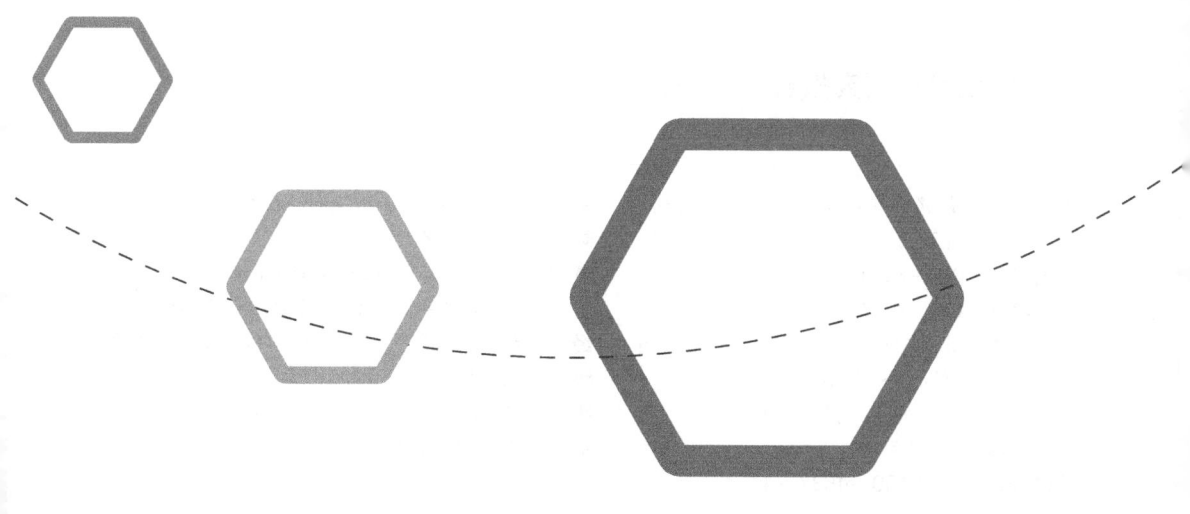

知识产权出版社
全国百佳图书出版单位

图书在版编目（CIP）数据

北京知识管理研究报告.2015／葛新权主编.—北京：知识产权出版社，2016.12
ISBN 978-7-5130-4637-4

Ⅰ.①北… Ⅱ.①葛… Ⅲ.①知识管理—研究报告—北京—2015 Ⅳ.①G322.71

中国版本图书馆 CIP 数据核字（2016）第 303560 号

内容提要

知识管理理论与应用、经济模型、循环经济研究是北京市知识管理研究基地的重要研究方向。从2015 年取得的成果中，我们选择了知识管理理论与应用、经济模型、循环经济研究方面的代表成果集成知识管理研究报告（2015）。经济模型作为特殊的知识挖掘方法与工具，以及应用知识理论与方法研究循环经济与管理问题。在知识管理方面，研究内容包括产业集群知识创新系统及失效和治理、协同知识管理实践、基于领域本体知识库的专业搜索引擎查询推荐算法、基于生命周期的联盟企业网络能力评价、基于因子分析的制造业员工工作价值观量表；在循环经济方面，研究内容包括面向循环经济的信息服务协同管理平台、高耗能行业结构调整、环境税与污染许可证的比较及污染减排的政策、碳限额与碳交易下生鲜产品供应链协调、城市居民生活垃圾按量缴费行为意向；在经济模型方面，研究内容包括虚拟经济与实体经济协调发展关系、基于 ARIMA 模型的北京居民消费价格指数、新技术园区全要素生产率测度、中关村高新技术园区收入预测、基于 IOWA 算子的指数平滑模型与非线性回归模型的组合预测。

责任编辑：张水华　　　　责任出版：孙婷婷

北京知识管理研究报告（2015）

葛新权　主编

出版发行：知识产权出版社 有限责任公司	网　　址：http://www.ipph.cn
社　　址：北京市海淀区西外太平庄 55 号	邮　　编：100081
责编电话：010-82000860 转 8389	责编邮箱：miss.shuihua99@163.com
发行电话：010-82000860 转 8101/8102	发行传真：010-82000893/82005070/82000270
印　　刷：北京中献拓方科技发展有限公司	经　　销：各大网上书店、新华书店及相关专业书店
开　　本：787mm×1092mm　1/16	印　　张：15.5
版　　次：2016 年 12 月第 1 版	印　　次：2016 年 12 月第 1 次印刷
字　　数：250 千字	定　　价：42.00 元
ISBN 978-7-5130-4637-4	

出版权专有　侵权必究
如有印装质量问题，本社负责调换。

目 录

产业集群知识创新系统失效及治理研究
　　——基于声誉及信息传递视角 …………… 刘　宇　何　琼　1
协同知识管理实践的影响因素及作用效果
　　——产业集群情境下的实证研究 ………… 倪　渊　张　健　13
基于领域本体知识库的专业搜索引擎查询推荐算法研究
　　——以盐湖化工领域为例 ………… 洪　婕　张　健　胡　亮　38
基于生命周期的联盟企业网络能力评价研究 …… 倪　渊　张　健　53
基于因子分析的制造业员工工作价值观量表的开发和验证
　　………………………………………… 聂铁力　王为溶　68
面向循环经济的信息服务协同管理平台研究 …… 张　健　齐　林　78
高耗能行业结构调整和能效提高对我国 CO_2 排放峰值的影响
　　——基于 STIRPAT 模型的实证分析 ……… 李　莉　王建军　89
环境税与污染许可证的比较及污染减排的政策选择 … 孙玉霞　刘燕红　103
碳限额与碳交易下生鲜产品供应链协调研究 ………… 田肇云　刘　鑫　113
城市居民生活垃圾按量缴费行为意向研究 ………………… 秋春童　122
虚拟经济与实体经济协调发展关系及合理区间研究 ………… 张旖旎　149
基于 ARIMA 模型的北京居民消费价格指数预测 …………… 杨颖梅　172
高新技术园区全要素生产率测度及实证研究 ………………… 王腾霄　184
中关村高新技术园区收入预测研究 …………………………… 王盈盈　207
基于 IOWA 算子的指数平滑模型与非线性回归模型的组合预测
　　………………………………………… 刘　刚　李静文　卢　凯　233

产业集群知识创新系统失效及治理研究

——基于声誉及信息传递视角[1]

刘宇 何琼[2]

(北京信息科技大学经济管理学院)

摘要：从知识溢出的双面效应、知识价值评估困难和知识同质化风险3个方面，对产业集群知识创新系统的失效原因进行了深入研究，在此基础上，提出了声誉治理机制，并运用博弈模型，对声誉及信息传递在产业集群知识创新系统失效治理中起到的关键作用进行了定量化分析。分析结果表明，声誉机制能够有效抑制知识溢出和知识价值评估困难导致的机会主义行为，并且通过集群内的信息传递，达到声誉的充分传播，不但强化了声誉在知识创新系统中的作用，而且使企业在系统中可以有更多的协同伙伴选择，降低路径锁定和知识同质化的风险。

关键词：产业集群；知识创新系统；治理机制；声誉；信息传递

在知识经济时代，通过低价格和廉价劳动力来维持产业竞争优势已不再可能。以制造业为例，世界银行的数据显示，到2012年中国制造业增加值为2.08万亿美元，占全球制造业20%，但大而不强，大多数产业尚处于价值链的中低端。自主创新能力薄弱、核心技术受制于人成为其主要制约因素。这迫切要求我们进行产业优化升级，加快从"要素驱动""投资驱动"转向通

---

[1] 项目资助：北京社科规划办项目"基于知识流的产业集群知识共享研究"(13JDJGB043)；国家自然科学基金项目"制造业产业集群知识服务体系建设研究"(71073012)"。

[2] 作者简介：刘宇（1955—），女，北京人，教授，研究方向为产业集群、知识管理；何琼（1980—），女，湖北荆州人，讲师，研究方向为知识管理、创新管理。

过技术进步提高劳动生产率的"创新驱动"。

产业集群作为一种重要的区域发展模式，不仅能够降低交易成本、提高效率，更重要的是能够改善创新条件，是提升区域创新能力的有效途径[1]。从近年来我国产业集群的发展状况来看，各产业集群的创新绩效表现出了巨大的差异[2]。这是由于产业集群不能仅仅是企业在地理位置上的简单聚集，还必须在企业间建立一个高效的知识创新系统，通过技术、知识等创新资源在系统各创新主体之间调配、共享，充分利用其优势互补效应，突破各个成员的边界束缚，使知识技术创新超越集群成员依靠自身力量所能达到的水平，呈现"1+1>2"的效果[3]。而有些产业集群知识创新系统内的主体各自为营，难以体现出系统的功能放大作用。研究表明，在产业集群内知识的转移整合、企业间的协同创新，并不是理所当然，如果没有一个完善的机制保证，知识的协同创新将不会自动发生[4]。因此，如何保持产业集群知识创新系统的有效运行，解决创新系统内的孤岛现象，使创新主体、创新各环节有机互动，成为理论界与实业界高度关注的难点问题。

国内外学者在产业集群知识创新领域做了大量的研究。颜敏（2014）通过对产业集群协同创新过程的分析，认为协同创新过程本质上是知识产权的应用和获取过程，而知识产权所具有的独占性和协同创新的知识共享性存在一定的冲突，导致协同创新与知识产权是一种既对立又统一的关系，这就给集群企业间的合作带来了一定的不确定性风险[5]。刘红丽等（2009）通过对高技术产业集群的研究发现，成员的合作动机和意愿会对其是否主动参与知识的转移与共享过程产生影响，最终影响到知识共享和合作创新的效率[6]。Birgit Renzl（2008）的研究表明，个体担心在知识的合作创新过程中失去自身独特的价值，这是合作创新的重要阻碍之一。而信任能明显减轻个体的这种忧虑，从而对协同创新起到促进作用[7]。曾萍等（2011）基于对珠三角集群企业的经验数据分析，发现利用IT技术在组织内外搭建信息交流传递网络，不但对组织间的协同创新有促进作用，而且推动了组织内非正式的知识共享[8]。

以上研究对产业集群的知识创新管理有重要的借鉴意义，但：①对产业集群知识创新的风险研究往往侧重于某一方面，未进行系统分析；②对声誉机制及信息传递在产业集群知识创新系统中起到的关键作用有待进一步研究；

③已有的研究也更多属于定性分析及实证分析，缺乏定量分析。

本文从知识的角度出发，对产业集群知识创新系统的失效原因进行了系统分析，概括总结出知识溢出的双面效应、知识价值评估困难和知识同质化风险3个主要因素，并运用动态博弈模型，定量化分析了声誉机制和信息传递在保证集群知识创新系统有效运行中的作用机理和起到的关键性作用。

1 产业集群知识创新系统失效分析

产业集群是指在某一特定领域中，大量联系密切的企业以及相关支撑结构空间上的集聚，并形成强劲、稳定持续的竞争优势集合体，是具有创造、共享、转移知识能力的特殊区域创新系统[4]。现有研究更多关注的是产业集群的协同创新优势[9~11]，并未仔细分析不同产业集群在发展过程中知识创新效率差距逐渐扩大的深层原因。本文在借鉴国内外相关研究的基础上，从"知识"的角度出发，系统梳理产业集群创新系统的失效原因，概括总结出以下3个主要因素。

1.1 知识溢出的双面效应

知识溢出是解释产业集聚、创新和区域经济增长的重要概念之一[12]。但需要注意的是，知识溢出对产业集群知识创新系统的影响是双面的。知识溢出可以增强集群知识基础、加速创新系统知识整合，但也会导致机会主义行为的产生。

一方面，知识溢出对产业集群知识创新具有积极的作用。创新，即用知识生产知识[13]。知识溢出越多，作为合作创新的共享知识基础就越雄厚，知识的交融性就越强，新技术就越容易产生[14]。而知识溢出具有的空间特性，是产业集群创新优势的重要来源。Audretsch 和 Feldman（1996）、Maurseth 和 VersPagen（2002）等人的研究表明，知识空间溢出的局域性或空间根植性特征，使得地理距离临近性对知识溢出吸收效率产生重要影响，进而使其对创新的作用程度产生一定的范围限制，知识溢出对区域创新的影响随着空间距离的增加而衰减[15~16]。产业集群作为关联性企业在地理位置上集聚组成的群体，通过协同研发合作、产业链传递、人才流动、非正式交流、企业衍生等形势，实现了知识在空间范围内的大量溢出，加强了知识扩散的规模与效率，为产业集群知识创新系统提供了雄厚的知识基础。

另一方面，知识溢出对产业集群的知识创新又具有消极的影响。知识溢出也意味着集群内的企业可以在不经过许可、不付出成本的情况下，获得其他企业的知识，这必然会导致"搭便车"行为以及机会主义倾向的发生。同时，对溢出企业来说，核心技术、创新成果、商业秘密等知识的泄露，将降低企业的竞争优势，甚至为企业带来无法挽回的损失[17]。当引入时间因素，动态地分析知识溢出与知识创新之间的关系时，不难发现 T 时刻个体的知识溢出在一定程度上将削弱 T+1 时刻个体的知识创造。从系统的长远发展来看，如果自身的创新成果被其他成员无偿分享，那么每一个企业都将热衷于不劳而获而不愿自我创新，系统内企业的创新动力将消失殆尽，从而整个产业集群的知识创新系统将逐渐停滞，并最终彻底失效[18]。

1.2 知识价值评估困难

知识价值评估困难，合作双方行为难以有效约束。知识资产的无形性和不确定性使其难以精确计量，创新成果价值和合作双方的研发能力也难以确切描述和量化，并且，市场前景、预期收益、研发成本、专利期、专利权的覆盖范围等知识价值评估相关因素的不确定性巨大。知识价值评估的困难导致了正式契约不完全性的突出，合同条款无法全面涵盖未来合作中可能发生的有关知识成果的矛盾和冲突，也就难以对合作双方的行为做出有效约束。如果合作各方分享创新成果的权益比例与其前期投入资源的比例严重不平衡，必然会阻碍集群知识创新系统内各成员进一步开展合作。

1.3 路径锁定及知识同质化风险

路径锁定（path lock-in）指系统一旦进入某一路径，会因为惯性的力量而不断进行自我强化，使得关系锁定于这一特定路径[19]。彭双、杨玉兵等学者研究发现，由于知识创新的复杂性、非标准化和高风险性，一旦企业间建立起良好的合作关系，在强联系的作用下，各成员会沿着既定关系，通过学习效应等自我增强机制不断巩固，最终产生闭合，导致"小世界"现象的发生，系统外企业难以进入。当创新系统为"小世界"，经过充分的知识扩散，整个网络的平均知识水平最高,但知识差异度最小,知识趋于同质化,导致"学习性近视"。而知识的互补性被认为是跨组织知识协同效应的主要来源[20]。如果产业集群知识创新系统中的成员知识相似度太高,那么以知识整合和协同创新为目的的合作行为就变得没有必要。

2 声誉及信息传递视角下集群知识创新系统治理机制研究

通过对产业集群知识创新系统失效原因的分析,可以发现,保持创新系统有效、稳定运行的关键问题是约束系统内成员的机会主义行为,打破由于信息不对称而导致的合作阻碍。而声誉治理机制本质上正是通过系统内成员间的互相监督、互相激励,约束机会主义行为,识别不合作型成员,减少信息不对称,以增强系统内成员间创新协同效率的一种治理模式。

经典的声誉治理模型是 1982 年由 Kreps、Wilson、Milgrom 和 Roberts 四位学者提出的 KMRW 模型[21]。本文参考了 KMRW 模型和孙霞(2009)[22]提出的改进型声誉治理模型,对创新系统各成员间在不完全信息条件下的重复博弈行为进行定理化分析,探讨声誉及信息传递在保证集群知识创新系统有效运行的作用机理和关键性作用。

2.1 集群知识创新系统声誉治理模型假设

假设 1。产业集群知识创新系统内有 $N+1$ 个企业,设为 $\{A, B, C, D, \cdots\}$,企业 i ($i=1, 2, 3, \cdots N; i \neq B$) 均为合作型企业,具有良好的合作意识,不会先采取机会主义行为。在第一阶段博弈中,企业 i 会采用合作策略,后面阶段的策略将根据企业 B 上一阶段的策略而调整,一旦 B 选择不合作,则企业 i 将从此不再和 B 合作。

假设 2。企业 B 有两种类型:合作型和不合作型。不合作型 B 也可能为了在最后阶段采取机会主义行为获取更多的利益,而在前期交易过程中伪装为合作型。企业 B 的真实类型是私有信息,在不完全信息条件下,企业 i 并不知晓。

假设 3。企业 B 侵占率越高,效用越大;同时在长期合作过程中,企业 i 能观测到 B 的行为并随之调整对策,所以 B 对 i 侵占带来的效用会随着 i 的防范措施而递减。

假设4。假定企业 B 在和企业 i 合作过程中的单阶段效用函数为

$$U = \frac{1}{2}V^2 + \partial(V - V^s) \tag{1}$$

令 V 为企业 B 的实际侵占率，$0 \leq V \leq 1$；V^s 为企业 i 对企业 B 的预期侵占率，表示企业 i 对企业 B 行动的预期判断，$0 \leq V^s \leq 1$。∂ 表示企业 B 的类型，当 $\partial = 0$ 时，即企业 B 为合作性，当 $\partial \neq 0$ 时，企业 B 为不合作型。

假设5。假定在博弈开始时，企业 i 认为企业 B 为合作型的先验概率为 P_0，不合作型的概率为 $1 - P_0$。

2.2 无信息传递情况下集群知识创新系统声誉治理机制分析

在集群创新系统内没有信息传递的情况下，企业 i 是否和企业 B 合作取决于 i 自身与 B 过往合作经历而积累下来的声誉。在多阶段合作的动态博弈过程中，设 q_t 为企业 B 在 t 阶段选择合作的概率，q'_t 为 t 阶段企业 i 认为企业 B 会合作的概率。如果在 t 阶段企业 i 没有观测到企业 B 的侵占行为，那么，根据贝叶斯法则（Bayes rules），在 $t+1$ 阶段认为集群企业 i 是合作型的概率为：

$$P_{t+1}(\alpha = 0 | V_t = 0) = \frac{P_t \times 1}{P_t \times 1 + (1 - P_t) \times q'_t} \geq P_t \tag{2}$$

由公式（2）可以得定理1。

定理1：如果 t 阶段企业 B 选择合作，则在下一阶段企业 i 认为企业 B 为合作型的概率上升。

假设企业 B 在 t 阶段选择不合作，则可得公式（3），

$$P_{t+1}(\alpha = 0 | V_t = 0) = \frac{P_t \times 0}{P_t \times 0 + (1 - P_t) \times q_t} = 0 \tag{3}$$

由公式（3）可得定理2。

定理2：一旦企业 B 选择不合作，企业将认为其为不合作型，以后将不再与其进行合作。这就是所谓的冷酷战略（Grim Strategies），又称触发战略（Trigger Strategies），是指系统内成员一开始采用合作策略，但一旦有某成员采用不合作的策略，系统内其他成员以后就不再与它合作。

假设 t 阶段为最后阶段，则 t 阶段相当于一次博弈，非合作型的企业 B 无须继续伪装，其最优选择是 $V_t = \partial = 1$。并且企业 i 知道 B 的最优策略，因此，i 对 B 的预期为

$$V_t^s = V_t \times (1 - P_t) = 1 \times (1 - P_t) = 1 - P_t \tag{4}$$

此时，非合作型企业 B 的效用水平是：

$$U_t(1) = -\frac{1}{2}V_t^2 + \alpha(V_t - V_t^s) = -\frac{1}{2} + (1 - 1 + P_t) = P_t - \frac{1}{2} \tag{5}$$

由式（5）可得：$\partial U_t / \partial P_t = 1 > 0$，因此可得定理3、定理4。

定理3：非合作型企业 B 最后阶段的效用是它在与成员合作过程中培养的声誉的增函数，非合作型 B 会积极伪装合作，提高在知识创新系统内的声誉。

定理4：企业 i 越认为 B 是合作型，P_t 越大，则企业 B 在最后阶段侵占企业 i 的效用越大。

现在来考虑非合作型企业 B 在 $t-1$ 阶段的策略选择行为。因为 t 阶段为最后阶段，并且非合作型 B 在 $t-1$ 阶段之前都是合作的，$t-1$ 阶段之前 B 的合作行为保证了 $P_{t-1} > 0$，并且 i 对 B 的侵占率预期为：

$$V_{t-1}^s = V_{t-1}^\theta \times (1 - P_{t-1})(1 - q_{t-1}) = 1 \times (1 - P_{t-1})(1 - q_{t-1}) \tag{6}$$

其中，$V_{t-1}^\theta = 1$ 为 $t-1$ 阶段的最大侵占率（就是企业 B 100%侵占）。δ 为贴现因子，体现了系统成员的长期合作耐心。这里仅考虑纯战略，即 $q_{t-1} = 0$，1。对 B 在 $t-1$ 阶段的两种战略选择的效用进行比较。

如果非合作型 B 在 $t-1$ 阶段不合作，即 $q_{t-1} = 0$，$V_{t-1} = 1$，且 $P_t = 0$，此时 B 的总效用为：

$$U_{t-1}(1) + \delta U_t(1) = \left[-\frac{1}{2} + (1 - V_{t-1}^e) \right] - \frac{1}{2}\delta = \frac{1}{2} - V_{t-1}^e - \frac{1}{2}\delta \tag{7}$$

如果非合作型 B 在 $t-1$ 阶段选择合作，即 $q_{t-1} = 0$，$V_{t-1} = 0$，则 B 的总效用为：

$$U_{t-1}(0) + \delta U_t(1) = -V_{t-1}^s + \delta\left(P_t - \frac{1}{2}\right) \tag{8}$$

因此，如果下列条件满足，则式（8）大于式（7）时，即：

$$P_t \geq \frac{1}{2}\delta \tag{9}$$

由式（9）可知，当 $P_t \geq \frac{1}{2}\delta$ 时，非合作型企业 B 在 $t-1$ 时选择合作时的总收益大于 $t-1$ 选择不合作时的总收益。因为在均衡情况下，企业 i 对 B 的合作预期 $q'_{t-1}=1$ 等于 B 的选择 q_{t-1}。因此，如果 q_{t-1} 构成非合作型企业 B 的均衡战略，即 $q'_{t-1}=1$。这意味着 $P_t = P_{t-1} \geq \frac{1}{2}\delta$。可得定理5。

定理5：当 i 在 $t-1$ 阶段认为 B 是合作型的概率大于等于 $P_t \geq \frac{1}{2}\delta$ 时，非合作型 B 就会继续假装合作。

换言之，企业的声誉越好，维持声誉的积极性就越高。相反，企业如果声誉不佳或者由于采取机会主义行为而破坏了声誉，机会主义行为的出现便会更早、更频繁。通过对 KMRW 模型的分析可以看出，在不完全信息条件下，通过引入声誉机制能够促成机会主义者的守约行为。声誉机制的维护作用，对于集群知识创新系统保持稳定有效运行至关重要。

2.3 有信息传递情况下集群知识创新系统声誉治理机制分析

当集群知识创新系统内部存在信息传递时，企业 i 对企业 B 的声誉期望不仅来源于自身判断和以往的合作经历，还会受到知识创新系统内其他企业对企业 B 的评价。令 t 阶段企业 B 在企业 i（$i \in \{A, B, C, D, \cdots\}$）处建立的声誉表示 P_t^i，即 t 阶段企业 i 基于自身判断，不受系统内其他企业评价影响的情况下，对企业 B 是合作型的预期概率为 P_t^i。由于集群知识创新系统内，各企业间存在信息传递，每个企业对企业 B 的预期都会对其他成员造成影响，因此，企业 B 的实际声誉为所有企业判断的函数，即 $P_t = f(P_t^A, P_t^C, \cdots, P_t^i, \cdots)$。定义 $\tilde{P}_t$ 为系统内各成员认为企业 B 为合作型的平均概率；$P_t^{i'}$ 为企业 i 对企业 B 的判断经过调整后的概率。如果系统内有一个企业认为企业 B 为不合作型，即 $P_t^i = 0$，则 $P_t^{i'} = 0$，即系统内其他企业都认为企业 B 为不合作型，从而不再与其进行合作。其函数形式表达为：

$$\tilde{P}_t = \begin{cases} \frac{1}{N}\sum_{j=1}^{N} e_j P_t^j, & P_t^j \neq 0; \\ 0, & P_t^j = 0; \end{cases} \tag{10}$$

$$P_t^i = \begin{cases} P_t^i + \beta(\tilde{P}_t - P_t^i), & P_t^j \neq 0; \\ 0, & P_t^j = 0; \end{cases} \quad (11)$$

讨论 $P_t^j \neq 0$ 的情况：

$$P_t^{i'} = P_t^i + \beta(\frac{1}{N}\sum_{j=1}^{N} e_j P_t^j - P_t^i) \quad (12)$$

其中，系数 e_j 为声誉在集群知识创新系统内的传播效率，$0 < e_j < 1$。系数 β 表示企业 i 的判断受系统内其他企业影响的程度，$0 \leq \beta \leq 1$。在系统内存在信息传递的情况下，企业 i 会参考系统内其他企业对企业 B 的认识，而调整自己对企业 B 的判断。

由式（10）、式（11）和式（12），可以得到定理6、定理7。

定理6：当 $\tilde{P}_t > P_t^i$ 时，则 $P_t^{i'} > P_t^i$，说明当系统内认为企业 B 是合作型企业的平均概率大于自己对企业 B 的判断时，在下一阶段合作时，对企业 B 是合作型的信心会增强。

定理7：当 $\tilde{P}_t < P_t^i$ 时，则 $P_t^{i'} < P_t^i$，说明当系统内认为企业 B 是合作型企业的平均概率小于自己对企业 B 的认识时，在下一阶段合作时，将会降低对企业 B 的评价。

定理6、定理7表明，集群知识创新系统中成员对 B 的合作的概率判断高于 i 对 B 的判断时，i 将调高对 B 合作概率的判断；反之则调低对 B 合作概率的判断。信息传递情况的存在，使交易双方对彼此的声誉的评价更客观、全面，且具有一定乘数效应。因此，在集群知识创新系统中，声誉机制能更大程度上对其合作行为进行约束，进而保证知识创新系统的有效稳定运行。

进一步联合式（8）、式（9）和式（12），并假设集群创新系统内每个成员对企业 B 的判断都一致（即 $P_t^i = P_t^j$），以及信息传播效率也相同（即 $e_i = e_j$），可得到：

$$P_t^i \geq \frac{1}{2\delta(1 - \beta + \beta e)} \quad (13)$$

这就表示当 i 在 $t-1$ 阶段认为企业 B 是合作型的概率不小于 $\frac{1}{2\delta(1-\beta+\beta e)}$，非合作型企业 B 将继续假装合作。而且，由于 $0 < e < 1$，故

$\frac{1}{2\delta(1-\beta+\beta e)} \geq \frac{1}{2\delta}$，结合式（13）可以得到定理 8，即在集群知识创新系统中存在信息传递的情况下，非合作型企业 B 想要在 $t-1$ 阶段继续伪装合作以便在未来获得更高收益，那么它就必须付出更多的努力，展现出更大的合作诚意，取得系统内其他企业更多的信任。这就造成非合作型企业的投机成本更高，更容易被识别；集群知识创新系统也可以更早地剔除不良因子，保证系统的有效持续运行。

而且，可以看出，当一个新的企业成员进入到创新系统中时，或系统内成员需要开展新的合作关系时，由于系统内的声誉机制和信息传递机制，使其对其他成员有一个初步的判断，产生了一定的信任合作基础，减少由于信息不对称而造成"望而却步"情况的发生。这样也使得集群知识创新系统不断有新鲜血液的注入，从而大大增加系统内知识的丰富性、差异性和互补性，提高创新效率，实现集群繁荣。

3　结语

产业集群在提升区域创新能力方面具有巨大的优势，但是由于知识溢出的双面性效应、知识价值评估、路径锁定风险等因素，产业集群知识创新系统存在失效的可能。本文系统分析了产业集群知识创新系统的失效原因，在此基础上提出了声誉治理机制，并运用改进的 KMRW 模型，对声誉及信息传递在产业集群知识创新系统失效治理中起到的关键作用进行了定量化分析。分析结果表明，声誉机制能够约束和识别非合作型成员，有效抑制知识溢出和知识价值评估困难导致的机会主义行为，并且通过集群内的信息传递达到声誉的充分传播，不但强化了声誉在知识创新系统中的治理约束作用，而且使企业在系统中有更多的协同伙伴可以选择，降低路径锁定和知识同质化的风险。但对产业集群知识创新系统这一重要的治理机制还需要进行进一步的探索，如声誉的构成要素及评价方法、信息传递的影响因素、声誉及信息传递治理机制的规范化、可实施化路径等，这也是笔者未来的研究方向。

参考文献

[1] MICHAEL PORTER. Clusters and the new economics of competition [J]. Harvard Business Review, 1998 (76): 77-90.

[2] 王敏, 唐泳, 银路. 集群创新系统 (CIS) 的学习效率探析——基于复杂网络的观点 [J]. 研究与发展管理, 2007 (6): 38-43, 60.

[3] 王越, 费艳颖. 推进中小企业协同创新的法律路径分析——以产业技术创新联盟模式为视角 [J]. 湖北大学学报 (哲学社会科学版), 2013 (3): 115-118.

[4] 王娟茹. 基于企业集群的隐性知识转移模型 [J]. 管理工程学报, 2007 (4): 35-38.

[5] 颜敏. 产业集群中协同创新和知识产权的关系研究 [J]. 现代情报, 2014 (9): 71-74.

[6] 刘红丽, 赵蕾, 王夏洁. 高技术产业集群隐性知识转移的影响因素研究 [J]. 科技管理研究, 2009 (12): 528-530.

[7] RENZL B. Trust in management and knowledge sharing: the mediating effects of fear and knowledge documentation [J]. Omega, 2008, 36 (2): 206-220.

[8] 曾萍, 宋铁波. 国外组织学习与绩效关系的研究述评 [J]. 图书情报工作, 2010 (10): 71-74.

[9] 欧光军, 刘思云, 蒋环云, 等. 产业集群视角下高新区协同创新能力评价与实证研究 [J]. 科技进步与对策, 2013 (7): 123-129.

[10] 郭京京. 产业集群中知识存储惯例对企业创新绩效的影响研究——知识管理的视角 [J]. 科学学与科学技术管理, 2013 (6): 76-82.

[11] 鞠芳辉, 谢子远, 谢敏. 产业集群促进创新的边界条件解析 [J]. 科学学研究, 2012 (1): 134-144.

[12] 赵勇, 白永秀. 知识溢出: 一个文献综述 [J]. 经济研究, 2009 (1): 144-156.

[13] 林山, 黄培伦, 蓝海林. 组织创新: 基于知识与知识创新的研究 [J]. 科学学与科学技术管理, 2005 (3): 134-137.

[14] 杨玉秀, 杨安宁. 合作创新中知识溢出的双向效应 [J]. 工业技术经济, 2008 (8): 107-110.

[15] AUDRETSCH D. B., FELDMAN M. P.. R&D Spillovers and the Geography of Innovation and Production [J]. general information, 1996: 630-40.

[16] Maurseth P B, Verspagen B. Knowledge Spillovers in Europe: A Patent Citations Analysis [J]. Access and download statistics, 2002, 104 (4): 531-545.

[17] 何瑞卿, 黄瑞华, 徐志强. 合作研发中的知识产权风险及其阶段表现 [J]. 研究与发展管理, 2006 (6): 77-82, 101.

[18] 苏长青. 知识溢出的扩散路径、创新机理、动态冲突与政策选择——以高新技术产业集群为例 [J]. 郑州大学学报（哲学社会科学版）, 2011 (5): 70-73.

[19] 尹贻梅, 刘志高, 刘卫东. 路径依赖理论及其地方经济发展隐喻 [J]. 地理研究, 2012 (5): 782-791.

[20] LOFSTROM S M. Absorptive capacity in strategic alliances: Investigating the effects of individuals' social and human capital on inter-firm learning [J]. Management, 2000 (301): 405-3522.

[21] MILGROM P., KREPS D. M., ROBERTS J., ET AL. Rational Cooperation in the Finitely Repeated Prisoners' Dilemma [J]. general information, 1982, 27 (2): 245-252.

[22] 孙霞, 赵晓飞. 基于KMRW声誉模型的渠道联盟稳定性研究 [J]. 科研管理, 2009 (6): 100-106.

（本书原刊载于《工业技术经济》2015年第7期）

协同知识管理实践的影响因素及作用效果

——产业集群情境下的实证研究[1]

倪渊 张健[2]

（北京信息科技大学经济管理学院）

摘要：作为跨组织知识管理研究的重要领域，协同知识管理实践（CKMP）是实现企业间知识协同、提升产业集群创新能力的关键因素。然而，已有相关研究未能深入探讨如何成功实施 CKMP 以及 CKMP 对组织竞争优势获取的影响。为了弥补现有研究不足，本文在明晰 CKMP 内涵的基础上，详细分析了其前因和后果变量，并以 5 个地区的 342 家集群企业为样本进行实证研究。研究发现：（1）CKMP 是一个由协同知识创造、协同知识存储、无障碍的知识获取、协同知识扩散以及协同知识应用构成的多维构念；（2）CKMP 的成功实施受到组织特点、知识属性和协同情境 3 个方面因素的影响；（3）不同因素对 CKMP 的影响效果有差异，知识属性的影响效果最强，组织特点次之，协同情境相对较弱；（4）CKMP 与知识质量、集群供应链整合以及组织创新呈显著正相关。本文提出了协同知识管理实践前因及后果变量的整合模型，是对现有知识管理理论的有力补充。

关键词：协同知识管理；知识协同；产业集群；集群创新

中图分类号：F273   **文献标识码**：A

---

[1] 基金项目：国家自然科学基金资助项目（71171021/G0117）。

[2] 第一作者：倪渊（1984—），男，山东莱芜人，博士，讲师，研究方向为知识管理与组织行为。通讯作者：张健（1974—），男，山东泰安人，教授，研究方向为知识管理与信息系统。

1 引言

产业集群是区域经济发展的重要载体,而知识创新是提升产业集群创新能力的根本途径。随着知识创新过程复杂性和持续性的增加,知识协同逐渐取代知识溢出,成为产业集群知识创新的主要动力源[1~2]。与"知识溢出的非自愿性扩散"相比,知识协同驱动创新的效率和质量更高。一方面,知识协同可以集聚不同主体的知识优势,弥补知识缺口,促进创新涌现效应的产生[3];另一方面,它有助于明确新知识创造过程中各主体的权责和利益分配,避免集群创新陷入"囚徒困境"的僵局[4]。

知识协同驱动集群创新的优势明显,但是集群企业要充分享受协同创新带来的种种"优惠",还需要与之匹配的知识管理实践。目前我国产业集群企业普遍采用传统知识管理实践,通过建设数据库、信息管理系统等,来收集、储存、整理、共享企业相关知识资源,促进知识向业务竞争优势转化。传统知识管理实践是一个技术导向的封闭系统,在知识溢出驱动的创新活动中发挥了积极作用[5]。然而,随着集群创新驱动力变更,当传统知识管理实践面对"主动性""战略性"以及"开放性"要求更高的知识协同创新活动时,其有效性大为降低,也使集群企业普遍陷入"知识协同难和难协同"的困境。因此,集群企业如何顺利完成"传统知识管理实践"到"协同知识管理实践"(Collaborative knowledge management practice,CKMP)的过渡,提升知识管理实践与知识创新驱动力的契合度,成为企业界和学者们共同关注的焦点。

在实践方面,一些领先的集群企业已经着手打造符合自身特点的协同知识管理体系,适应创新活动的新变化。但是,相当一部分的企业对协同知识管理实践仍然望而却步,担心"协同"可能带来更多风险,对于如何系统开展协同活动也知之甚少。在理论方面,国内外学者们对于协同知识管理实践的重要性已经达成共识,目前主要采用定性和案例研究[6],围绕"协同知识管理实践的概念和特点以及协同知识管理信息系统相关技术"展开探索,但是对于"哪些因素会促进和推动协同知识管理实践的形成""协同知识管理实践又是如何发挥作用影响集群企业产出"等关键问题并未做出明确的阐释,尤其缺乏大样本的实证研究。

综上所述，本文选择了协同知识管理实践的影响因素及作用机制作为主题进行研究，在明晰协同知识管理实践结构维度的基础上，分别探索协同知识管理实践的前因和结果变量，并提出了协同知识管理实践相关机制的整合模型；然后，以山东、上海、北京、浙江及广东5个地区342个产业集群企业为样本收集数据，验证相关理论假设和模型的有效性。

2 研究的框架与假设

2.1 协同知识管理的内涵与维度

协同知识管理实践内涵和结构维度的界定是探索其前因和后果变量的基础，目前很多学者从不同视角对其内涵进行阐述，如表1所示[7~12]。

表1 已有研究对协同知识管理实践内涵的不同理解

Karlenzig（2002）	CKMP是一种最大化组织群整体商业绩效的战略方法，它通过建立组织间商业过程和技术的动态联系系统，实现不同知识资源整合与长期合作的保持
Vandenbosch（1999）	CKMP是组织为实现知识管理目标而有意识地采取的一种战略行为，它以组织间信息和知识的共享为基础，将知识资源以最快的速度、最有效的方式传递给最需要的人，满足不同主体的知识需求
Yulong Li（2009）	从供应链的角度出发，认为CKMP是为了实现整个供应链的业务目标，不同环节的企业跨越组织边界，共同进行知识的创造、知识存储、知识搜索、知识应用及知识扩散活动。它促进不同组织智力资本的融合，有效提升组织内外的知识管理水平
张少杰，石宝明（2009）	CKMP的目标是使组织成为知识型组织，它是以信息技术和互联网为基础和手段，将组织间的目标链、结构链、过程链以及平台链有机结合起来的一种新型管理模式
丹（2009）	CKMP是关联性组织以知识创新为终极目标，融合多项知识资源和协同能力，多个协同个体参与的知识活动过程
王玉（2007）	CKMP是以组织间协同知识链为主导，对知识资源的获取、共享、创新、应用等过程进行同步管理，发挥整体效应的过程

以上不同的定义隐含对协同知识管理实践特点的一些共性认知：（1）CKMP

是一个多维构念，是一系列知识管理活动的"综合体"；（2）CKMP是组织知识管理实践发展到一定阶段的产物，与以往知识管理活动有着密切联系；（3）CKMP是一种知识链到目标链的转化，借助知识链条整合和协同效应发挥来实现多个组织共赢。综上所述，结合本文产业集群的研究情境，本研究将产业集群企业的协同知识管理实践理解为：集群企业为了满足自身知识需求而主动采取的一种战略行为，它以产业集群企业密切合作形成的知识网络为基础，以实现知识协同效应和知识资源价值的最大限度增值为目的，不同主体企业间开展的一系列知识创造、存储、获取、扩散以及应用活动的总和。

协同知识管理实践各个维度的含义如下：（1）协同知识创造。产业集群企业与合作伙伴共同努力来补充新知识或者修正已有存量知识的一系列行为，例如说，集群企业邀请其供应商参与新产品的开发、协助调整不同生产工序之间的有机整合等。（2）协同知识存储。产业集群企业为了更加有效地获取知识，统一并且合并知识库的行为，具体包括不同知识库数据的统一格式化、知识库数据存储位置以及不同知识库所有权和共享方式的确定。协同知识存储的最终目标是整合不同企业各异的知识库，构建一个统一的协同知识管理平台或者门户。（3）无障碍的知识获取。它是指产业集群企业借助协同知识管理平台，从外部知识库中准确、简单、快速地获取需要的知识的过程。（4）协同知识扩散。产业集群企业与其合作伙伴通过多种交流方式，分享和传播知识，实现跨组织边界的知识转移，尤其是彼此知识库中隐性知识的转移。例如，集群企业与合作伙伴定期举行的研讨会或者培训班等。（5）协同知识应用。产业集群企业与其合作伙伴利用共同形成的知识空间来指导组织的经营决策，解决组织运行中出现的各种问题。例如，产业集群企业与其供应链企业，借助信息交互，调整彼此库存与生产计划等。

2.2 协同知识管理实践的影响因素

协同知识管理实践为我国产业集群自主创新能力的提升提供了新方向，但是要指导集群企业真正地接纳并广泛采用这一新事物，还必须明晰哪些因素会影响组织CKMP的实施。对于CKMP前因变量，国内外的学者们进行了一系列探索。国外学者普遍从组织变革的角度来分析影响CKMP的相关因素，他们认为CKMP包含诸多新技术和新理念，企业要想成功实施就必须经历一场组织变革。按照这一思路，他们常用的研究框架有3个，分别为Rogers的DOI模型[13]，Tornatzky和Fleischer的TOE模型[14]，Iacovou等人的OTA模型[15]。这3个研究框架都阐释了新技术和新理念在组织内外扩散的影响机制，其中DOI模型将CKMP看成是组织特征（如组织的规范化、组织的松散度）以及技术特征（如技术复杂度、技术的兼容性等）的复合函数；TOE模型则在DOI模型的基础上增加了环境因素（如行业特征）；OTA模型认为CKMP是由组织内部准备情况、外部压力和感知得益3个方面共同决定的。Yulong Li（2009）比较了3种模式，指出协同知识管理实践的应用与一般新技术扩散有所不同，它涉及多个主体，其影响因素更为复杂。他提出的CKMP前因变量模型包括组织特征（技术框架和组织框架）、外部环境（环境不确定性、外部压力）和感知到相对优势（直接优势与间接优势）3个方面因素。国内学者普遍采用要素分解方法来寻找CKMP的前因变量，包括协同主体因素（比如知识协同的主体意愿、主体知识资源丰裕程度、协同主体的知识吸收能力等）、协同客体因素（知识差异、知识）以及协同环境因素（文化背景、知识的距离、地理距离）[16~17]。综合国内外学者的已有研究，本文以协同知识管理关键要素为基础，从CKMP的主体—协同组织、CKMP客体—知识空间、CKMP情景—外部环境3个方面找寻影响因素，其中组织方面因素涉及合作文化、组织技术准备、高层管理支持以及组织授权；知识特性方面通过知识互补性来反映；情境方面从环境不确定性、外界压力以及伙伴关系3个方面来描述。

2.2.1 组织方面的影响因素

（1）协作文化与协同知识管理实践

组织文化是保证组织战略成功实施的"润滑剂"，协同知识管理实践作为涉及组织多个层面变革的重要决策，同样需要与之相契合的组织文化——协作文化。协作文化强调个体之间以及组织之间合作的重要性，在这种文化的感染下，组织个体会更加关注组织和团队的目标，而非个人绩效。一般来讲，员工个体作为组织知识的载体，会尽量避免知识分享行为，因为一些重要经验的转移会影响员工在组织中的地位，危及其职业安全。然而，在强调协作的组织文化中，这种风险认知对知识共享的负面影响会大大减少，成员分享有价值的知识的意愿会增强，从而促进协同知识共享及扩散活动[18]。基于以上分析，本文提出以下假设：

假设H1a：协作文化对协同知识管理实践有积极影响。

（2）组织的技术准备与协同知识管理实践

技术的发展改变了知识活动的形式和方式，在当前网络化和信息化的时代背景下，一个完整的技术框架是成功应用协同知识管理的基础。正如Mansfield和Romeo（1980）所说的那样："任何知识协同活动程度不仅取决于合作伙伴分享知识的意愿，还受到组织技术投入的影响。"组织在技术方面的准备涉及5个方面内容：沟通支持系统、协调系统、数据管理系统、企业的信息门户以及决策支持系统。其中，沟通支持系统不仅可以扩大不同组织知识用户知识共享的范围，还可以借助丰富的交流媒介促进隐性知识的转移；数据管理系统可以存储组织协同活动中的海量数据，降低知识协同的成本，提升知识协同的效率；协调系统有助于增加企业知识管理的柔性，实现不同组织知识库的整合；企业信息门户作为外界知识用户跨边界知识查询的中心节点，可以有效控制协同知识共享的风险；决策支持系统可以将分散数据重构，提升组织对外部的吸收能力，增加组织间知识交互的意愿。因此，基于以上分析，本文提出以下假设：

假设H1b：组织的技术准备对协同知识管理实践有积极影响。

（3）高层管理支持与协同知识管理实践

与任何一种新技术的扩散类似，协同知识管理的实施同样离不开上层领导者的支持。CKMP是组织战略层面的重要决策，涉及一系列组织内部调整，如果缺乏高层的支持可以说是寸步难行。从理论上看，来自企业高层的支持，一方面可以使组织资源向协同知识管理的相关项目倾斜；另一方面可以消除员工的疑虑，保证CKMP的落地并以最快的速度回报组织。从实证上讲，Davenport与Prusak（1998）研究发现，高层管理者参与的知识管理建设项目比没有高管参与的同类项目更容易取得成功[19]。因此，基于以上分析，本文提出以下假设：

假设H1c：高管团队支持对协同知识管理实践有积极影响。

（4）组织授权与协同知识管理实践

集群企业的核心知识嵌入在组织内部少数专家的智力资本上，集群企业协同知识创造、扩散等活动也是这些不同领域专家"独特思想"碰撞的结果。

因此,借助必要的激励手段,调动专家知识共享和交互的积极性,是应用CKMP的重要前提。已有文献指出,组织授权是激励知识型人才的有效方式,当知识型人才被赋予足够权责时,他的内在潜能会被激发,表现出更多的新知识和新技能开发行为[20]。此外,Peterson和Zimmerman(2004)的研究指出,组织授权有助于击破组织壁垒,鼓励跨边界的沟通和伙伴关系的建立[21]。因此,基于以上分析,本文提出假设:

假设H1d:组织授权对协同知识管理实践有积极影响。

2.2.2 知识属性方面的影响因素

知识方面的主要影响因素是知识的互补性。知识互补性由差异性和关联性两个维度构成。其中,差异性强调产业集群企业所拥有知识资源的特殊性;关联性反映的是合作双方知识资源在某些领域方面的相似性和兼容性。就知识差异性来讲,它是促进CKMP应用的内在驱动力,因为CKMP期望的就是借助不同类型知识聚集和碰撞来产生创新,而已有实证研究也暗示了这一点。Roper和Crone(2003)发现只有当企业自身知识库足够与众不同时,才能激发其他组织的知识共享行为[22];Cohen和Bailey(1997)指出合作双方知识的异质化能够产生更好的绩效,原因在于知识的多样性能够促进不同观点、信息的交换和流通[23]。

除了知识差异性,合作双方的知识关联性对于CKMP同样重要。因为合作伙伴间知识差异性较大,仅能说明彼此间学习与知识获取和创新的潜力较大,但这种潜力的实现需要双方具有一定的知识关联性,否则他们便失去了沟通与交流的基础,难以实现知识真正的吸收和创造。从实证来看,Reagans和ZuckerMan(2001)研究指出知识存量的相似性在一定程度上能够促进组织之间的沟通,提高不同的技能信息和经验分享的程度[24];Koufteros(2001)则从另一个角度指出合作双方对于某些知识歧义以及矛盾的理解会造成知识共享的壁垒[25]。因此,综合以上两个方面的分析,本文提出如下假设:

假设H2:知识互补性对协同知识实践有积极影响。

2.2.3 协同情境方面的影响因素

(1)环境不确定性与协同知识管理实践

环境不确定性源于企业面临市场、供应商、竞争对手以及技术等方面不可预知的变化。这些因素的变幻莫测，使企业难以获得理性运作所必需的信息，增加了企业决策的风险。根据奈特（1921）的研究，企业要想规避不确定性，联合是一个有效途径，比如企业间的创新合作、技术的合作联盟等。张钢（2011）则从企业能力的视角分析不确定性的对策，认为组织的动态能力是应对外界不确定性的关键，而在知识经济的背景下，动态能力取决于组织的知识基础和外部知识聚集的共同作用。虽然学者们研究的视角有所差异，但已有结论都暗示了外部的不确定性驱动企业向周边组织寻求交流，以保证更多负熵的流入，而CKMP恰恰可以看作是这种力量驱动下的一种具体实现方式。因此，综合以上分析，本文提出以下假设：

H3a：环境的确定性对协同知识管理实践有积极影响。

（2）外界压力与协同知识管理实践

外界压力是驱动组织应用新技术的重要诱因，当企业周边的组织都在采用某项新的技术时，对于尚未应用该技术的企业就会形成巨大压力，而这种压力会迫使其做出组织变革。对于协同知识管理实践同样如此，具体表现为：集群企业所处行业、周边的竞争对手以及主要合作伙伴采用CKMP的行为会迫使企业本身采取类似的行为。一方面，当集群企业的竞争对手普遍采用CKMP时，CKMP这种新技术便成为一种行业趋势，企业为了保证其在整个行业中的地位，不得不应用CKMP；另一方面，当集群企业的绝大多数合作伙伴采用CKMP时，企业为了继续保持供应链的持续发展，也必须应用CKMP，而且这种情况遇到强势的合作伙伴时更容易发生。基于以上分析，本文提出以下假设：

H3b：外界压力对协同知识管理实践有积极影响。

（3）伙伴关系与协同知识管理实践

协同知识管理是多方参与、共同努力的结果。因此，企业成功应用CKMP，除了衡量组织自身的情况，还要判断其他参与主体是否做好准备。本文引入"伙伴关系"来反映企业与预期协作主体彼此信任、承诺以及拥有共同价值观的程度。首先，信任和承诺是保证组织间知识网络形成的重要因素。协同项目不仅需要大规模信息技术的设计与应用，其正常运行也需要大量IT人员的培训与日常维护。此外，协同过程中还涉及其他公司的一些敏感信息。这些因素都增加了企业参与协同知识管理的风险，而合作双方的信任和承诺可以降低参与主体对可能面临机会主义的恐惧，促进双方合作的实现。Curral 和 Judge（1995）发现，信任和承诺可以鼓励组织间的开放沟通并提升他们知识分享的意愿[26]。Connelly 和 Kelloway（2000）经过实证研究指出，知识提供者与吸收者之间的信任关系是实现知识转移尤其是隐性知识的转移的必要条件[27]。其次，协同知识管理不仅是一项技术变革，更是一项理念的变革，共同的价值观可以保证参与企业更好地理解知识协同的潜在优势，从而以足够的动力和热情投入到协同知识管理项目建设中。Boddy 等人（2000）实证研究发现，共同价值观的缺乏导致组织间合作的失败[28]。综合以上分析，本文提出以下假设：

H3c：伙伴关系对协同知识管理实践有积极影响。

2.3 协同知识管理实践的作用机制

伴随着协同知识管理的广泛应用，许多成功案例已经用实际行动说明了 CKMP 对参与组织发展的重要意义。Ramesh 和 Tiwana 结合消费电子市场的一个典型案例来说明新产品开发过程中协同知识管理的必要性[29]。Tollinger 等人研究了协同软件是如何应用于美国火星探索项目并支持该项目取得成功的[30]。理论研究方面，不少学者们也定性讨论了 CKMP 可能为组织带来的诸多好处，其中最有代表性的是 Smith（2001）的研究。他总结了众多案例，系统地阐述了 CKMP 从 6 个方面支持参与组织获取竞争优势：①帮助组织适应外界快速多变的环境；②优化组织间的交易；③处理一些非结构化决策；④推动组织创新；⑤促进人力资源开发；⑥加速供应链整合。综合已有文献，本文将从知识质量、集群供应链整合以及组织创新 3 个方面分析协同知识管理实践的作用机制。

（1）协同知识管理实践与知识质量

知识质量反映的是知识资源满足知识用户提高生产力、影响社会生活、节约成本以及知识增值等要求的程度。对于 CKMP 而言，其核心价值不仅在于扩展了组织的知识存量，而且有效提升组织知识管理能力，促进知识的质变，从而满足用户对知识资源的不同诉求。具体来讲，协同知识创造可以整合不同领域专业知识满足用户对于知识多样性、新颖性的需求；协同知识存储可以实现跨组织边界的知识搜索与获取，满足用户对于知识可用性的需求；

协同知识扩散借助更加丰富的培训方案满足用户对于知识实用性、及时性以及解释性的需求；协同知识应用可以实现知识在不同情境下的实用、验证以及更新，满足用户对于知识增值性的要求。综合以上分析，本文提出以下假设：

假设H4a：协同知识管理实践与集群企业知识质量存在正向关系。

（2）协同知识管理实践与集群供应链整合

协同知识管理的目的是实现企业间知识链的有效管理，而知识链以集群企业间的合作网络为载体，因此CKMP的应用势必会影响集群企业间的合作。集群供应链整合是集群企业深度共同合作的结果，是指集群企业与供应链伙伴通过战略合作，协调管理组织内外部各个流程，以最低的成本、最快的速度满足客户需求。已有研究指出供应链整合可以有效应对外界环境的不确定性，但它必须建立在厂商对供应链的每一个环节都相当了解的基础上。根据前文分析可知，组织应用CKMP可以轻松实现跨边界的知识搜索与获取，当厂商对于供应链整体的知识有了足够吸收与内化时，他们彼此间深度合作的驱动力会大大加强。大量研究也暗示了CKMP对集群供应整合的促进作用。Hill和Scudder（2002）指出CKMP可以动态连接不同组织，便于他们之间讨论并制定共同的战略决策[31]；Hult等人（2004）认为，协同知识管理有助于不同组织间的实时沟通，大大简化供应链整合流程的难度[32]。Yulong Li（2007）研究发现：当外界环境动态性较高时，CKMP可以减少组织间合作的交易成本，促进战略联盟的形成。综合以上分析，本文提出以下假设：

假设H4b：协同知识管理实践与集群供应链整合存在着正向关系。

（3）协同知识管理实践与组织创新

知识是创新的基础，已有大量研究指出组织间知识共享、整合、转移和扩散对组织创新能力提升有促进作用，而这些知识的相关活动都包括在协同知识管理体系中，由此可以推断CKMP对于集群企业创新能力有潜在的积极影响。回顾集群环境下"知识—创新关系"的相关文献，可以发现"隐性知识的获取"和"外部知识嵌入"是推动产业集群企业创新的两个关键。前者可以通过CKMP中丰富的交流媒介来实现，如虚拟社区和平台建立；后者可以借助CKMP中"统一的知识门户或者管理系统"来完成，将非本地企业的知识库嵌入到已有知识网络中，扩展知识空间的宽度和广度。此外，协同知识管理还被认为是一个高效的工作系统。一方面，CKMP 让组织以最短的时间了解到整个知识链的全貌，找到其中的缺口，更加准确和科学定位组织的创新战略；另一方面，CKMP 可以节约专家的工作时间，借助虚拟交流平台专家不需要重复回答知识用户类似的疑问，从而将大部分的精力用于新知识的创造。综合以上分析，本文提出以下假设：

假设 H4c：协同知识管理实践与组织创新存在着正向关系。

2.4 产业集群企业协同知识管理实践的整合模型

根据以上分析，本文提出协同知识管理实践前因及后果变量的整合模型，如图 1 所示。

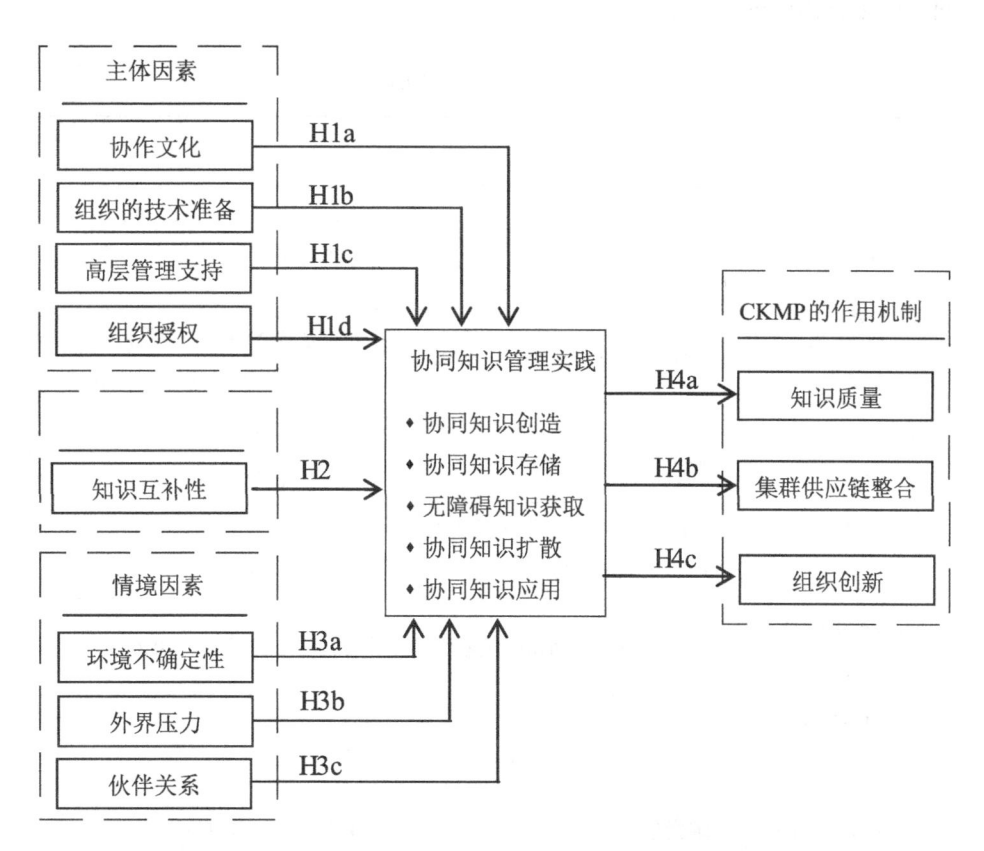

图 1 产业集群企业协同知识管理实践前因及后果变量的整合模型

3 实证研究

3.1 问卷设计

本文共 12 个不同的构念,每个构念在已有文献中都有所涉及。因此,对于这些变量的测量,本文主要依托于国内外成熟量表,结合具体情境进行了适当修改。每个构念的测量维度及参考文献如表 2 所示[33-45]。所有变量的测量均采用 Likert 的五分量表法。为了保证问卷题项表述的清晰,避免歧义的出现,在问卷正式发放之前,本文分别咨询了 5 位企业管理者与 5 位同行,就问卷的语言描述进行了修改。

表2 变量的测量与来源

变量	测量维度	来源文献
技术准备 (TI)	沟通支持系统;数据管理系统; 企业的信息门户;协调系统; 决策支持系统;	Alavi & Tiwana (2003); Yulong Li (2007);
协作文化 (OCC)	工作团队;直接上级;业务单元	Sveiby & Simons (2002); 李光生,张韬,黄介武 (2009)
高层管理支持 (TMS)	单维变量	Goldman, et al (2002); 李怡娜,叶飞 (2013)
组织授权 (OE)	动态结构指南;工作决策的控制; 信息共享的流动性	Matthews et al. (2003); 陈国权 (2012)
知识的互补性 (KC)	知识的差异性;知识的关联性	徐小三,赵顺龙 (2010);
环境的不确定性 (EU)	技术不确定;供应商不确定; 市场不确定;竞争对手的不确定	Li (2002);
外界压力 (CP)	单维变量	Yulong Li (2007)
伙伴关系 (PR)	信任;承诺;共同价值观	叶飞,徐学军 (2014) Morgan, M R, Hunt D S (1996)

续表

变量	测量维度	来源文献
协同知识管理实践（CKMP）	协同知识创造；协同知识存储；无障碍的知识获取；协同知识扩散；协同知识应用；	Yulong Li（2007）；
知识质量（KQ）	单维变量	DeLone and McLean（1992）；Yulong Li（2007）
集群供应链整合（SCI）	供应商整合；内部整合；客户整合；	Narasimhan and Kim（2002）；许德惠等人（2012）
组织创新（OI）	产品创新；流程创新；管理创新	Jimenez D & Sanz-ValleR（2008）；阎海峰，陈灵燕（2010）

3.2 样本选择与数据收集

（1）样本企业所在地域的确定：本文以北京、上海、山东、浙江和广东5个产业集群相对发达的地区作为目标区域展开调研。考虑到本文研究主题是组织间知识管理活动且CKMP需要一定的技术支持，为了增加研究的代表性，本文选择目标城市中知识密集型产业作为关注重点，范围涉及医药、软件、航天航空、文化创意以及精密制造业5类产业的20个产业集群。

（2）调查对象的确定：为了保证收集数据的质量，对于每一家产业集群企业，选择企业高层管理人员或者技术总监进行深入访谈和问卷调研收集数据。之所以选择他们作为调研对象是因为这两类人员的工作职责中有很大一部分内容是与外部组织沟通和协作，同时他们对本公司知识管理的现状也最为了解。

（3）收集方法的确定：为了保证足够的数据规模，提高问卷发送和回收效率，本文综合采用了实地调研、E-mail问卷调查两种方式。对于北京本地以及周边地区的产业集群企业通过现场实地调研完成；对于其他地区产业集群采用E-mail调查方法。此外，本文还借助本校经济管理学院的MBA资源，对其中符合条件的校友进行问卷调研，作为补充。本次调查共发出1200份问卷，回收410份，其中，有效问卷为342份，有效回收率为28.5%。

3.3 样本的统计描述

有效问卷中所包含调研产业企业和被调研对象的基本信息如表3和表4所示。

表3 调研企业的统计特征

企业概况	分类	计数	比例	企业概况	分类	计数	比例（%）
企业所在地区	北京	73	21.35%	企业规模	1~50	43	12.57
	上海	62	18.13%		50~100	69	20.18
	广东	61	17.84%		100~300	57	16.67
	浙江	77	22.51%		300~2000	147	42.98
	山东	69	20.18%		2000以上	26	7.60
企业集群性质	医疗	64	18.71%	成立年限	3年以下	24	7.02
	软件	82	23.98%		3~5年	47	13.74
	航天航空	32	9.36%		6~10年	123	35.96
	文化	74	21.64%		11~15年	104	30.41
	高端制造	90	26.32%		15年以上	44	12.87
销售额	1000万元以下	149	43.57%	企业类型	国有	83	24.27
	1000万~5000万元	124	36.26%		民营	88	25.73
	5000万~3亿元	41	11.99%		三资	97	28.36
	3亿元以上	28	8.19%		集体	74	21.64

表3的统计数据显示，本文调研的样本企业在各个目标地域和目标行业中的分布比较均衡，且各种不同类型的企业都有所涉及；从企业规模、成立年限及销售额来看，调研样本企业基本上覆盖了不同生命周期时期的组织类型，但是处于稳定期和发展期的企业较多，这与上文中协同知识管理实践前因变量分析结论是相符的，因为这个时期的企业寻求发展和扩展的动力最强且有了一定的技术和资金的准备。

表4 被调研对象的统计特征

被调研人员概况	分类	计数	比例（%）
教育程度	专科及以下	41	11.99
	本科	211	61.70
	硕士及以上	90	26.32
职位	首席执行官/总经理	78	22.81
	总工程师/技术总监	102	29.82
	副总经理	106	30.99
	中层管理者	56	16.37
当前职位的工作时间	<2年	57	16.67
	2~5年	79	23.10
	6~10年	52	15.20
	大于10年	154	45.03

表4统计数据显示，接近90%的调研对象都具有本科以上的学历，具有良好的教育可以保证他们对于问卷内容的准确理解；接近85%的调研对象为高层管理者且在自身岗位上有两年以上的工作经验，这些特点保证了他们对本公司以及组织间知识管理活动有充足了解，从而确保问卷数据的客观性和准确性。

3.4 信度与效度的检验

以Bagozzi（1980）、Bagozzi和Philips（1982）提出的量表信度和效度检验方法为基础，参考同主题文献的研究过程，本文采用Cronbach's α值与"题项对变量所有题项的相关系数（CITC）"对问卷中各变量的信度进行检验；采用探索性和验证性的因子分析对问卷中各个变量的效度进行过检验。具体步骤如下：

（1）利用SPSS19.0软件中的Reliability Analysis得到该构念α值以及不同item的CITC值。如果CITC的值小于0.5则删去该题项，并重新计算α值；当α值>0.7时说明问卷的可靠性较好，介于0.7~0.35可以接受，小于0.35则放弃。

(2) 利用 SPSS19.0 软件 Factor Analysis 得到纯化后量表的 KMO 值、不同 item 的因子载荷以及累积贡献率。删除因子载荷 <0.5 或者共载 >0.4 的题项；如果 KMO 值 <0.7 表示量表维度之间相关性太低，需要重新设计。

(3) 利用 Amos17.0 软件的 CFA 进一步验证测量模型的拟合优度，其主要统计检验量及适配标准如表 5 所示。

表 5　拟合优度统计量的适配标准

拟合优度统计量	X^2/df	GFI	AGFI	NFI	TLI	RMSEA
适配标准或临界值	<3	>0.9	>0.9	>0.9	>0.9	<0.08

根据以上步骤，对本研究 12 个测量量表的信度和效度检验，主要结果如表 6 所示。首先，所有量表的 Cronbach's α 值都大于 0.7，均在可接受范围内，表示各变量以及维度的研究数据具有很好的可信度和稳定度；其次，所有量表 KMO 值都大于 0.7，表示代表母群体的相关矩阵间有共同因子存在，适合进行探索性因子分析；再次，所有量表测量变量的维度的因子载荷值均大于 0.5 且累积方差解释率超过 50%，表明所有构念符合结构效度要求；最后，所有量表测量变量的拟合优度指标值均在标准要求范围之内，可开展后续研究分析。

表 6　量表的信效度检验摘要

量表	Cronbach's α	KMO 值	因子载荷（最小值）	累计方差解释率（%）	拟合优度统计值
技术准备	0.9174	0.893	0.679 0.708 0.713 0.636 0.643	69.545	X^2/df = 1.403；GFI = 0.975；AGFI = 0.977；NFI = 0.925；TLI = 0.959；CFI = 0.978；RMSEA = 0.028
协调文化	0.8597	0.830	0.653 0.719 0.651	59.897	X^2/df = 1.622；GFI = 0.926；AGFI = 0.914；NFI = 0.882；TLI = 0.907；CFI = 0.919；RMSEA = 0.048

续表

量表	Cronbach's α	KMO 值	因子载荷（最小值）	累计方差解释率（%）	拟合优度统计值
高层管理支持	0.8984	0.724	0.645 0.738	65.238	$X^2/df = 1.758$；$GFI = 0.962$； $AGFI = 0.929$；$NFI = 0.875$； $TLI = 0.911$；$CFI = 0.929$； $RMSEA = 0.046$
组织授权	0.8905	0.798	0.622 0.713 0.668	60.988	$X^2/df = 1.674$；$GFI = 0.957$； $AGFI = 0.947$；$NFI = 0.868$； $TLI = 0.897$；$CFI = 0.930$； $RMSEA = 0.041$
知识的互补性	0.8841	0.798	0.724 0.677	63.769	$X^2/df = 1.698$；$GFI = 0.944$； $AGFI = 0.931$；$NFI = 0.849$； $TLI = 0.830$；$CFI = 0.916$； $RMSEA = 0.037$
环境的不确定性	0.8890	0.897	0.724 0.677 0.544 0.629	68.932	$X^2/df = 1.686$；$GFI = 0.948$； $AGFI = 0.933$；$NFI = 0.853$； $TLI = 0.846$；$CFI = 0.923$； $RMSEA = 0.039$
外界压力	0.9276	0.830	0.611	57.233	$X^2/df = 1.309$；$GFI = 0.983$； $AGFI = 0.969$；$NFI = 0.931$； $TLI = 0.963$；$CFI = 0.981$； $RMSEA = 0.035$
伙伴关系	0.9460	0.824	0.563 0.692 0.613	64.121	$X^2/df = 1.022$；$GFI = 0.990$； $AGFI = 0.985$；$NFI = 0.958$； $TLI = 0.972$；$CFI = 0.991$； $RMSEA = 0.021$
CKMP	0.9438	0.877	0.559 0.629 0.559 0.581 0.611	69.545	$X^2/df = 1.359$；$GFI = 0.985$， $AGFI = 0.991$，$NFI = 0.960$； $TLI = 0.978$；$CFI = 0.988$； $RMSEA = 0.026$，

续表

量表	Cronbach's α	KMO 值	因子载荷（最小值）	累计方差解释率（%）	拟合优度统计值
知识质量	0.9169	0.842	0.633	68.972	$X^2/df = 1.412$；$GFI = 0.979$；$AGFI = 0.973$；$NFI = 0.922$；$TLI = 0.963$；$CFI = 0.964$；$RMSEA = 0.043$
集群供应链整合	0.8027	0.792	0.559 0.581 0.611	57.785	$X^2/df = 2.604$；$GFI = 0.913$；$AGFI = 0.917$；$NFI = 0.839$；$TLI = 0.852$；$CFI = 0.903$；$RMSEA = 0.052$
组织创新	0.9132	0.798	0.693 0.588 0.713	60.998	$X^2/df = 1.597$；$GFI = 0.972$；$AGFI = 0.968$；$NFI = 0.929$；$TLI = 0.965$；$CFI = 0.959$；$RMSEA = 0.031$

3.5 结构方程模型的建立与假设检验

（1）构建结构方程模型

由于本文提出的整合模型涉及多个自变量与多个因变量之间的关系，针对此特点，本文采用结构方程模型法（SEM）进行数据分析，并基于Amos17.0软件来实现相关假设的验证过程，如图2所示。

（2）模型拟合度检验

表7 CKMP前因及后果变量整合模型的拟合统计情况

X^2/df	RMR	RMSEA	GFI	AGFI	CFI	NFI	IFI
1.642	0.085	0.079	0.909	0.915	0.924	0.901	0.919

如表7所示，拟合结果显示各项拟合指标均达到理想数值要求，该整合模型的拟合度比较理想。

协同知识管理实践的影响因素及作用效果

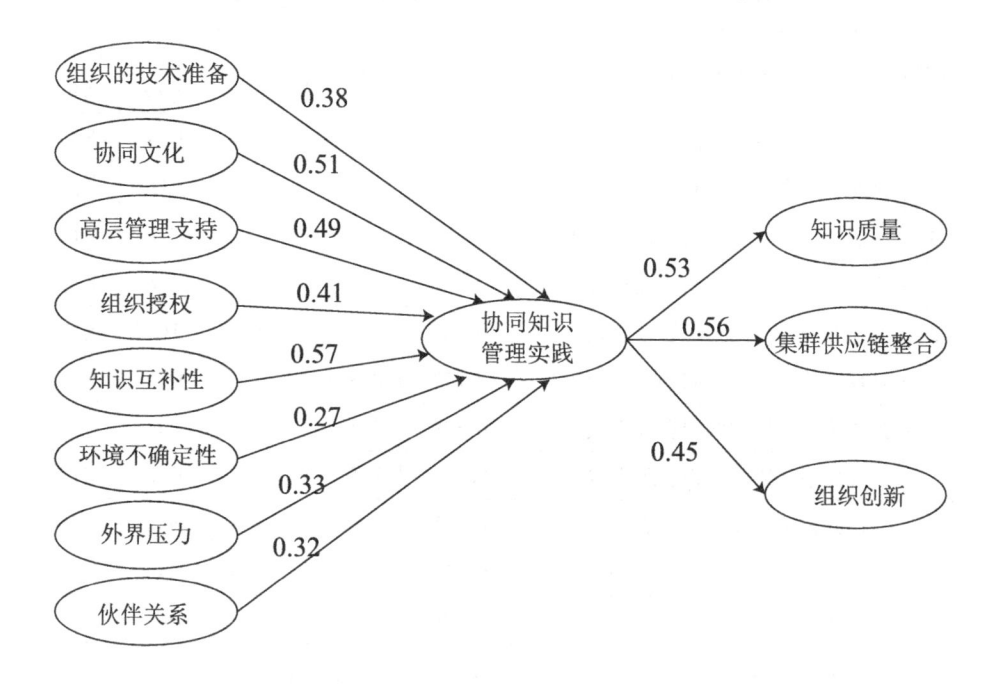

```
组织的技术准备 ——0.38——→
协同文化 ——0.51——→
高层管理支持 ——0.49——→                          ——0.53——→ 知识质量
组织授权 ——0.41——→  协同知识管理实践  ——0.56——→ 集群供应链整合
知识互补性 ——0.57——→                    ——0.45——→ 组织创新
环境不确定性 ——0.27——→
外界压力 ——0.33——→
伙伴关系 ——0.32——→
```

图 2 基于 SEM 的协同知识管理实践前因及后果变量实证分析数据图

（3）模型路径效果分析与假设检验

表 8 是对协同知识管理实践与其前因变量与结果变量之间关系的强度与显著性检验情况。在影响机制方面，协作文化、高层管理支持、知识互补对 CKMP 影响的标准化路径系数分别为 0.513、0.492、0.568，且路径系数在 0.001 水平上显著（$P < 0.001$），因此接受 H1a、H1c、H2；组织技术准备、组织授权、伙伴关系、外界压力对 CKMP 影响的标准化路径系数分别为 0.379、2.824、2.537、2.504，且路径系数在 0.01 水平上显著（$P < 0.01$），因此接受 H1b、H1d、H3b、H3c；环境不确定性对 CKMP 影响的标准化路径系数为 0.272，且路径系数在 0.05 水平上显著（$P < 0.05$），接受 H3a。在作用机制方面，CKMP 与知识质量、集群供应链整合、组织创新的影响的标准化路径系数分别为 0.525、0.558、0.446，且路径系数在 0.001 水平上显著（$P < 0.001$），因此接受 H4a、H4b、H4c。

表8 协同知识管理实践影响及作用机制的路径系数

序号	假设路径结果	标准化路径系数	C.R.值	P值	对应假设	检验结果
1	协作文化→协同知识管理实践	0.513	3.343	***	H1a	支持
2	组织技术准备→协同知识管理实践	0.379	2.901	**	H1b	支持
3	高层管理支持→协同知识管理实践	0.492	3.119	***	H1c	支持
4	组织授权→协同知识管理实践	0.367	2.824	**	H1d	支持
5	知识互补→协同知识管理实践	0.568	3.736	***	H2	支持
6	环境不确定性→协同知识管理实践	0.272	2.372	*	H3a	支持
7	外界压力→协同知识管理实践	0.329	2.537	**	H3b	支持
8	伙伴关系→协同知识管理实践	0.323	2.504	**	H3c	支持
9	协同知识管理实践→知识质量	0.525	3.468	***	H4a	支持
10	协同知识管理实践→集群供应链整合	0.558	3.603	***	H4b	支持
11	协同知识管理实践→组织创新	0.446	3.014	***	H4c	支持

注：*表示 $P<0.05$，**表示 $P<0.01$，***表示 $P<0.001$

4 结论与讨论

为了回应集群企业管理者关于应用协同知识管理的种种质疑，推动协同知识管理实践在产业集群企业中的广泛应用，促进产业集群企业间知识协同效应的产生，本文选择了协同知识管理实践的内涵和机制作为关注的焦点，详细研究了协同知识管理实践的结构维度、前因和后果变量，并以北京、上海、山东、浙江以及广东等5个地区的342家产业集群企业为样本进行实证研究，得到以下结论：在产业集群中，①协同知识管理实践是一个多维构念，包括协同知识创造、协同知识存储、无障碍的知识获取、协同知识扩散以及协同知识应用5个维度，其结构与传统知识管理实践有一定的相似性。②协同知识管理实践的成功需要考虑3个方面的因素：组织的特点、知识属性及环境因素。组织方面，组织授权、高层管理支持、组织技术准备以及协作文化与协同知识管理实践是显著正相关的；知识属性方面，知识的互补性与协同知识管理实践是显著正相关的；环境方面，环境不确定性、外界压力以及伙伴关系与协同知识管理实践是显著正相关的。③不同因素对协同知识管理实践的影响效果有差异，知识因素的影响效果最强（平均路径系数为0.568），组织因素的影响次之（平均路径系数为0.43775），情境方面因素相对较弱（平均路径系数为0.308）。④协同知识管理实践对组织的知识活动和业务发展有积极影响，表现为协同知识管理实践与组织的知识质量、集群供应链整合以及组织创新是显著正相关的。

  本文主要从两个方面对现有跨组织的知识管理理论进行补充：第一，本文打破了已有协同知识管理研究采用"定性分析和案例分析"的一贯做法，借助大样本的实证研究探索协同知识管理实践的相关机制，为组织借助知识协同获取竞争优势提供了更多可借鉴的共性规律；第二，本文提出的协同知识管理实践影响因素及作用机制的整合模型为学者们进一步探索 CKMP 搭建了一个比较系统的研究框架和平台，弥补了已有研究结论相对零散的缺点。在未来的研究中，学者们可以借助此框架搜索更多潜在的前因以及后果变量，也可以在已检验主效应的基础上增添中介和调节变量，进一步解开协同知识管理相关机制的"黑箱"。

  本文的研究结论对组织管理实践也有一定的指导意义。第一，本文作用机制部分的研究结论有助于打破集群企业管理者固有的思维模式，让他们意识到组织在协同知识管理方面的投入是对组织获取竞争优势的积极影响。从调研样本的数量来看，已经有相当规模的组织采用了协同知识管理实践，而且其中不乏行业领先的龙头企业，这对持质疑态度的企业高层管理者也有一定的激励作用。第二，影响机制部分的结论为管理者成功实施协同知识管理实践勾勒出了一幅清晰的路线图。组织要成功应用 CKMP，首先，要考虑它与潜在合作者之间知识的互补性，这是选择协同伙伴最重要的原则；其次，要积极修炼"内功"完成组织软件与硬件的准备，因为协同知识管理实践是一项理念变革同时也是一项技术的变革；最后，要综合考虑行业竞争情况，并注重良好合作伙伴关系的维护。第三，管理者可以利用本文开发的 CKMP 测量量表自我诊断跨组织知识管理的情况，并借助与标杆企业的比较，完善自身的协同知识管理体系。

  本文尽管对现有管理理论与实践做出了一些贡献，但仍然存在不少局限。第一，数据问题。本文采用自报横截面数据，虽然是从多个来源收集得到，但同源误差（CMV）仍然是影响本文结果的一个潜在问题。未来研究可以采用纵向数据重复我们的研究过程,进一步检验本文结论的有效性。第二,样本类型问题,本文调研样本以知识密集型产业集群为主,对于其他类型集群涉及较少,这主要是受 CKMP 对技术要求较高的限制影响,但随着协同知识管理实践的不断推广,未来研究可以采用不同类型的样本来验证本文结论的泛化性。第三,变量有限问题。本文选择前因后果变量均来自于已有文献的梳理和总结,但是不排除还有其他影响因素,如协同知识管理实践对集群供应链绩效的影响等。这些因果关系探索可以作为未来其他学者的研究方向。

参考文献

[1] 张小蒂, 赵榄, 林怡. 产业集群创新力提升机制研究——以桐庐制笔为例 [J]. 管理评论, 2011 (4): 18 - 24.

[2] 刘松, 李朝明. 基于产业集群的企业协同知识创新内在机理研究 [J]. 科技管理研究, 2012 (2): 135 - 138.

[3] 潘瑞玉. 供应链知识协同与集群企业创新绩效关系的实证研究——基于组织学习的中介作用 [J]. 商业经济与管理, 2013 (4): 89 - 96.

[4] 张彩虹, 钟青仪. 基于组织边界跨越的知识协同创新分析 [J]. 商业研究, 2014 (1): 81 - 86.

[5] 石宝明. 企业协同知识管理研究 [D]. 长春: 吉林大学, 2009.

[6] 徐少同, 孟玺. 知识协同的内涵、要素与机制研究 [J]. 科学学研究, 2013 (7): 976 - 982.

[7] KARLENZIG W, PATRICK J. Tap into the power of knowledge collaboration [J]. Customer Interaction Solutions, 2002, 20 (11): 22 - 23.

[8] VAN DEN BOSCH F. A. J., VOLBERDA H. W., DE BOER M. Coevolution of firm absorptive capacity and knowledge environment: organizational forms and combinative capabilities [J]. Organization Science, 1999, 10 (5): 551 - 568.

[9] YULONG LI. A Research Model for Collaborative Knowledge Management Practice, Supply Chain Integration and Performance [D]. The University of Toledo, 2009.

[10] 张少杰, 石宝明. 企业协同知识管理研究 [J]. 学习与探索, 2009 (6): 171 - 173.

[11] 李丹. 企业群知识协同要素及过程模型研究 [J]. 图书情报工作, 2009 (14): 76-79.

[12] 王玉. 论企业图书馆的协同知识管理策略 [J]. 情报杂志, 2007 (5): 79-81.

[13] ROGERS E M. Diffusion of preventive innovations [J]. Addictive Behaviors, 2002, 27 (6): 989-993.

[14] TORNATZKY L. G., FLEISCHER M. The processes of technological innovation [M]. Lexington, MA: Lexington Books, 1990, 37-39.

[15] CHARALAMBOS L. IACOVOU, IZAKBENBASAT, ALBERT S. DEXTER. Electronic data interchange and small organizations: adoption and impact of technology [J]. MIS Quarterly, 1995, 19 (4): 465-485.

[16] 舒曼. 研发联盟的知识协同机制研究 [D]. 武汉: 湖北工业大学, 2012.

[17] 刘静卜. 集群企业协同知识管理系统模型研究 [D]. 泉州: 华侨大学, 2012.

[18] 李光生, 张韬, 黄介武. 协作文化与领导角色对知识共享的影响作用研究 [J]. 科技进步与对策, 2009 (10): 104-109.

[19] DAVENPORT T. H., PRUSAK L.. Working Knowledge: How Organizations Manage What They Know [M]. Boston: Harvard Business Press, 1998, 132-133.

[20] KUO H. T., YIN T. J. C., LI I.. Relationship between organizational empowerment and job satisfaction perceived by nursing assistants at long-term care facilities [J]. Journal Of Clinical Nursing, 2008, 17 (22): 3059-3066.

[21] PETERSON N. A., ZIMMERMAN M. A. Beyond the individual: toward a nomological network of organizational empowerment [J]. American Journal Of Community Psychology, 2004, 34 (1-2): 129-145.

[22] ROPER S., CRONE M.. Knowledge complementarity and coordination in the local supply chain: some empirical evidence [J]. British Journal Of Management, 2003, 14 (4): 339-355.

[23] COHEN S. G., BAILEY D. E.. What makes teams work: group effectiveness research from the shop floor to the executive suite [J]. Journal Of Management, 1997, 23 (3): 239-290.

[24] REAGANS R., ZUCKERMAN E. W.. Networks, diversity, and productivity: the social capital of corporate r&d teams [J]. Organization Science, 2001, 12 (4): 502-517.

[25] KOUFTEROS X., VONDEREMBSE M., DOLL W.. Concurrent engineering and its consequences [J]. Journal Of Operations Management, 2001, 19 (1): 97-115.

[26] CURRALL S. C., JUDGE T. A.. Measuring trust between organizational boundary role persons [J]. Organizational Behavior And Human Decision Processes, 1995, 64 (2): 151-170.

[27] CONNELLY C. E., KELLOWAY E. K.. Predictors of employees' perceptions of knowledge sharing cultures [J]. Leadership & Organization Development Journal, 2003, 24 (5): 294-301.

[28] BODDY D., MACBETH D., WAGNER B.. Implementing collaboration between organizations: an empirical study of supply chain partnering [J]. Journal Of Management studies, 2000, 37 (7): 1003-1018.

[29] RAMESH B., TIWANA A.. Supporting collaborative process knowledge management in new product development teams [J]. Decision Support Systems, 1999, 27 (1): 213-235.

[30] TOLLINGER I., MCCURDY M., VERA A. H., ET AL. Collaborative knowledge management supporting mars mission scientists [C]//Proceedings Of The 2004 ACM Conference On Computer Supported Cooperative Work. ACM, 2004: 29-38.

[31] HILL C. A., SCUDDER G. D.. The use of electronic data interchange for supply chain coordination in the food industry [J]. Journal Of Operations Management, 2002, 20 (4): 375-387.

[32] HULT G. T. M., HURLEY R. F., KNIGHT G. A.. Innovativeness: its antecedents and impact on business performance [J]. Industrial Marketing Management, 2004, 33 (5): 429-438.

[33] 李怡娜, 叶飞. 高层管理支持、环保创新实践与企业绩效——资源承诺的调节作用 [J]. 管理评论, 2013 (1): 120-127.

[34] 陈国权, 王晓辉, 李倩, 等. 组织授权对组织学习能力和战略柔性影响研

究 [J]. 科研管理, 2012 (6): 128 - 136.

[35] 徐小三, 赵顺龙. 知识基础互补性对技术联盟的形成和伙伴选择的影响 [J]. 科学学与科学技术管理, 2010 (3): 101 - 106.

[36] 许德惠, 李刚, 孙林岩, 等. 环境不确定性、供应链整合与企业绩效关系的实证研究 [J]. 科研管理, 2012 (12): 40 - 49.

[37] 阎海峰, 陈灵燕. 承诺型人力资源管理实践、知识分享和组织创新的关系研究 [J]. 南开管理评论, 2010 (5): 92 - 98.

[38] JIMENEZ JIMENEZ D., SANZ VALLE R.. Could HRM support organizational innovation [J]. International Journal Of Human Resource Management, 2008, 19 (7): 1208 - 1221.

[39] SWINK M., NARASIMHAN R., WANG C.. Managing beyond the factory walls: effects of four types of strategic integration on manufacturing plant performance [J]. Journal Of Operations Management, 2007, 25 (1): 148 - 164.

[40] DE DELONE W. H., MCLEAN E. R.. Information systems success: The quest for the dependent variable [J]. Information Systems Research, 1992, 3 (1): 60 - 95.

[41] 叶飞, 徐学军. 供应链伙伴关系间信任与关系承诺对信息共享与运营绩效的影响 [J]. 系统工程理论与实践, 2009 (8): 36 - 49.

[42] BALLOU R. H., GILLBERT S. M., MUKHERJEE A.. New managerial challenge om supply chain opportunities [J]. Industrial Marketing Management, 2000, 29: 7 - 18.

[43] ALAVI M., TIWANA, A.. Knowledge integration in virtual teams: the potential role of KMS [J]. Journal Of The American Society For Information Science And Technology, 2002, 53 (12): 1029 - 1037.

[44] LI, SUHONG. An integrated model for supply chain management practice, performance and competitive advantage [D]. University of Toledo, Toledo, OH, 2002.

[45] MATTHEWS R. A., DIAZ W. M., COLE S. G. The organizational empowerment scale [J]. Personnel Review, 2003, 32 (3): 297 - 318.

(本文原刊载于《科学学研究》2015 年第 11 期)

基于领域本体知识库的专业搜索引擎查询推荐算法研究

——以盐湖化工领域为例[1]

洪婕 张健 胡亮[2]

(1. 北京信息科技大学经济管理学院；2. 北京信息科技大学经济管理学院；
3. 江西警察学院)

摘要：作为搜索引擎的关键技术之一，查询推荐研究正受到越来越多的关注。由于查询推荐技术与应用领域联系紧密，方法不具有一般普适性，因此研究需要针对不同领域数据的不同特征采用相对应的合适方法对其进行处理。本文以专业知识与工艺流程等为研究对象，以盐湖化工领域为例，在领域本体的基础上利用有向带权图重新组织其概念关系，并将其划分为不同知识包，构建了一个面向工艺流程的专业领域知识库。在领域知识库的基础上本文提出一种新的查询推荐算法，实验结果表明该算法可以有效地提高面向专业领域的主题检索质量与精度。

关键词：查询推荐；词关系网络；知识库；知识包；工艺流程

---

[1] 基金项目：本文受国家科技支撑计划课题（2012BAH10F01）、北京世界城市循环经济体系（产业）协同创新中心项目资助。

[2] 作者简介：洪婕（1989—），女，硕士，研究方向为知识检索；张健（1974—），男，通讯作者，教授，博士，研究方向为知识管理与智能决策、循环经济；胡亮（1980—），男，副教授，博士，研究方向为信息检索与信息系统。

1 引言

2014年1月27日中国互联网络信息中心（CNNIC）发布了《2013年中国搜索引擎市场研究报告》，该报告显示截至2013年12月底，我国搜索引擎用户规模达4.90亿，较2012年年底增长3856万人，同比增长8.5%[1]。搜索引擎已经成为人们检索信息的主要工具，为了提高搜索引擎的检索性能，相关研究多从查全率、查准率和个性化等方面展开，其中查询扩展方面的研究[2~8]一直是热点。但研究表明，用户更喜欢交互式的查询推荐而不是自动进行的查询扩展[9]。搜索引擎其实普遍采用了查询推荐技术，大多数搜索引擎搜索结果页面中的"相关搜索"就是查询推荐的一个具体应用[10]，通过向用户推荐若干与原始查询相关的关键词，探索用户搜索意图，引导用户的检索行为，从而优化搜索结果和提高检索效率。然而，在现有的商业搜索引擎中，大多从查询文本本身出发，对其进行同义改写和替换，或是选择与原查询文本类似的热门查询作为推荐，并没有关注原查询中潜在的用户意图[11]。

与查询扩展相比，查询推荐不需要扩展原始查询而增加系统开销，也不会因此而增加用户的浏览负担。虽然早在20世纪90年代，信息检索研究者就开展了一些查询推荐相关研究[12]，但是相对于查询扩展等方面的研究，查询推荐研究明显不足，且相关研究主要来自于国外[13~19]。国内近几年主要有中科院的王斌、郭嘉丰等人对此进行了一系列的研究[9,12,20~24]，但这些研究主要面向通用搜索引擎，只有文献[25]从专业搜索引擎出发，提出了一种面向专业搜索引擎的查询推荐算法。该研究对于优化垂直领域的查询推荐有一定意义，但仍然没有考虑不同领域的特点。垂直搜索引擎的目的是为特定领域的用户提供专业的信息检索服务，由于不同领域有着各自的特点，本文认为在查询推荐算法上应考虑领域知识间的关系特征。符合领域特征的检索推荐对于垂直搜索领域而言尤为重要。例如，盐湖化工领域的知识与其工艺流程紧密相关，关键词之间可能词形毫无共同点也不同属于某个概念，但却可能同属于一个工艺流程、存在顺序关系，或使用了相同的物质等。本文尝试基于这样的工作包联系来实现相关搜索词的推荐，以更好地探索用户的检索需求。

通过相关研究和文献[12]的分析可以看出，基于查询日志的方法得到了广泛的应用，虽然形式各有不同。使用海量的查询日志来实现查询推荐是合理而有效的，但是正如文献中所说，该方法存在数据稀疏的问题。除此之外，对于建立初期的搜索引擎而言，系统无法积累足够多的用户查询日志，而其他搜索引擎的查询日志由于隐私保护等因素很难获取，即使获取也不一定适用，尤其对于垂直搜索引擎而言。并且专业搜索引擎的用户相对而言要少很多，从统计上看，日志的质量很难保证。而在基于文档的方法中，由于专业搜索引擎的文档集远远小于通用搜索引擎的文档集[25]，因此全局文档分析在专业领域是可行的；同时由于新词在专业领域中是不会频繁出现的，所占比例很小，因此具有"处理简单快捷，结果准确"这一优点的利用语义资源的方法对于查询推荐是一个很好的选择。

领域本体通过定义类、实例、属性、关系等元素，刻画领域中的类和实例及其之间的层次关系，对领域知识进行归纳和抽象。基于本体的方法可以很好地体现概念及其关系之间的层次性和结构性，以及关系之间的约束性[26]。领域本体可以作为获取知识的预备知识，本文知识库的构建和推荐算法的有效性建立在本体的基础上，需要该领域拥有一个较为成熟的领域本体。有关领域本体构建的方法和问题并非本文研究内容，不在此赘述。

综上所述，本文提出了一种面向专业搜索引擎的查询推荐算法。本文以领域本体为语义资源，在此基础上构建面向工艺流程的专业领域知识库，并将其应用于查询推荐。第2节和第3节将分别介绍知识库构建过程和查询推荐过程，第4节以盐湖化工领域为例进行实例分析。

2 基于领域本体构建知识库

由于基于类别层次关系的领域本体树普遍未体现出不同类别概念之间可能存在的联系，而概念间基于工艺流程建立的联系比较复杂，难以作为彼此的属性。因此，为了更好地实现这些专业领域搜索引擎的查询推荐，本文在领域本体的基础上用有向带权图的方式重新组织领域本体中的概念关系，构建出一个词关系网络，并将其划分为不同的知识包。知识库中的概念关系包括知识包内部的概念关系和知识包之间的概念关系。构建的过程结合了人工分析和自动算法两种方式。

2.1 定义知识库

将知识库用有向带权图的方式（图1）定义为：
$$G = \{V, W, C, P\}$$

其中 $V = \{v_i\}$ n 是节点的集合，包含了领域本体中的语义概念❶，$C = \{c_i\}$ m 包含了概念所属的语义类别，$P = \{p_i\}$ k 包含了概念所属的知识包，v_i 的属性中包含了该概念所属的语义类别 c_j 和划分后所属的知识包 p_t；$W = \{w_{ij}: 1 \leq i \leq n, 1 \leq j \leq n, i \neq j\}$ 是边的权值集合，w_{ij} 表示的是边 $<v_i, v_j>$ 中 v_i 到 v_j 的关系强弱，在本文中表示的含义是"当初始检索词是 v_i 时，将 v_j 作为其推荐词的可能性"。

领域本体　　　　　　　　　　　面向工艺流程的知识库

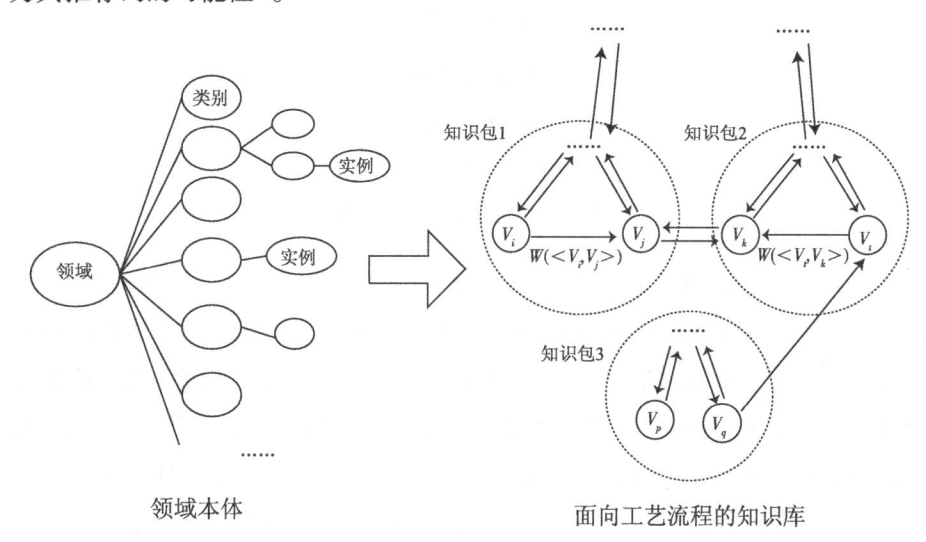

图1　面向工艺流程的知识库

2.2 构建词关系网络

如上文所述，本文的知识库本质上就是一个词关系网络，也就是由词或短语及它们之间关系构成的图，节点表示词或短语，存在一定联系的词或短

---

❶ 本体树中的一级概念一般为语义概念的大类别，不作为节点，而作为节点的属性。视具体情况而定。

语用边相连[9]。

词关系网络构建的过程如图2所示。

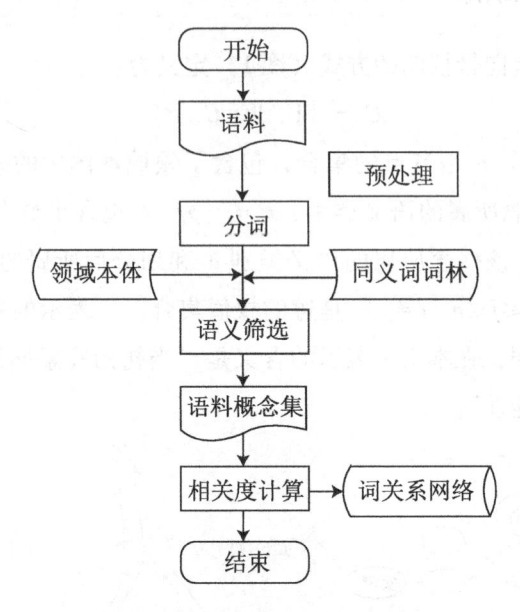

图2 词关系网络构建流程

（1）语料的收集和预处理：由于知识库是面向领域工艺流程的专业知识，因此只选择领域相关的产品说明书、标准、专利、工艺流程图等语料。语料可以来自相关的权威网站、专利网中领域内的专利等电子资源、相关行业的网站，和该领域内影响力比较大的企业。对于这些语料都需要做一下预处理：互联网中获取的资源有网页形式和下载文档格式，均需要统一处理成文档格式；企业拥有的资料是最具有针对性的，不论何种存储形式，均统一成文档形式，对于一些无法电子化的纸质材料，可结合专家意见作为算法中的调节因素。

（2）分词：分词方法可参考相关研究[27~28]，结合领域本体，利用已有的一些分词工具来实现，具体方法不在本文赘述。

（3）进行语义筛选：利用领域本体（只选取类别是专业知识的子树，如工艺、设备等，不考虑市场、人员等类别的概念），对文档中的词进行语义相似度计算：

$$Sim(A,B) = \max(0, 1 - \frac{2 \times trans(A,B)}{|token(A)| + |token(B)|})$$

其中 | token（A）| 和 | token（B）| 分别为概念 A 和概念 B 中的单词或汉字数量，trans（A，B）是将概念 A 转换成概念 B 所需最小编辑操作（插入、删除和替换）次数；阈值取 0.6。[29~30]

将最大相似度达到阈值的词语用对应的概念替换，其他词语删除，生成只有本体概念的文档集。

（4）词语关联度计算：最终利用（3）中生成的文档集来计算本体概念之间的关联度。对于 x、y 两个词语之间的关联度，本质上是计算 x→y 的可能性，本文计算方法如下：

定义文档集为 $D = \{d_1, d_2, \cdots, d_n\}$，文档中概念集 $W = \{w_1, w_2, \cdots, w_m\}$，对于任意一个文档 $d_i = \{[w_1, f_i(w_1)], [w_2, f_i(w_2)], \cdots, (w_m, f_i(w_m))\}$，$f_i(w_j)$ 表示在文档 d_i 中概念 w_j 的词频（出现的次数），文档 d_i 中最大的词频表示为 $\max[f(d_i)]$。假设包含 x 的文档有 t 篇，表示为 $D(x) = \{d'_1, d'_2, \cdots, d'_t\}$❶，是 D 的非空子集；同时包含 x、y 的文档有 s 篇，表示为 $D(x,y) = \{d''_1, d''_2, \cdots, d''_s\}$，是 D(x) 的子集。则 <x, y> 的权值 w_{xy} 计算公式为：

$$w_{xy} = \frac{s}{t} \times \sum_{i=1}^{s} \left[\frac{f_i(X) + f_i(Y)}{2\max(f(d_i))} \times \frac{f_i(X) + f_i(Y)}{\sum_{j=1}^{s}(f_j(X) + f_j(Y))} \right]$$

该公式综合考虑了文档内部词频和文档间词语共现概率对两个词语关联度的影响。

2.3 划分知识包

按照 WBS（Work Breakdown Structure，工作分解结构）分解体系，工作包是项目工作的基本活动单元，盐湖化工领域的生产加工过程可依据工艺流程分解为不同的工作包。而知识包则是工作包层面的知识体现，是其对应工作包所涉及的全部知识的集合，包括项目涉及的知识要素以及要素之间的关

---

❶ 分别用 d'、d'' 表示，避免因下标一致而产生歧义。

系[31]。形成知识包的策略有两种：一种是由领域专家对知识进行分析以形成知识包，同时也可以在业务过程的执行过程中由具体的参与人员提出补充；另一种是利用相应的算法来形成知识包[32]。本文同时结合两种方式来实现知识包的划分。选择的领域专家须从事盐湖化工领域，熟悉工艺流程环节，且工作年限达 8 年以上。

知识包从本质上来说就是知识库中的一个个社团，社团是这样的一些子群体，内部连接稠密，外部连接稀疏。社团发掘的典型方法有图划分方法、随机块模型方法和基于模块的方法。其中基于模块的方法是广泛使用的一种社团划分法，其核心是模块性 Q。Q 值越高，表明社团内的连接越紧密，并且社团间的连接越稀疏[33]。但该方法适用于无向无权图，文献[9]在此基础上改进了原始的模块度函数，使其适用于有向带权图。本文采用该改进后的算法来实现知识包的划分。计算公式为：

$$Q = \frac{1}{n}\sum_{v=1}^{n}\sum_{w=1}^{n}\left[\overline{W_{VW}} - \frac{1}{n}\sum_{a=1}^{s}\overline{W_{aw}}\right]\delta(c_v, c_w)$$

其中，n 表示网络图中有向边的数目，c_v 表示节点 v 所属的社团；函数 $\delta(c_v, c_w)$ 表示节点 v 和 w 是否在一个社区内，即当 $c_v = c_w$ 时，$\delta(c_v, c_w) = 1$；否则 $\delta(c_v, c_w) = 0$；$\overline{W_{vw}} = \dfrac{W_{vw}}{\sum_a W_{va}}$ 表示归一化后节点 v 和 w 之间的权重。$\overline{W_{vw}}$ 可以看作是一种条件概率 $P(t_w | t_v)$，即在词 t_v 出现的情况下 t_w 出现的概率；而 $\sum_a \overline{W_{aw}}/n$ 可以认为是词 t_w 出现的期望概率 $P(t_w)$。因此，如果两个词 t_v 和 t_w 经常在一起同时出现，而且出现概率高于随机期望值，则 G_q 的模块度 Q 会越来越高，从而"t_v 和 t_w 会更可能被聚到一个社团中"[9]。

为了提高其准确性，划分的过程中参考专家意见，主要是针对知识包间是否吞并、一些边缘词语属于哪个知识包等问题。

经过词关系网络的构建和知识包划分，面向工艺流程的专业领域知识库构建完成。

3 查询推荐算法

本文的推荐算法基于已构建的知识库，用户输入检索词后，推荐查询词的过程如图 3 所示。

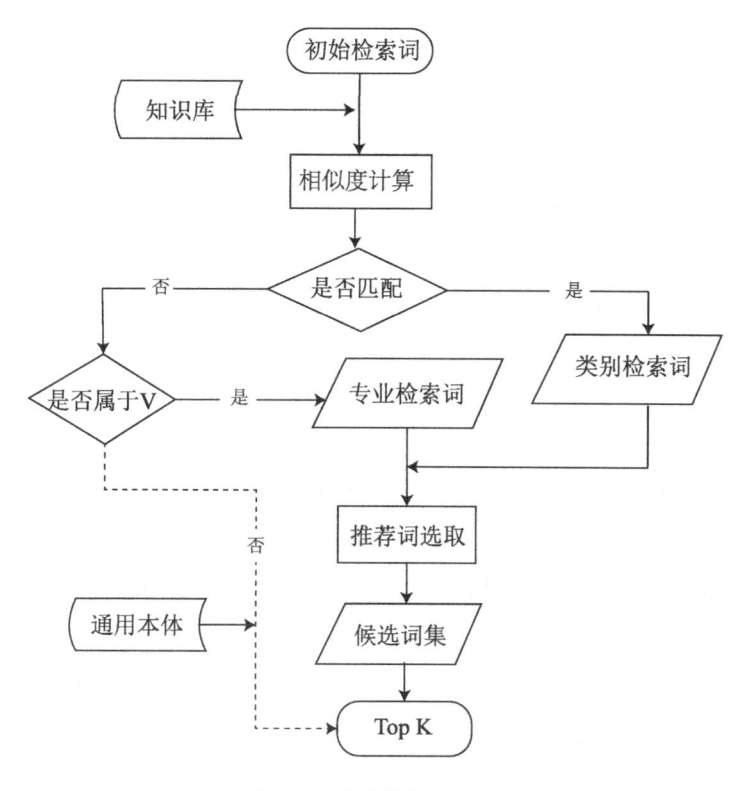

图 3　查询推荐算法流程

3.1　检索词匹配

首先将每个检索词和知识库中集合 V、集合 C 中的词语进行词法相似度计算（同第 2.2 节中的语义筛选方法），对于任意一个检索词，若最大相似度达到阈值，则将对应的概念作为进行查询推荐的词语：属于集合 V 中的语义概念是推荐词选取的关键，而属于集合 C 中的类别检索词主要用来作为推荐词选取时的筛选和排序依据。若一个检索词和知识库中所有概念的相似度都达不到阈值，很可能不是该领域专业词汇。

当所有检索词都无法和知识库中词语达到一定相似度时，可利用本体中其余语义概念或通用领域本体查找它们的相近词语，作为推荐词即可，推荐算法结束；否则使用第 3.2 节中的推荐词选取。

3.2 推荐词选取

当用户输入的检索词与知识库中的词语相匹配时,推荐词的选取分为以下两种处理方式。

(1) 只有类别检索词,即用户只输入了"产品""设备"这类表示类别的词语,没有知识包中具体的专业概念:将该类别下的概念作为候选词集合 $Y = \{[y_i, w(y_i)], [y_j, w(y_j)], \cdots\}$。$y_i$ 表示概念名称,而 $w(y_i)$ 表示 y_i 作为节点的入度,即所有指向 y_i 的边权值之和。

该情况下,集合 Y 按照 $w(y_i)$ 的大小降序排列即可。

(2) 有专业检索词:首先对于每一个专业检索词 x,将 $<x, y>$ 权值大于 0 的 y 全部作为候选词,生成候选词集合 $Y = \{[y_1, w(<x, y_1>)], [y_2, w(<x, y_2>)], \cdots\}$;将各检索词的候选词集进行合并。此时对于集合 Y 中元素的排序,需要考虑几个方面:①若检索词不止一个且都属于同一个知识包,则这个知识包里的词语具有排序优先权;②若不同的检索词的推荐候选词之间有重复,则赋予该候选词排序优先权,并将相关的权值(即检索词与该候选词的相关度)相加;③若存在类别检索词,则属于该类别的检索词具有最高排序优先权,具有多个类别检索词时,这几个类别不分主次;④w_{ij} 值的大小。

因此,该情况下,集合 Y 在按照 $w(y_i)$ 降序排列时需要考虑上述三个方面的排序优先权,排序依据的优先级别为:检索类别 > 特定知识包 > 重复出现。

最后,在候选词集 Y 中取 Top K 个词语作为查询推荐词。

4 实例分析

盐湖领域作为化工领域的一个分支,涉及的知识与其工艺流程紧密相关。本文以盐湖化工领域为例,进行该算法的实例分析。本体采用文献[29]中构建的盐湖化工领域本体(并进行了一定的完善),该本体中包含了产品、资源、设备、工艺、市场、组织这 6 个方面,由于市场和组织两个方面的语义概念不涉及专业领域知识,因此选取的子树包含与工艺流程相关的产品、资源、设备和工艺这四个方面的语义概念。

由于目前互联网上缺少成熟的盐湖化工领域的专业搜索引擎,而百度和谷歌是综合搜索引擎的代表,因此本文选取百度和谷歌的查询推荐结果与本文算法进行对比。算法是企业的核心技术之一,未有相关资料明确指出百度和谷歌的查询推荐算法,但根据相关研究以及搜索引擎的推荐结果来看,本文认为两个搜索引擎主要是基于所有用户检索历史和词语相似度进行的计算。本文认为若根据本文算法得到的相关搜索词比起两者而言更符合用户的检索需求,则说明该算法能够更好地实现垂直搜索引擎的查询推荐,从而提高用户的检索效率。

因此本文的实验方法为:由从事该领域的人员分别使用本文算法所在的平台和百度、google进行检索,并对三个引擎提供的检索词进行综合打分,从而得出本文算法对于提高专业领域检索质量的效用。部分结果如表1所示。

表1 查询推荐对比

检索词\相关搜索词\平台	百度	谷歌	本文算法
氯化钾	氯化钾的作用、氯化钾缓解片、氯化钠、购买氯化钾、氯化钾注射液、氯化钾注射液多少钱、氯化钾价格、氯化钾化学式、氯化镁、氰化钾	氯化钾氯胺酮是什么、氯化钾的价格、氯化钾的作用、氯化钾最新价格、氯化钾的用途、10氯化钾注射液、计生委氯化钾氯胺酮、氯化钾注射液的作用、氯化钾的副作用、氯化钾 食品级	浮选法、反浮选、兑卤法、冷结晶、光卤石、氯化钠、干燥窑、除尘器、滤液泵、过滤
氯化钾设备	氯化钾、氯化钾注射液、氯化钾缓解片、氯化钾的作用、饱和氯化钾溶液配制、氯化钾片、100g氯化钾样品、氯化钾氯胺酮、氯化钾价格、氯化钾作用	氯化钾氯胺酮是什么、氯化钾的价格、氯化钾的作用、氯化钾最新价格、氯化钾的用途、10氯化钾注射液、计生委氯化钾氯胺酮、氯化钾注射液的作用、氯化钾的副作用、氯化钾 食品级	干燥窑、除尘器、滤液泵、真空泵、洗涤槽、分解罐、浮选机、浮选法、反浮选、兑卤法

续表

平台 相关搜索词\检索词	百度	谷歌	本文算法
冷结晶	冷结晶温度、冷结晶峰、结晶、重结晶、肾结晶、玻璃化温度、蜂蜜结晶、恶魔结晶、黑暗结晶、结晶紫	无相关搜索词	氯化钾、氯化钠、光卤石、反浮选、浮选法、兑卤法、脱卤、重结晶、捕收剂、分解

对于表1中的结果有5位用户对其打分，其中一位是氯化钾生产工艺方面的专家，其他4位是该领域的一般用户，每个结果的平均得分如表2所示。

表2 相关搜索词评分对比

平台 相关搜索词评分\检索词	百度	谷歌	本文算法
氯化钾	7.50	7.00	9.0
氯化钾 设备	4.50	4.00	9.00
冷结晶	7.00	0.00	8.50

从推荐结果和评分可以看出，本文算法提供的相关搜索词在满足用户检索意图方面具有明显的优势，具体表现在以下几个方面。

（1）本文算法可以为用户提供与工艺流程相关的专业领域相关词推荐，提供的大部分相关搜索词都是与原始检索词在工艺方面具有紧密联系的。对于垂直搜索引擎而言，符合领域特点的查询推荐对于用户而言更有意义。

（2）从相关搜索词的专业性来看，本文算法提供的推荐词都是与该领域相关的专业词汇，且与初始检索词密切相关，而百度和谷歌的推荐词几乎和专业知识没有关系，本文认为这些词语对于通用领域的查询推荐都稍显多余，对于垂直领域的专业搜索更是不可取。

（3）从查询意图来看，本文算法提供的推荐词能够更好地帮助用户确定真实的查找意图，如"氯化钾设备"这个检索，用户极有可能是想查找与氯化钾相关的设备信息,而检索结果中不易查找,此时相关搜索词则可以提供很好的帮助,并且能够根据用户的查询重点的不同提供不同的相关搜索。例如,"氯化钾"和"氯化钾设备"这两个检索体现了用户不同的检索需求,因此给出了不同的推荐词:对于前者会按照和氯化钾的相关度高低选择推荐词;对于后者会优先按照相关度给出与氯化钾相关的设备词语,不足时才会推荐属于其他类别但却与氯化钾紧密相关的词语。而百度和谷歌提供的推荐词没有体现出这样的作用。

由于研究缺乏用户日志,本文对于该实例的结果采用了专家打分的方法。当搜索引擎的检索日志达到一定数量后,还可以结合对检索日志的分析来检验这些推荐词的效用,并在本文的算法基础上加入日志的元素来进一步改进推荐算法。

5 结语

专业搜索引擎与查询推荐都是目前研究的热点,但关于专业搜索引擎查询推荐的相关研究却非常少[25]。本文的查询推荐算法针对的是领域知识和工艺流程紧密相关的领域,对于知识特征不一样的领域,知识库的构建需要针对自身特征,但查询推荐算法依然适用。

此外,该方法仅用于领域专业词汇的查询推荐,对于输入词汇的一般性处理也仍需要使用其他相关技术,具体方法可参照相关研究。

本文利用专业领域语料基于领域本体构建了专业词关系网络,并结合图划分算法和领域专家的经验将网络划分为面向工艺流程的知识包,最终形成专业知识库,对于实现更专业的查询推荐有着一定的实用性。但目前该知识库还比较单薄,在此基础上,若加入相关规则和更精确的流程关系,不仅可用于查询推荐,还可用于实现知识检索。

本文的推荐算法主要建立在语料的基础上,虽然垂直搜索引擎的用户相对较少,但用户查询日志是搜索引擎记录用户行为的重要载体,并且查询日志也体现了用户查询的差异,对于进一步改进查询推荐效用仍有意义。因此研究还将进一步结合领域用户查询日志来改进查询推荐的准确性和个性化。

参考文献

[1] 中国互联网网络信息中心. 2013 年中国搜索引擎市场研究报告 [OL]. [2014 - 03 - 01]. http://www.cnnic.net.cn/hlwfzyj/hlwxzbg/ssbg/201401/P020140127366465515288.pdf

[2] 丁晓渊, 顾春华, 王明永, 等. 基于查询日志的局部共现查询扩展 [J]. 计算机应用与软件, 2013 (12): 22 - 27.

[3] 高珊. 信息检索中的查询扩展及相关技术研究 [D]. 武汉: 华中师范大学, 2008.

[4] 谭睿哲. 基于本体和用户日志的查询扩展研究 [D]. 长沙: 湖南大学, 2013.

[5] 丁国栋, 白硕, 王斌. 一种基于局部共现的查询扩展方法 [J]. 中文信息学报, 2006, 20 (3): 84 - 91.

[6] 聂卉, 龙朝晖. 结合语义相似度与相关度的概念扩展 [J]. 情报学报, 2007, 26 (5): 728 - 732.

[7] 田萱, 杜小勇, 李海华. 语义查询扩展中词语——概念相关度的计算 [J]. 软件学报, 2008, 19 (8): 2043 - 2053.

[8] 王瑞琴. 基于语义处理技术的信息检索模型 [J]. 情报学报, 2012, 31 (1): 9 - 17.

[9] 李亚楠, 王斌, 李锦涛, 等. 给互联网建立索引: 基于词关系网络的智能查询推荐 [J]. 软件学报, 2011, 22 (8): 1771 - 1784.

[10] NISH PARIKH, GYANIT SINGH, NEEL SUNDARESAN. Query Suggestion with Large Scale Data [J]. Handbook of Statistics, 2013 (31): 493 - 518.

[11] 罗成, 刘奕群, 张敏, 等. 基于用户意图识别的查询推荐研究 [J]. 中文信息学报, 2014, 28 (1): 64 - 72.

[12] 李亚楠, 王斌, 李锦涛. 搜索引擎查询推荐技术综述 [J]. 中文信息学报, 2010, 24 (6): 75 - 84.

[13] XI NIU, DIANE KELLY, The use of query suggestions during information search [J], Information Processing & Management, 2014, 50 (1): 218 - 234.

[14] DANIELE BROCCOLO, LORENZOMARCON, FRANCO MARIA NARDINI, ET AL. Generating suggestions for queries in the long tail with an invert-

[14] ed index [J]. Information Processing and Management, 2012, 48 (2): 326 – 339.

[15] GLORIA BORDOGNA, ALESSANDRO CAMPI, GIUSEPPE PSAILA, ET AL. Disambiguated query suggestions and personalized content – similarity and novelty ranking of clustered results to optimize web searches [J]. Information Processing and Management, 2012, 48 (3): 419 – 437.

[16] ALAN FEUER, STEFAN SAVEV, JAVED A.. Aslam, Implementing and evaluating phrasal query suggestions for proximity search [J]. Information Systems, 2009, 34 (8): 711 – 723.

[17] YOUNGHO KIM, JANGWONSEO, W.. Bruce Croft, et al. Automatic suggestion of phrasal – concept queries for literature search [J]. Information Processing and Management, 2014, 50 (4): 568 – 583.

[18] WEI SONG, JIU ZHEN LIANG, XIAO LONG CAO, ET AL. An effective query recommendation approach using semantic strategies for intelligent information retrieval [J]. Expert Systems With Applications, 2014, 41 (2): 366 – 372.

[19] YIQUN LIU, JUNWEI MIAO, MIN ZHANG, ET AL. How do users describe their information need: Query recommendation based on snippet click model [J]. Expert Systems with Applications, 2011, 38 (11): 13847 – 13856.

[20] 白露, 郭嘉丰, 曹雷, 等. 基于查询意图的长尾查询推荐 [J]. 计算机学报, 2013, 36 (3): 636 – 642.

[21] 朱小飞, 郭嘉丰, 程学旗, 等. 基于流形排序的查询推荐方法 [J]. 中文信息学报, 2011, 25 (2): 38 – 43.

[22] 李亚楠, 许晟, 王斌, 等. 基于加权 SimRank 的中文查询推荐研究 [J]. 中文信息学报, 2010, 24 (3): 3 – 10.

[23] 朱小飞, 郭嘉丰, 程学旗, 等. 基于吸收态随机行走的两阶段效用性查询推荐方法 [J]. 计算机研究与发展, 2013, 50 (12): 2603 – 2611.

[24] 周德志. 基于日志和知网的查询推荐研究 [J]. 现代情报, 2013, 33 (10): 65 – 69.

[25] 王桂华, 秦湘清, 陈黎, 等. 一种面向专业搜索引擎的查询推荐算法 [J]. 计算机工程与应用, 2013 (9): 144 – 149.

[26] 王海涛,曹存根,高颖.基于领域本体的半结构化文本知识自动获取方法的设计和实现[J].计算机学报,2005(12):2010-2018.

[27] 修驰.适应于不同领域的中文分词方法研究与实现[D].北京:北京工业大学,2013.

[28] 岳金媛,徐金安,张玉洁.面向专利文献的汉语分词技术研究[J].北京大学学报(自然科学版),2013,49(1):159-164.

[29] 张健,冯飞,刘宇,等.基于本体概念相似度的网页排序算法研究[J].情报学报,2013,32(11):1174-1183.

[30] 李荣,杨冬,刘磊,等.基于本体的概念相似度计算方法研究[J].计算机研究与发展,2011,48(z2):690-695.

[31] 朱方伟,刘轩政,孙秀霞.面向项目全生命周期的知识集成研究[J].管理学报,2012,9(12):1819-1825.

[32] 卞建萍,谢强.基于Ontology的业务过程知识需求建模[J].中国制造业信息化,2006,35(19):63-67.

[33] 范超,王厚峰.社交网络中的社团结构挖掘[J].中文信息学报,2014,28(1):56-63.

(本书原刊载于《工业技术经济》2015年第7期)

基于生命周期的联盟企业网络能力评价研究[1]

倪渊 张健[2]

(北京信息科技大学经济管理学院)

摘要：网络能力是联盟企业保持合作稳定性、获取长期竞争优势的关键因素。已有联盟企业网络能力评价模型，忽略了联盟生命周期对于企业网络能力的动态影响，难以引导联盟企业制定合理的提升策略。为了弥补现有研究的不足，本文在明晰"网络能力内涵结构、网络能力动态演化性以及联盟生命周期判定"等三个关键问题的基础上，提出联盟企业网络能力评价的动态模型。该模型遵循"先定位再评价"的思路：首先，借助 Entropy-SVM 的方法对目标企业所处联盟的发展阶段进行定位；其次，根据联盟不同发展阶段对网络能力内涵要求的差异，确定网络能力评价指标权重；最后，利用集成算子实现信息整合。本文研究结果在一定程度上丰富了网络能力和综合评价理论，有助于企业网络能力策略的科学制定。

关键词：联盟企业；网络能力；生命周期；组合评价

中图分类号：F272 **文献标识码**：A

1 引言

伴随中国市场化进程加剧，组织内部交易成本不断提高，越来越多的企业开始"瘦身"专注于自身核心业务，同时广泛采用"联盟"这一组织形

---

[1] 基金项目：国家自然科学基金资助项目（71171021/G0117）；北京市知识管理研究基地资助。

[2] 倪渊（1984），男，山东莱芜人，博士，讲师。研究方向为知识管理与组织行为。

式，向外界寻找帮助和合作，扩展组织边界。联盟满足了参与企业对资源、能力以及空间的需求，但其不稳定和脆弱性也给企业的能力结构提出了新的要求，表现为企业必须具备更加突出的网络能力[1~2]。网络能力由 Hakansson (1987) 最先提出，是企业改善其网络位置和处理某单个关系的能力[3]，后来诸多学者对其内涵进行了发展[4~5]。尽管学者们对网络能力的界定有所差异，但是普遍认为：网络能力对竞争优势的获取具有积极意义，已有的实证研究也证明了这一观点[6~9]。在这些结论的指引下，诸多企业都将培育和提升网络能力作为维护联盟长期发展的重要战略决策。

网络能力提升策略的制定具有一定的独特性，它需要建立在企业对自身网络能力发展水平的科学、准确地评价基础之上[10~11]。已有文献对于网络能力的测量采用线性加权的经典评价思路，其假设前提是网络能力结构具有一定的稳定性，且各个能力维度对组织竞争优势的影响是固定的，不随外界环境的改变而变化。显然，这一假设与联盟情境下企业的真实情况有所差异：联盟作为网络能力发挥作用的情境，是一个动态发展的过程，具有生命周期性。在生命周期的不同阶段，联盟呈现出不同的网络特征和关键问题，影响网络能力的内涵结构[12]。这意味着联盟企业网络能力应该与联盟发展阶段相匹配，才能适应外部环境变化，最大限度地发挥网络能力效能。因此，已有研究对网络能力测量是在静态视角下展开的，对于网络能力动态性关注不足，测量结果难以反映联盟企业真实的能力状态。按照这样结果得到的发展路径，增加了企业经营风险，导致企业投入大量资源而无所得。

综合以上所述，本文以网络能力作为研究对象，围绕"如何在联盟不同发展阶段下，准确地衡量联盟企业的网络能力"展开探索。首先，定性分析联盟企业网络能力评价的三个关键问题；其次，综合三方面结论提出联盟企业网络能力动态评价模型；最后，借助大样本实证研究完成模型构建。

2 联盟企业的网络能力评价的关键问题

2.1 关键问题一：联盟企业网络能力的结构

联盟企业网络能力评价的首要问题是揭示网络能力的内涵和结构，这是评价指标构建的基础。已有研究均将网络能力看成由多个能力要素组成的复合能力[13~17]，并从不同角度揭示其内部"黑箱"，但是存在一些不足：①集中于资源管理视角理解企业网络能力，过分强调外部网络规模以及资源异质性的价值，忽略了网络关系质量的作用；②部分结论符合直觉判断或者实践经验，但缺乏实证检验；③部分研究对网络能力内涵和结构认知相对滞后，没有反映组织情境变化对网络能力新的要求，难以指导实践操作。因此，有必要借助相关理论重新梳理网络能力内涵与结构。

相关实证研究指出，网络能力作用机制是组织将外部网络资源转化为网络资本，进而形成竞争优势的过程[18~19]。借鉴该结论，本研究从网络资本的视角重新认识网络能力内涵，认为网络能力是联盟企业形成并运营外部网络资本、实现资本增值的能力。与资源视角不同，网络资本强调外部关系的质量，其核心是企业与外部合作伙伴之间相互信任和尊重的强连带关系的集合。网络资本形成反映"网络资源—网络资本"的转化过程，涉及网络资源的识别、获取及管理三个关键活动；网络资本运营反映"网络资本—竞争优势"的转化，涉及网络资本的开发与利用两个关键活动。这五项关键活动形成完整的"网络资本增值链条"，每个关键活动完成需要不同企业能力要素的支持，如图1所示。网络资源识别活动强调联盟企业对外部网络资源的价值认知和判断，以网络规划能力作为支撑，包括：①企业从战略性视角出发，判断和辨识结盟机遇及价值的网络感知能力；②联盟企业规划自身在未来网络组织中定位的网络设计能力；③企业预测联盟演化趋势的网络预测能力。网络资源获取强调联盟企业网络资源由"无"到"有"的变化，以网络构建能力为支撑，包括企业根据战略搜索信息、评价并选择潜在合作伙伴的网络开发能力，以及将预期合作意向变为正式联盟关系的网络联结能力。网络资源管理活动是强调企业外部网络连带由"弱"到"强"的质变，以网络管理能力作为支撑。网络管理能力注重微观层面二元关系的维护和优化，包括：①联盟企业从组织与员工等多个层面拓展与外部合作广度的关系交流能力；②与外部伙伴开展技术与资源共享等深度合作的关系深化能力；③建立合作规范和冲突解决机制，保证双方合作顺利开展的关系协调能力；④及时并科学地反馈双方合作效果的关系控制能力。网络资本开发与利用是联盟企业对现有网络资本存量进行优化配置的活动，以网络资本运营能力作为支撑，包括：①联盟企业将外部网络看成一个整体，整合自身拥有的各类网络资源，促进协同效应产生的网络资本整合能力；②对现有网络资本结构进行调整，适应外部环境动态变化，并减少外部网络锁定效应的网络资本重构能力。综合网络资本增值链条关键活动与能力要素对应关系，本研究认为联盟企业网络能力是由网络规划能力、网络构建能力、网络管理能力和网络资本运营能力四个方面的能力要素构成的复合能力体系。

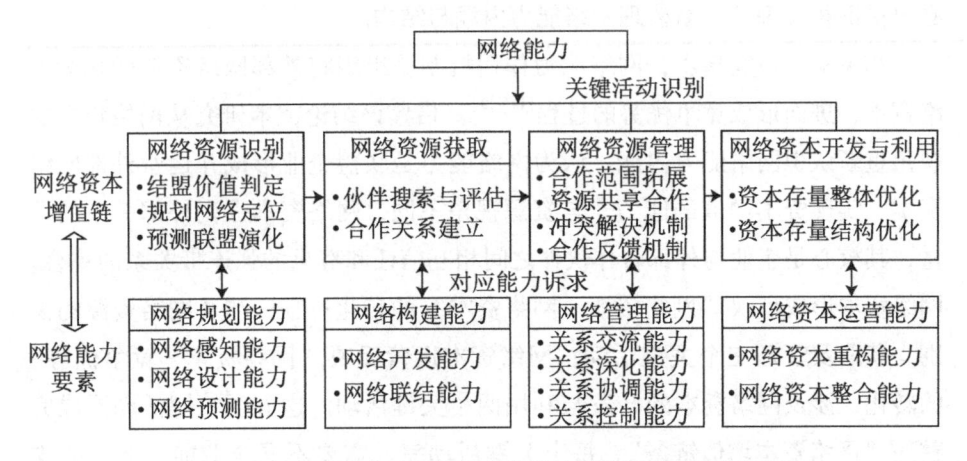

图1　网络资本视角下网络能力的关键活动及对应能力要素

2.2 关键问题二：联盟企业网络能力的动态演化

动态性是网络能力的重要特征，当外部环境改变时，组织的网络关系也会改变，并对网络能力结构提出不同要求[20~21]。因此，网络能力评价第二关键问题是理清不同联盟情境下企业网络能力结构的变化规律，作为评价指标权重确定的依据。

对于联盟企业来讲，联盟生命周期是它面临的主要外部环境，根据网络组织生命周期理论，联盟在演化过程中可以分成结网期、发展期、稳定期和变革期四个阶段，不同阶段联盟的网络特征存在显著差异，这种差异会引起"网络能力要素对竞争优势的贡献度随联盟生命周期呈现一定的动态性"，如图2所示。联盟结网期是几个发起者基于某个共同目标建立合作关系，搭建网络组织雏形的阶段。这一时期网络发展的"利益"前景尚不明确，对于联盟企业来讲，不论是主动发起还是被动参与，都面临着是否要采用网络化战

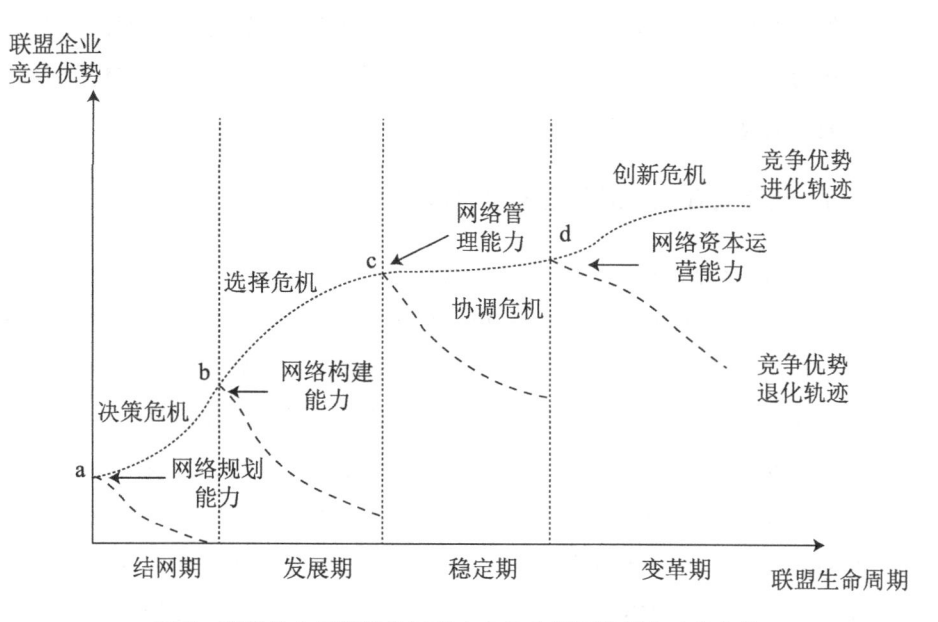

图2 联盟生命周期演化过程中企业主导网络能力动态变化

略的决策,而科学决策的制定是建立在联盟企业对外部网络资源准确的价值判断和趋势预测的基础上。因此,在结网期网络规划能力发挥主导作用。联盟发展期是联盟经过初期合作产生了一定价值,大量参与者被吸引加入网络,网络规模快速扩张的阶段。这一时期的联盟企业面临着巨大的发展机遇,也面临外部合作者机会主义行为带来的负面风险。面对如此情境,联盟企业一方面要寻找并识别优质的潜在合作伙伴,另一方面要将潜在优质资源转变为真实合作关系。因此,在联盟发展期,网络构建能力发挥主导作用。联盟稳定期是联盟经过一定阶段的发展和积累,网络集体优势达到峰值,网络规模和内部企业联系呈现出相对稳定状态的发展阶段。这一时期联盟企业与外部网络建立密切联系,但是随着彼此相互依赖程度的增加,联盟企业与各个利益相关者之间的冲突也不断提高,对此联盟企业需要建立一整套解决方案,维护和发展特定的外部网络关系,确保合作双方长期的强连带关系。因此,在联盟稳定期,企业网络关系管理能力发挥主导作用。联盟变革期是市场环境变化、行业技术水平创新等外部因素或联盟长期发展带来的行政官僚化等内部因素使联盟逐渐丧失创新活力,核心市场竞争力减弱,发展进入停滞阶段。在这一时期联盟企业面临"二次创业"的战略调整,需要充分整合和重构已有外部网络资源,开发新的业务或市场。因此,在联盟变革期,企业网络资本运营能力发挥主导作用。综上所述,本研究认为网络能力结构随着联盟生命周期演化呈现动态性特征。

2.3 关键问题三:联盟发展阶段识别

网络能力动态性决定了网络能力评价需要对目标企业所处联盟生命周期阶段进行定位,根据与之对应的评价标准进行信息集成。联盟网络发展阶段的识别包括两个关键内容:一是判别指标的确定;二是判别方法的选择。判别指标的探索经历了由单一规模指标到多维特征指标,以及由静态到动态特征描述两方面的转变,形成了一定规模的识别要素指标库,但就单个研究来讲,判别指标体系普遍缺乏系统性。对此,本文将联盟看成一个开放系统,综合静态和动态两方面特质构建联盟生命周期识别要素集,如图3所示:静态判别指标反映联盟网络内部特质与发展阶段的内在联系,包括内部结构和功能两方面内容。其中,网络结构按照层次性,通过关键节点(核心企业)的特征和网络整体特征两个方面进行描述;网络功能通过市场、技术和创新三方面衡量。动态判别指标反映联盟网络与外部环境互动特质与联盟发展阶段的内在联系,包括各类资源在联盟网络流入与流出两方面特征指标。

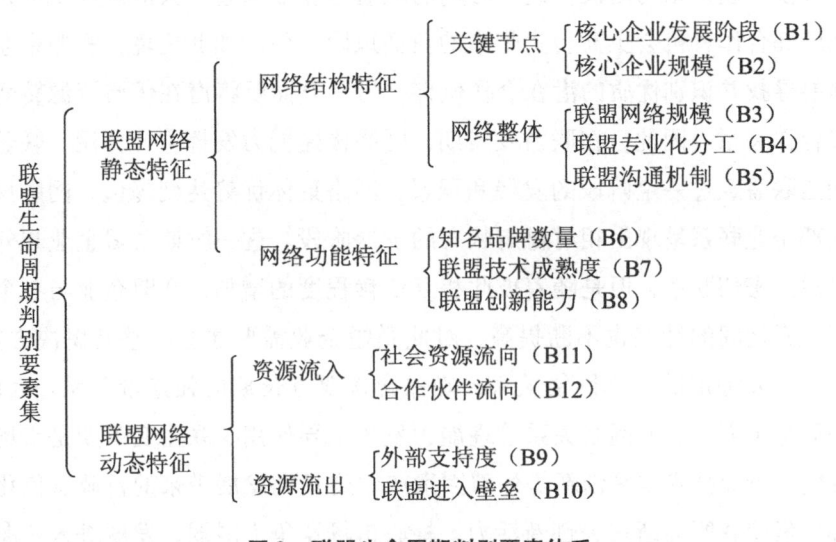

联盟生命周期判别要素集
- 联盟网络静态特征
  - 网络结构特征
    - 关键节点
      - 核心企业发展阶段(B1)
      - 核心企业规模(B2)
    - 网络整体
      - 联盟网络规模(B3)
      - 联盟专业化分工(B4)
      - 联盟沟通机制(B5)
  - 网络功能特征
    - 知名品牌数量(B6)
    - 联盟技术成熟度(B7)
    - 联盟创新能力(B8)
- 联盟网络动态特征
  - 资源流入
    - 社会资源流向(B11)
    - 合作伙伴流向(B12)
  - 资源流出
    - 外部支持度(B9)
    - 联盟进入壁垒(B10)

图3 联盟生命周期判别要素体系

判别方法的探索分成三个阶段：初期以定性方法为主，而后普遍采用线性判别方法，最近学者们发现诸多判别指标随联盟生命周期演化呈现曲线或者更为复杂的关系[22]，因此目前主流判别方法是神经网络和支持向量机（SVM）等非线性算法。这两种方法都将联盟生命周期判定看成多分类的模式识别问题，比较而言 SVM 比神经网络算法更具优势，它需要的样本量少且收敛速度和精度更高。然而，标准 SVM 在判别联盟生命周期存在评价精度与泛化性之间的矛盾。一般而言，标准 SVM 利用 3~4 个判别指标进行分类时精度最高，但此时判别指标数据较少，得到分类模型的泛化性不高；相反，如果增加判别指标数量，分类的精度又会不足。对此，本研究提出"熵权（Entropy）-SVM"处理多维判别指标的模式识别问题，其核心思想是通过信息熵加权对多维判别指标进行降维，再利用维度数据完成 SVM 分类，选择熵权法预处理的原因是它可以最大限度地保留原有数据的客观性和差异性。

综合以上分析，联盟发展阶段识别具体流程如下：首先，以联盟生命周期识别要素集，形成 13 个题项的"联盟发展阶段测量量表"，前 12 个题项对应 12 个识别要素扩展得到的问项，用于收集输入端数据；第 13 个问项为"您认为贵单位所在联盟处于生命周期的哪个阶段"用于收集输出端数据。其次，利用信息熵对 12 个判别指标的输入端数据进行赋权，加权集成得到 5 个特征维度的数据值，作为新的输入端数据，它与原输入端数据共同形成预处理后的样本数据集。最后，将预处理后的数据集分成两部分，80% 作为训练样本集，用于训练联盟生命周期的判别模型，20% 作为测试样本集，验证训练的判别模型的准确性。

3 动态评价模型的构建

3.1 动态评价模型构建整体思路

综合以上三个关键问题的分析，本研究提出了联盟企业网络能力的动态评价模型，如图 4 所示，该模型采用先定位后评价的整体思路。首先，根据联盟生命周期的判定模型，识别目标企业所处联盟的发展阶段；其次，根据该发展阶段对企业网络能力结构的要求确定评价指标权重；最后，借助集成算子将网络能力动态权重与对应指标值进行整合,得到联盟企业网络能力的综合评价水平,作为企业相关发展决策的依据。该动态评价模型中"阶段判定、指标体系和动态权重"分别与前文三个关键问题探索相对应,借助大样本数据实证研究加以确定。

相关数据收集借助"联盟生命周期及企业网络能力调查问卷"加以完成,该问卷包括两部分内容:第一部分为"联盟企业网络能力结构测度的调查",用于评价指标与动态权重确定;第二部分为"联盟发展阶段测量量表",用于联盟发展阶段的识别。为了保证足够的数据规模,采用了实地调研、E-mail问卷调查两种方式。此外,还借助本校 MBA 资源对其中符合条件的校友进行问卷调研作为补充。共计发放 539 份,回收有效问卷 386 份。其中,联盟结网期的企业 9.07%;联盟发展期的企业占 40.67%;联盟稳定期的企业占 36.01%;联盟变革期的企业占 14.25%。

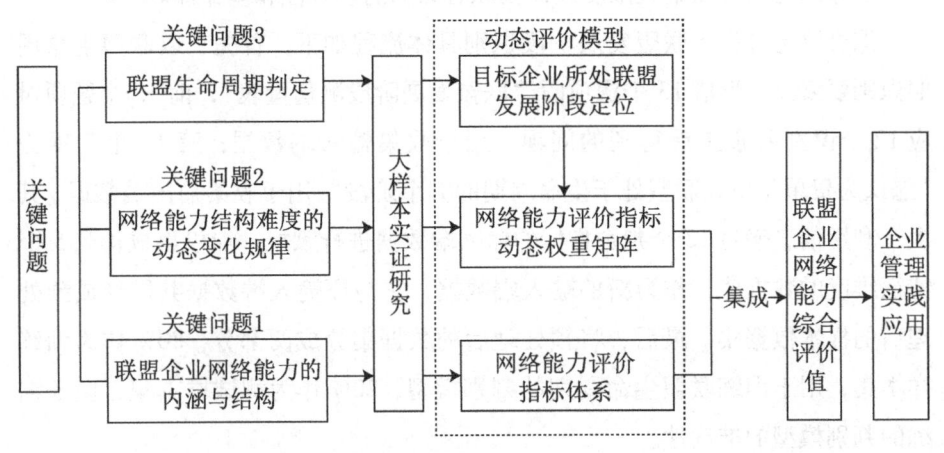

图4 联盟企业网络能力的动态评价模型

3.2 联盟企业网络能力评价指标体系

本文通过网络能力结构维度的实证确定动态评价的指标体系。对于网络能力结构,调研数据利用 SPSS19.0 进行信度分析和探索性因子分析,然后运用 AMOS17.0 进行一阶和二阶验证性因子分析,结果如图5 所示,模型的拟合指数为:x^2 值 $= 156.136$,$df = 142$,$x^2/df = 1.121$,小于一般认定的临界值 3;RMSEA $= 0.026$,低于 0.08 的临界要求;GFI $= 0.925$,NFI $= 0.937$,CFI

=0.993，均大于 0.9 的最低水平，表明网络能力模型拟合良好。因此，联盟企业网络能力评价指标体系是一个 2 阶 4 维结构，包括网络感知、网络等 11 个二级指标。

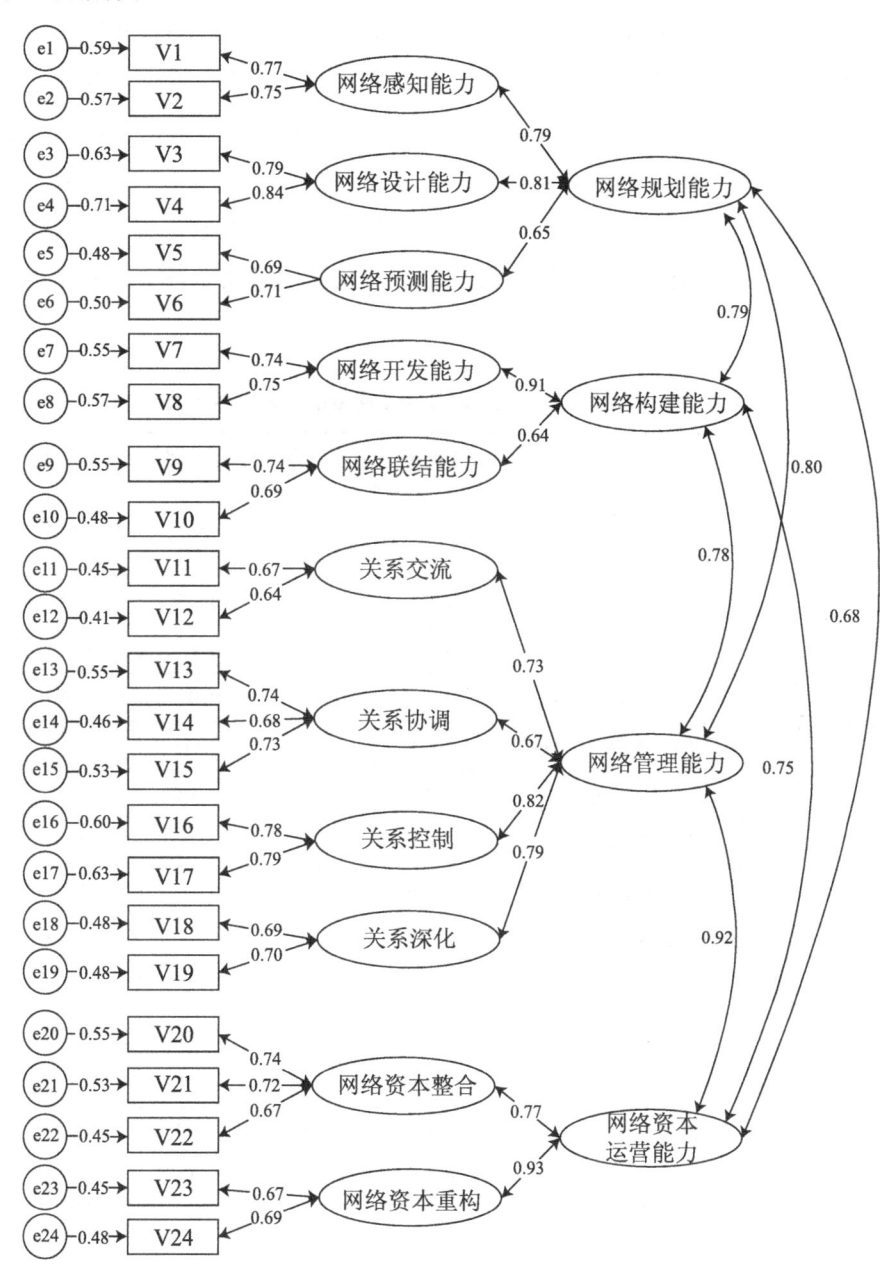

图5 联盟网络核心企业网络能力一阶及二阶验证性因子分析

3.3 联盟企业网络能力评价指标权重

"网络能力结构随联盟生命周期的动态变化性"是本文评价指标权重确定的理论支点。对此,本文将联盟生命周期看成是控制变量,通过联盟生命周期对联盟企业网络能力四个维度影响的单因素方差分析来验证这一假设。检验结果显示:伴随概率指标值都小于0.05,表示联盟生命周期对企业网络能力的四个维度有显著影响。基于该结论,本文将样本企业按照所在联盟发展阶段分成四类,对每一类样本的网络能力数据分别进行因子分析,按照因子载荷客观赋权,明确不同的联盟发展阶段下,企业网络能力各个维度和指标的权重,如表1所示。

表1 不同联盟发展阶段下联盟企业网络能力的指标权重

一级指标	二级指标	结网期	发展期	稳定期	变革期
网络规划能力（D_1）	网络感知能力（D_{11}）	0.2	0.06	0.04	0.06
	网络设计能力（D_{12}）	0.12	0.09	0.02	0.06
	网络预测能力（D_{13}）	0.09	0.04	0.08	0.11
	D_1 权重	0.41	0.19	0.14	0.23
网络构建能力（D_2）	网络开发能力（D_{21}）	0.11	0.23	0.09	0.06
	网络联结能力（D_{22}）	0.08	0.13	0.06	0.04
	D_2 权重	0.19	0.36	0.15	0.10
网络管理能力（D_3）	关系交流能力（D_{31}）	0.05	0.04	0.15	0.04
	关系协调能力（D_{32}）	0.07	0.05	0.09	0.03
	关系深化能力（D_{33}）	0.02	0.09	0.17	0.07
	关系控制能力（D_{34}）	0.03	0.11	0.12	0.04
	D_3 权重	0.17	0.29	0.53	0.18
网络资本运营能力（D_4）	网络资本整合（D_{41}）	0.18	0.13	0.11	0.18
	网络资本重构（D_{42}）	0.05	0.03	0.07	0.31
	D_4 权重	0.23	0.16	0.18	0.49

3.4 联盟生命周期判别模型有效性检验

该部分问卷第二部分的相关数据为基础,验证 Entropy-SVM 算法判别企业所处联盟生命周期的有效性。按照 2.3 的判别流程,其中,判别指标熵权借助 matlab 软件编码求解,编译器为 visual studio 2010,结果如表 2 所示。

表 2 基于熵权法的联盟发展阶段识别指标权重

指标	熵权 w_t	指标	熵权 w_t
B1	0.061517923	B7	0.110654137
B2	0.062346900	B8	0.100962551
B3	0.092861390	B9	0.089620610
B4	0.095201000	B10	0.081833163
B5	0.069454110	B11	0.070752965
B6	0.104609833	B12	0.060185418

在新的样本数据集中随机选取 300 个样本作为训练集,其余为测试集。利用台湾大学林智仁教授开发的 libsvm 工具箱,训练联盟生命周期分类模型。模型中核函数选择径向基核函数,多分类方式为偏态二叉树,惩罚参数 c 设置范围为 1~100,核函数参数 g 通过网格搜索方法确定,取值范围为 0~1。运行程序,得到参数 g = 0.2500,c = 64。最后,利用测试样本集检验分类的准确性,预测分类结果准确率为 Accuracy = 96.5116%。为了验证本文 SVM 核函数和分类模式选择的有效性,本研究对比了 1v1、决策二叉树以及偏决策二叉树的分类准确率,结果如表 3 所示。本文采用的偏态树比 1v1 和决策二叉树算法具有更好的效果。此外,在偏决策二叉树下又比较了不同核函数的准确率,如表 4 所示,结果表明本文采用的径向基核函数分类效果优于其他几种核函数。

表 3 三种方法分类准确性比较

分类方法	一对一	决策二叉树	偏决策二叉树
准确率(%)	89.3622	93.2117	96.5116

表4 三种方法分类准确性比较

核函数类别	线性	多项式	径向基	Sigmoid 函数
准确率（%）	93.3676	87.5613	96.5116	90.314

4 结论与讨论

联盟企业网络能力的准确评价是实现企业自我诊断并制定相关提升策略的基础。已有研究评价模型忽略联盟生命周期对企业网络能力的动态影响，为了弥补这一缺陷，本文在定性分析网络能力评价三个关键问题基础上，开发联盟企业网络能力的动态评价模型，并进行实证，得到以下结论。

（1）基于网络资本视角重新认知联盟企业网络能力的内涵和结构，采用大样本数据验证结果显示：联盟企业网络能力是由网络规划能力、网络构建能力、网络管理能力和网络资本运营能力构成的一种复合能力，能力结构表现为2阶4维特征。

（2）揭示并验证了联盟企业网络能力随联盟生命周期演化的动态变化规律。一方面，从主导能力要素上看，在联盟由结网期到变革期不断演化过程中，企业网络规划能力、网络构建能力、网络管理能力及网络资本运营能力依次发挥主导作用。另一方面，从能力类型上看，联盟网络发展的开始和结束阶段，注重企业战略性的网络能力维度；而网络在广度和深度拓展过程中，更注重企业战术性的网络能力维度。

（3）将联盟生命周期的判别看作是分类模式的识别问题，提出了基于熵权—支持向量机的联盟生命周期判别模型。该模型的判别指标体系综合了联盟网络的"静态"和"动态"两方面特征，更具系统性；而判别方法突破了标准SVM在判别联盟生命周期存在评价精度与泛化性之间的矛盾，实证结果显示其分类准确性更高。

（4）综合对网络能力评价三个核心问题的定性探索，设计了联盟企业网络能力评价的动态模型，该模型将企业网络能力2阶4维结构作为评价指标体系，经过联盟生命周期的判定，联盟不同发展阶段网络能力的客观动态赋权以及信息集成等步骤，完成对联盟企业网络能力的测量。

与已有研究相比，本研究创新之处体现在三个方面：一是从网络资本的视角理解网络能力及结构，突破单一的资源观认知，丰富了网络能力内涵的研究；二是揭示了网络能力结构随联盟生命周期演化的动态变化规律，拓展了网络能力作用机制的边界条件；三是从生命周期视角出发，构建了联盟企业网络能力动态评价模型，进一步提升了网络能力测量的准确性及科学性。然而，由于能力所限，本文也存在一些不足。第一，本研究在进行联盟企业调研取样时，没有区分行业也没有区分联盟的类型，在一定程度上影响了研究精度。第二，本研究是基于生命周期理论对于联盟企业网络能力展开的动态研究，但是由于研究时间和条件的限制，在对于联盟不同发展阶段数据的收集上，采用的是横向截面数据信息，如果条件允许，采用纵向跟踪研究效果和精度将更高。

参考文献

[1] 简兆权，陈键宏，郑雪云. 网络能力、关系学习对服务创新绩效的影响研究 [J]. 管理工程学报，2014 (3)：91 – 99.

[2] 范钧，郭立强，聂津君. 网络能力、组织隐性知识获取与突破性创新绩效 [J]. 科研管理，2014 (1)：16 – 24.

[3] HAKANSSON H. Understanding Business Markets [M]. New York：Croom Helm. 1987.

[4] RITTER，T. The networking company：antecedents for coping with relationships and networks effectively [J]. Industrial Marketing Management，1999 (28)：467 – 479.

[5] 徐金发，许强，王勇. 企业的网络能力剖析 [J]. 外国经济与管理，2001 (11)：41 – 47.

[6] YU B.，HAO S.，AHLSTROM D.，ET AL. Entrepreneurial firms' network competence，technological capability，and new product development performance [J]. Asia Pacific Journal of Management，2014，31 (3)：687 – 704.

[7] ZACCA R.，DAYAN M.，AHRENS T.. Impact of network capability on small business performance [J]. Management Decision，2015，53 (1).

[8] 朱秀梅，陈琛，蔡莉. 网络能力、资源获取与新企业绩效关系实证研究

[J]. 管理科学学报, 2010 (4): 35-43.

[9] 任胜钢. 企业网络能力结构的测评及其对企业创新绩效的影响机制研究 [J]. 南开管理评论, 2010 (1): 49-57.

[10] 王海花, 谢富纪. 企业外部知识网络能力的结构测量——基于结构洞理论的研究 [J]. 中国工业经济, 2012 (7): 134-146.

[11] MITREGA M., FORKMANN S., RAMOS C., ET AL. Networking capability in business relationships—Concept and scale development [J]. Industrial Marketing Management, 2012, 41 (5): 739-751.

[12] MAHMOOD I. P., ZHU H., ZAJAC E. J.. Where can capabilities come from? Network ties and capability acquisition in business groups [J]. Strategic Management Journal, 2011, 32 (8): 820-848.

[13] MOLLER K. K., HALINEN A. Business Relationships and Networks: Managerial Challenge of Network Era [J]. Industrial Marketing Managelnent. 1999, (28): 413-427.

[14] HAGEDOOM J., ROIJAKKERS N., VAN KRANENBURG H. Inter-firm R&D networks: the importance of strategic network capabilities for high-tech partnership formation [J]. British Journal of Management, 2006 (17): 39-53.

[15] 徐金发, 许强, 王勇. 企业的网络能力剖析 [J]. 外国经济与管理, 2001 (11): 21-25.

[16] 邢小强, 仝允桓. 网络能力: 概念、结构与影响因素分析 [J]. 科学学研究, 2006 (S2): 558-563.

[17] 方刚. 基于资源观的企业网络能力与创新绩效关系研究 [D]. 杭州: 浙江大学, 2008.

[18] GRUENBERG-BOCHARD J, KREIS-HOYER P. Knowledge-networking capability in German SMEs: a model for empirical investigation [J]. International Journal of Technology Management, 2009, 45 (3): 364-379.

[19] 张道宏, 马辽原, 胡海青. 在孵企业网络能力对创新绩效的影响——以三重社会资本为中介变量 [J]. 科技进步与对策, 2015 (2): 96-104.

[20] 吴龙吟. 网络能力对企业社会资本的影响研究——以创业阶段为调节变

量 [D]. 太原：山东财经大学，2013.

[21] 王海花，谢富纪. 企业外部知识网络能力的影响因素——基于扎根方法的探索性研究 [J]. 系统管理学报，2015（1）：130-137.

[22] KOHTAMÄKI M., PARTANEN J., PARIDA V., ET AL. Non-linear relationship between industrial service offering and sales growth: The moderating role of network capabilities [J]. Industrial Marketing Management, 2013, 42 (8): 1374-1385.

（本文原刊载于《中国科技论坛》2015 年第 11 期）

基于因子分析的制造业员工工作价值观量表的开发和验证[1]

聂铁力[2] 王为溶

（北京信息科技大学经管学院）

摘要：运用探索性因子分析技术（EFA）和验证性因子分析技术（CFA），在实证数据搜集的基础上，开发了制造业一线员工工作价值观多维结构量表。量表结构呈现七因子结构，分别是技术、发展、成就感因子、福利及生活质量因子、社会尊重因子、人际关系因子、利他性因子、工作环境及条件、工作激励等。通过测量制造业一线员工的内在价值观水平，可以了解劳动力转移背景下，工人内在需要呈现出的独特之处，为改进企业管理水平和城市管理政策提供理论依据。

关键词：因子分析；多维结构；拟合优度；工作价值观

中图分类号：F406　　**文献标识码**：A

1 引言

工作价值观反映了个体在工作中的内在需要，如对奖金福利、工作条件、工作内容及人际关系等方面的追求，与工作行为有密切的关系。通过工作价值观，可以预测员工在工作中的表现[1]，如满意度、工作绩效和离职倾向。

---

[1] 基金项目：北京市教委科研计划项目（SM201411232003）。
[2] 作者简介：聂铁力（1968—），女，汉族，辽宁锦州人，副教授。研究方向：知识管理与组织行为。

工作价值观属于深层次的、不易观测的指标，反映的心理动机层面较为复杂，其结构较难确定和测量。

目前通用的工作价值观测量技术主要是量表法。美国心理学家 Super 在 1970 年通过心理学分析提出了职业价值观测量量表 WVI（Super Work Values Inventory, WVI)[2]，现在被广泛用于企业的员工职业生涯规划和人员招聘中。

为此，本文尝试通过因子分析技术来构建制造业产业工人的工作价值观量表并对其水平进行测量。因子分析是一类降维相关分析技术，考察一组变量（指标）之间的协方差或相关系数结构，并用于解释这些变量与少数因子（潜变量）之间的关系[3]。

2 模型构建

2.1 预设模型构建

本文采用 Super 的工作价值观定义，以 WVI 职业价值观量表结构为预设模型。WVI 职业价值观量量表将职业价值分为 3 个维度：一是内在价值观，即与职业本身性质有关的因素；二是外在价值观，即与职业性质有关的外部因素；三是外在报酬。整个量表共计 13 个因素，包含 52 个题项。

在对制造业管理者和一线员工大量访谈的基础上，同时参考其他学者研究成果，编制了制造业一线员工工作价值观预试量表。考虑一线员工的知识水平，简化了题项，共 37 个项目，采用 Likert 五级态度量表计分。

模型假设：

H1：制造业员工工作价值观具有多维因子结构。

H2：制造业员工工作价值观具有心理学价值，心理需要层次越高的员工，工作满意程度越低。

2.2 实验数据获取

本研究的样本取自于北京和浙江两地的制造业企业和劳动力市场，被调查员工分别来自富士康、联想电子、三洋电子等企业。为保证问卷的填写效度，调查人员与被试者面对面，对被试者由于知识水平不够理解有误的题项，由调查人员给予解释。实验数据采集时间为半年，共发放问卷300份，采集有效问卷232份，问卷回收有效率77.3%。

问卷收集后，通过编码、录入、整理，获取了制造业一线员工价值结构分析的原始数据。

2.3 初步信度分析

信度是指根据测验工具所得到的结果的一致性或稳定性，反映被测特征真实程度的指标。在只施测一次的情况下可用分半法估计信度，即将测验题目分成对等的两半根据每人在这两半测验中的得分计算其相关系数。这个系数又称内部一致性系数，即Cronbach's alpha，其计算公式为：

$$\alpha = \frac{k\bar{r}}{[1+(k-1)\bar{r}]}$$

通过统计SPSS22.0运行收集到的问卷数据，得到工作价值观问卷总的Cronbach's α系数为0.89 > 0.7，说明问卷具有较高的内部一致性。

3 工作价值观结构预设量表结构探索

探索性因子分析是通过因子载荷推断数据的因子结构，观察各因子与观测变量之间的关系。探索性因子分析的基本步骤为：

1) 变量标准化：$X_i = \dfrac{x_i - \bar{x}_i}{S_i}$

2) 建立回归方程：

$$X_1 = a_{11}f_1 + a_{12}f_2 + \cdots + a_{1k}f_k + \delta_1$$
$$X_2 = a_{21}f_1 + a_{22}f_2 + \cdots + a_{2k}f_k + \delta_2$$
$$\cdots$$
$$X_p = a_{p1}f_1 + a_{p2}f_2 + \cdots + a_{pk}f_k + \delta_p$$

式中，f_i为公共因子；δ为误差项；a_{ij}为因子载荷。因子载荷矩阵为：

$$\begin{pmatrix} x_1 \\ x_2 \\ \vdots \\ x_p \end{pmatrix} = (a_{ij})_{p \times k} \begin{pmatrix} f_1 \\ f_2 \\ \vdots \\ f_k \end{pmatrix} + \begin{pmatrix} \delta_1 \\ \delta_2 \\ \vdots \\ \delta_p \end{pmatrix}$$

探索性因子分析的假设为：①x_i为随机变量；②δ_i为均值为0，且方差为常数并符合正态分布的随机变量；③δ_i之间彼此独立；④δ_i和f_i相互独立；⑤f_i为方差为1，且彼此独立的随机变量。

对本次一半调查数据140份问卷进行探索性因子分析，采用SPSS22.0作为分析工具，采用主成分分析法，正交旋转法抽取因素，以特征根>1为因子选择标准。

预设量表的KMO值和Bartlett's球型检验值，KMO值为0.759，对于探索性研究来说，这个KMO值适合进行因子分析，Bartlett's球型检验值的显著性概率为0.000，小于0.01，说明变量之间具有相关性，也能做因子分析。预设量表在11次迭代后收敛。

根据因子负荷，当1）该项目在某一因子负荷大于0.4；2）该项目在两个因子上的负荷之比应大于1.2倍时，则保留该项目。最终得到10个因子的工作价值观结构，包含题项数28项，总解释方差率达到60%。

考虑到构成因子的项目数量应大于2，以及潜在因子的实际含义，删除某些含义不明确的因子，根据题项含义与因素命名接近性，实际调查简化的需要，对相似因子进行合并、压缩，最终形成7个维度（因子），包含26个题项的制造业员工价值观量表，如表1所示。

表1 工作价值观七因子结构

工作价值观因子		包含项目
$F1$	技术、发展、成就感	V1. 在工作中能不断获取新知识和技术 V10. 不断提升自己的专业水平 V11. 由工作带来的在城市生活或发展的机会 V13. 工作使你不断获得成功的感觉 V31. 自己能具有重要的工作方面的技术专长
$F2$	福利及生活质量	V20. 有充裕的业余时间和假期 V32. 获得事业成功，拥有令人羡慕的生活 V39. 单位有食堂、宿舍、休假、子女助学、家庭补助等额外福利 V50. 你的工作有数量可观的补贴，比如夜班费、加班费、保健费或营养费

续表

工作价值观因子		包含项目
F3	社会尊重	V46. 由于你的工作，经常有很多人感谢你 V47. 你的工作成果常常能得到上级、同事或社会的肯定 V48. 在工作中有主人翁的感觉
F4	人际关系	V8. 工作让你感觉像个大家庭 V27. 拥有良好的同事关系 V43. 在工作中能和领导有融洽的关系
F5	利他性	V36. 为他人服务，使他人感到满意，自己也很高兴 V53. 工作的目的和价值，在于直接为大众的幸福和利益尽一份力
F6	工作环境及条件	V35. 现代化的工作场所，比如有宽敞整洁的工作区、适度的灯光，安静、清洁的工作环境，甚至恒温、恒湿等优越的条件 V51. 工作比较轻松，精神上也不紧张 V52. 单位或住所的地理位置好，交通方便，周边比较繁华
F7	工作激励	V4. 你的工作有挑战性 V5. 能在你的工作范围内自由发挥 V29. 在工作中经常接触新鲜事物 V15. 在工作中，能试行一些自己的新想法 V21. 在工作中，不会有人常来打扰你 V55. 在工作中发挥自己的专长

4 工作价值观量表的验证性因子分析

首先对因子结构进行信度检验。7个因子的Cronbach'α值在0.5～0.8，"利他性"因子只有两个测量指标，Cronbach'α值稍低，为0.541。符合因子分析的最低相关性要求。

4.1 工作价值观的一阶结构模型验证分析

根据探索性因子分析的结果，构建一阶结构模型。

因子一的结构公式为

$$X_1 = a_{11}f_1 + \delta_1$$
$$X_2 = a_{21}f_1 + \delta_2$$
$$X_3 = a_{31}f_1 + \delta_3$$

式中，f_1 是作为潜变量的因子一；δ_1 为误差项；a_{ij} 为因子载荷；X_i 为每个因子包含的观测指标，即题项。

依次构建 7 个因子的结构模型。在 AMOS 软件中绘出图形，并代入调研的另一部分数据（156 份），进行 7 因子结构模型的验证。

初步分析模型拟合指标，并通过 MI 值和理论分析，对存在共线性的两对观测变量的残差添加路径。最终得到模型拟合结果，见表 2。

表 2 工作价值观维度结构模型的验证性分析拟合指标

拟合指标	x^2/df	GFI	AGFI	IFI	TLI	CFI	RMSEA
指标值	1.446	0.881	0.853	0.906	0.888	0.903	0.044
优秀拟合标准	$1 < x^2/df < 5$	>0.9	>0.9	>0.9	>0.9	>0.9	<0.08

卡方自由度比（x^2/df）的值越小，表示假设模型的协方差矩阵与观察数据越适配；拟合优度指数（GFI）是预设模型可以解释观察数据的比例，说明模型解释力；比较适配指数（CFI）反映预设模型与独立模型的非中央性差异，说明模型较虚无模型的改善程度；近似误差均方根（RMSEA）用以比较理论模型与饱和模型的差距，不受样本数与模型复杂度影响。从表 2 中可以看出，除了 x^2/df、IFI、RMSEA、CFI 指标符合优秀标准外，其余各个拟合指标 GFI、AGFI、TLI 等指标值达到拟合良好的范围内，可见，整体上模型的拟合程度较好。

分析 7 个因子的相关系数矩阵，各个因子相关系数较低，且独立性检验显著，如表 3 所示。

表3　7因子相关系数矩阵

	F7	F6	F5	F4	F3	F2	F1
F7	.110**						
F6	.131**	.214**					
F5	.074**	.172**	.363**				
F4	.110**	.166**	.142**	.231**			
F3	.077**	.145**	.186**	.168**	.332**		
F2	.060**	.144**	.361**	.087**	.216**	.355**	
F1	.136**	.177**	.112**	.190**	.159**	.111**	.247**

4.2　工作价值观结构模型的7因子和3因子模型验证比较

Super（1970）论文中提出工作价值观的3个理论维度：内在价值、外在价值、外在报酬的回归。内在价值，是指与职业本身性质有关的一些因素，如职业的创造性、独立性等；外在价值，指的是与职业本身性质无关的一些因素，如工作环境、同事关系、领导关系及职业变动性等；外在报酬，包括职业的安全性、声誉、经济报酬和职业所带来的生活方式等。根据Super的定义，将预设问卷的全部37个题项通过几轮归纳，得到3个因子的量表结构。

对题项进行理论结构区分后，通过SPSS22.0软件运行收集到的问卷数据，得出Super的工作价值观量表的3个因子结构的信度分析，各因子的Cronbach's α系数大于0.7，说明问卷具有较高的内部一致性。

在统计软件AMOS20.0中绘制3因子的结构模型，进行验证性因子分析，模型拟合结果见表4。

表4　3因子与7因子工作价值观结构拟合效果比较

拟合指标	x^2/df	GFI	AGFI	IFI	TLI	CFI	RMSEA
3因素模型	1.933	0.783	0.756	0.725	0.702	0.720	0.063
7因素模型	1.446	0.881	0.853	0.906	0.888	0.903	0.044
优秀拟合标准	$1<x^2/df<5$	>0.9	>0.9	>0.9	>0.9	>0.9	<0.08

由表4分析得出，该量表的7因子模型各项指标优于3因子模型。最终确

定工作价值观为包含7个因子结构的模型。

5 制造业一线员工工作价值观水平测量及分析

根据7因子模型分析制造业一线员工的工作价值观水平,得到如下结果(见表5)。

表5 制造业一线员工工作价值观各因子测量结果

	工作价值观因子	得分(5分为满分, 3分为中值,1分为最小值)
$F1$	技术、发展、成就感	4.01
$F2$	福利及生活质量	3.92
$F3$	社会尊重	3.51
$F4$	人际关系	4.11
$F5$	利他性	3.8
$F6$	工作环境及条件	3.75
$F7$	工作激励	3.65

对表中各因子测量结果进行分析,可以得出以下结论:

(1)工人最看重的是工作中"人际关系"方面,测量得分最高。从对离职工人的访谈得知,对管理者的管理方式不满意,是员工流失的常见原因。班长、工长的粗暴管理方式、企业的人性化关爱欠缺等,是工人们反映的最为不满的因素。

许多的学术研究发现,工作中建立良好的人际关系是提高员工归属感的重要因素,而员工归属感与离职率呈现较强的负相关。制造业企业应加强企业文化建设,给予员工更多人性化关怀,提高工人的归属感。

同时,在作业中,采用小组作业,给予员工在枯燥的工作中互动交流的机会,增加人际沟通。

(2)工人(尤其是男性工人),对技术和在工作中获得发展有着较强的要求。这在因子一的测量分数中得到体现。

当前，制造企业智能化水平较低，大部分工作技术要求低，属于简单重复的手工劳动。例如，有的女工每天的工作是给电池贴检验标志，每天重复贴4000件，这样做一个月，才能拿到每月3000左右工资。制造业劳动密集型的工作性质，员工对高强度的重复工作的厌倦，是引起工人尤其男性工人离职的主要原因之一。

我国制造业向智能化发展，需要更多的技术型产业工人，同时，企业在引入设备时，也要进行工作设计，尽可能引入非标设备，使一个工人能够负责一台机器，以增加其工作的责任感和乐趣。

（3）工人对福利待遇等重视程度一般。在实际访谈中了解到，工人找工作，第一考虑的是直接经济报酬——最终工资的高低，忽视福利待遇等隐性报酬。随着城市化进程，社会保障体系逐步完善，工人对福利的要求将不断提高。

（4）社会尊重的重要性水平较低。在城市化过程中，流动人口由农业向工业转移，在城市融入过程中，他们对城市身份的认同感较低。因此，通过工作获得社会尊重的需要较低。

6　结语

本文对二元经济转移背景下，制造业新型工人的内在需要——工作价值观的结构进行了初步研究。在开放式访谈、文献研究的基础上，开发了制造业一线员工工作价值观测量问卷，期待通过问卷调查和测量，发现制造业工人的内在需要结构和发展规律。研究结果显示，我国制造业新型工人的内在需要结构处于较低水平，呈现了城市化过程中的特殊规律。本研究也为我国制造业企业改进员工管理方式、制定城市管理政策提供了一定依据。

参考文献

[1] 霍娜，李超平. 工作价值观的研究进展与展望［J］. 心理科学进展，2009，17（4）：795－801.

[2] SUPER, D. E.. Manual for the work Values Inventory［M］. Chicago：Riverside Publishing Company, 1970：52－68.

[3] 王济川，王小倩，姜宝法. 结构方程模型：方法与应用 [M]. 北京：高等教育出版社，2011：28-124.

[4] 王瑜梁，张维浚，陈文文. 中国制造业的现状分析 [D]. 常州：河海大学商学院，2011.

[5] 王庆娟，张金成. 工作场所的儒家传统价值观：理论、测量与效度检验 [J]. 南开管理评论，2012（4）：66-79.

[6] JOSEPH F. HAIR. JR., ET AL. Multivariate data analysis (6th ed.) [M]. New Jersey：Prentice-Hall，2013：78-92.

[7] 吴明隆. 结构方程模型——Amos 操作与应用 [M]. 重庆：重庆大学出版社，2009：5-62.

（本文原刊载于《北京信息科技大学学报》2015 年第 8 期）

面向循环经济的信息服务协同管理平台研究[1]

张健 齐林

(北京信息科技大学经济管理学院)

摘要：本研究面向循环经济企业、园区、政府和相关社会公众，以实现循环经济发展模式的小循环、中循环和社会大循环的融合为最终目标，以构建信息服务协同管理平台为主要途径，重点分析了平台建设的4方面必要性和3方面可行性。在此基础上，设计了平台的功能定位和体系架构。平台功能包括活动数据采集、活动数据不确定性分析与校准、企业绿色投入产出分析、循环经济效率指标评价、物质流与能量流可视化分析、园区循环经济协同度分析、宏观物质流分析和循环经济公共信息服务，平台的体系架构由交互层、逻辑层和数据层组成。

关键词：循环经济；信息服务；协同管理

1 引言

随着我国经济规模不断扩大，传统不考虑资源可持续利用的经济发展方式已经导致了诸多严峻的问题，如环境污染、生态恶化及原材料枯竭等[1]。发展循环经济，实行"减投控废"是解决当前生态问题、建设资源节约型、环境友好型社会的重要举措。由于我国各地经济发展水平不均衡、产业特征

● 基金来源：本文得到北京市属高等学校高层次人才引进与培养计划项目、北京世界城市循环经济体系（产业）协同创新中心建设、北京信息科技大学科研基金项目(1535004)资助。

突出，循环经济的发展也就具有地域分散、过程复杂、产品种类多等特点。通过搭建面向循环经济的信息服务协同管理平台，实现企业内部实体资源数据化、企业联系的紧密化、园区分散资源信息集成化，是高效循环、减少排放的关键。

当前关于循环经济发展的研究已成为国内外热点[2]，并已经形成了诸如物质流分析、生命周期评价法等比较成熟的理论体系[3~7]。对于循环经济信息化的研究，大多是针对企业间或企业内部进行单一信息化模式的探讨，以物联网技术为支撑实现资源的信息化，进而通过建模仿真工具进行仿真实施：唐敦兵等从微观层面，以汽车的全生命周期为例探讨了物联网在循环企业内部资源信息化中的应用[8]；张钡、徐君等从中观层面通过建立企业间废弃物信息化管理数据库，实现对废弃资源的动态监控[9~10]；郭雅滨立足宏观层面，阐述了信息化在推进循环经济中的重要作用[11]。

然而，发展循环经济，特别是将循环经济作为生态文明增长方式则是一项系统工程，单一层面的信息化构建已经不能满足当今发展循环经济的需要，必须立足全局，将小循环、中循环和大循环三个层次有机融合，目标就是以信息化带动循环化，以循环化促进信息化。

综上所述，本研究力图通过构建面向循环经济的信息服务协同管理平台，将企业内部资源信息、企业间的信息对接和园区间的信息集成融合在一起，实现对资源的深度追踪与监控。对于企业内部，在物联网环境下，通过传感器感知将物质流数据化，通过参数化模型实现对内部资源的高效利用；对于企业间，通过平台搭建，疏通企业间废弃物资源化的绿色通道，最大限度地提高资源利用效率；对于宏观的循环园区间，通过平台实现园区资源集成，为高效的资源配置提供决策支持。通过三个层次的信息化构建，形成信息交互的网状系统，最终实现减量化、再利用、再循环的"3R"原则。

2 平台构建的必要性

2.1 建设社会主义生态文明的总体需要

生态文明是指人及其社会通过生态化的社会实践方式，在处理人、社会与自然的关系以及与之相关的人与人的关系方面所取得的积极成果。生态文明建设的中心问题是在一定的生态环境观的指导下,通过对工业化生产方式的生态化改造,重建人与自然的和谐,以实现自然、社会与人的可持续发展[12]。

工业文明在生产方式上强调大规模的社会分工,在分配方式上强调全社会对不同品类产品的交换,并通过市场媒介达成效用。效用源于交换,交换源于分工,原材料的来源、废弃物的排放则由于不产生交换价值,直接向自然界延伸。因此,工业文明的企业之间,"除了赤裸裸的利害关系,除了冷酷无情的现金交易,就再也没有任何别的联系了"。

与工业文明强调分工不同,生态文明强调融合。生态文明与传统的工业文明发展的本质区别在于将人类经济社会复杂系统视为资源环境巨系统的一个有机组成部分,从而在经济社会系统与资源环境系统之间、经济社会系统内部各类企业、组织、家庭之间,实现物质流、能量流的高度融合与协同。可以看出,循环经济正是实现社会主义生态文明的经济发展模式。

在工业文明时代,由于价值交换的类型单一,评价标准也相应单一,GDP长期作为评价国民经济发展规模和发展水平的指标。为核算GDP,全世界绝大多数国家都建立了完备的国民经济核算体系。在生态文明时代,由于"现金交易"之外还必须解决物质流、能量流的跨组织、跨部门、跨地区融合与协同水平的评价,因此传统的国民经济核算体系无论从方法、规模还是技术层面都不能满足,必须引入信息化的统计方法和核算工具。

2.2 促进信息化与工业化融合发展的产业需要

党的十七大提出了"大力推进信息化与工业化融合,促进工业由大变强"的战略部署,自此中国制造企业"两化"融合的程度日益加深,覆盖范围日益广泛,融合效益日益显著,有效促进了产业转型升级和发展方式的转变。在此基础上,党的十八大再次提出了"两化"深度融合的新目标,力求使信息化与工业化在更大的范围、更细的行业、更广的领域、更高的层次、更深的应用、更多的智能方面实现交融。

当前,信息化与工业化融合的主要成果主要体现在工业化产品的消费阶段。在原材料分配阶段和制造阶段,由于信息传播范围较小,同时受制于相应的技术复杂度、技术标准、成本等诸多门槛和限制，工业信息化的比较优势尚未明显发挥，这也制约了我国工业化转型升级的过程。国务院于2015年5月8日公布的《中国制造2025》，是我国实施制造强国战略第一个十年的行动纲领，其中重点提到了推进信息化与工业化深度融合、全面推行绿色制造，为我国工业化与信息化融合发展的未来指明了前进的方向。

我国的工业化，是生态文明语境下的工业化，也是循环经济模式下的工业化。因此，我国的工业化与信息化融合发展，就是循环经济模式与信息化的融合发展，我国实施制造业强国的战略目标，也必须包含建成循环经济与信息化融合发展强国的战略组成部分。

2.3 提高园区循环经济管理水平的技术需要

在工业文明和线性经济的语境下，企业是经济社会的细胞，企业的职能是生产专门品类的产品和服务，企业的规模和边界由企业内部的边际管理成本和市场的边际交易成本共同决定。在生态文明和循环经济的语境下，由于企业间除了现金交易，还增加了物质流、能量流的协同，因此企业的功能和边界的确定将更加复杂。

在循环经济企业内部，存在资源的小循环，主要体现在减量化投入和废弃物回收再利用方面。在典型的循环经济产业园区中，则普遍存在以资源和能源的梯度利用为模式的中循环。由于小循环受到企业自身资源使用类型和废弃物排放类型的制约，仍然难以最大限度地解决原材料、能源和排放的问题；中循环则能够通过适当"补链"较好地解决上述问题，更好地实现资源的"吃干榨尽"，同时伴随着产品和服务的多样产出，在循环经济和生态文明的语境中，未来经济社会的基本组成部分将由企业构成的"细胞"，逐步进化为由循环经济产业园区构成的"器官"。

企业园区化、园区企业化，一方面使循环经济小循环和中循环之间的边界日益模糊，另一方面也使循环经济企业和园区之间的界限日益模糊，资源废物协同化、产品服务多样化，都要求对于园区的服务和管理需要按照现代企业的管理标准进行开展，而信息化的管理技术和管理平台将是未来园区精细化管理所必不可少的组成部分。

2.4 推进循环经济迈向社会大循环的深入需要

当前循环经济发展的区域化、结构化集中的特征比较明显。一方面，从区域角度看，循环经济发展主要集中在循环经济产业园区范围内，循环经济模式的空间延伸不足；另一方面，从结构角度看，循环经济发展主要集中在钢铁、煤炭、有色金属、建材、橡胶等行业和清洁生产、再制造等领域，循环经济模式的产业结构覆盖较少。

显然，作为一种经济发展模式，理想化的循环经济发展要求尽可能全面覆盖其所涉及的空间区域及三次产业结构。目前差距的广泛存在主要由以下几方面原因导致：一是资源、能源循环化利用的技术水平有待进一步提升，以减少循环不经济的现象；二是资源、能源循环化利用的供需双方信息不对称，提高了循环经济"补链"对接的市场交易成本；三是循环经济发展模式中的资源、能源被围困、限制在二次产业结构中，在全社会融合发展的浪潮中，与具有高价值增值的现代服务业，特别是创新创业、文化创意等产业的融合亟待增加。

推进循环经济模式由特定园区向全社会扩散、由重化工业向三次产业延伸，就需要联动解决上述三个问题，以信息技术对接循环经济资源、能源供需双方市场信息，降低"补链"的交易成本，促进资源循环过程中的特定产品、特定材料、特定技术与创新创业、文化创意产业等高附加值产业对接，实现循环经济社会化、模式化、无形化，通过上述融合、深化过程扩大资源、能源循环的产业规模，摊薄资源、能源循环化利用技术研发的成本投入，使循环经济模式的发展走上良性循环的轨道。

3 平台构建的可行性

3.1 国家政策法规为其提供了良好的宏观环境

伴随着我国经济总量的不断增加，资源环境对可持续发展的约束效应日趋明显。国家政策法规作为促进循环经济发展的顶层设计，为循环经济发展提供了良好的宏观环境。2005 年 7 月 2 日发布的《国务院关于加快发展循环经济的若干意见》将按照"减量化、再利用、资源化"原则大力发展循环经济与实现全面建成小康社会的战略目标联系起来，首次将发展循环经济与国家战略相关联。2008年8月29日由第十一届全国人大常委会第四次会议审议通过并于2009年1月1日生效的《中华人民共和国循环经济促进法》，从国家法律层面为促进循环经济发展、提高资源利用效率、保护和改善环境、实现可持续发展制定了发展框架。2015年7月4日发布的《国务院关于积极推进"互联网+"行动的指导意见》为互联网信息技术与社会生产生活各领域的深度融合提出了指导性的意见，其中的"互联网+"协同制造、现代农业、智慧能源和绿色生态都与循环经济密切相关。

3.2 信息技术发展为其提供了充分的技术保障

循环经济信息化是我国工业信息化、制造业信息化的高级阶段，循环经济信息化的背后需要工业信息化中的物联网、M2M技术作为数据采集技术支撑，实现循环经济系统中的物质资源信息互联互通；需要移动通信技术，实现循环经济系统中人力资本的互联互通；需要云计算技术作为承载各类信息服务的总体平台；需要大数据挖掘作为降低物质流、能量流协同过程交易成本的信息和知识发现手段；需要完备、可靠、一致的数据建模方法进行循环经济物质流、能量流转化的过程描述。随着信息技术的不断发展，移动通信、物联网、云计算等技术都已经与工业、农业等领域的产业发展深度融合，大数据挖掘技术已广泛应用于电商消费、商业智能和客户关系管理等领域。因此，从总体而言，信息技术的发展已经为循环经济信息化提供了充分的技术保障。

3.3 资源环境约束为其提供了广阔的市场需求

我国作为世界上人口最多、也是面临资源环境约束最苛刻的工业化国家，传统的高消耗、高排放、低效率的粗放型增长方式造成的资源利用率低、环境污染严重的后果，我国经济社会逐渐无法承担。因此，我国经济社会的持续发展，必然先于世界绝大多数国家面临资源环境枯竭难题。变线性经济为循环经济，是我国未来经济社会发展的唯一模式和出路。开展循环经济信息化研究，实现各类物质流、能量流转化、使用过程的信息化管理、动态化监测、智能化决策，将具有日益迫切的市场需要和日益广阔的市场空间。

4 平台总体框架

4.1 平台功能设计

平台功能分为企业层面、园区层面和宏观层面。企业层面主要包括活动数据采集、活动数据不确定性分析与校准、企业绿色投入产出分析、循环经济效率指标评价等；园区层面主要包括园区物质流可视化分析、园区能量流可视化分析、园区循环经济协同水平分析等；宏观层面主要包括宏观物质流分析和循环经济公共信息服务等。

（1）活动数据采集：活动数据涉及企业生产中的直接物质输入、隐性物质输入、企业产品数量、企业生产排放等。通过物联网硬件接口、图形交互接口等形式获取企业直接物质输入、产品数量和生产排放等活动数据，通过产品的生命周期评价方法获得企业隐性物质输入数据，共同构成企业活动数据基础数据库。

（2）活动数据不确定性分析与校准：考虑人、机、料、法、环、测等因素，企业利用物联网和人工录入的活动数据均存在不同程度的不确定性，为将活动数据不确定性对后续分析的误差影响降低，进行数据不确定性的估计和校准。

（3）企业绿色投入产出分析：利用活动数据采集和不确定性分析的结果，以列昂惕夫环保型投入产出表为框架，在传统投入产出表的投入列中增加"污染物消除"项，产出列增加"污染物产出"项，将传统企业投入产出分析扩展到循环经济企业生产领域中。

（4）循环经济效率指标评价：以企业物质循环输入、企业直接物质使用效率、物质循环率、物质总使用效率、企业排放产出率、企业隐性物质排放率和总排放产出率为微观评价指标，从不同维度分析和评价循环经济企业的物质流、能量流梯度化、减量化运用效率。

（5）物质流、能量流可视化分析：设计和建立连续性、批次性生产企业物质流、能量流运用的数据模型。在一致的模型描述基础上，设计物质流、能量流可视化交互引擎,一方面以计算机可视化技术进行物质流、能量流分析,另一方面实现生产流程减量化、资源化改进效果评价的可视化仿真。

(6) 园区循环经济协同度分析:综合考量物质流、能量流方面的循环经济效率评价指标以及传统经济增长模式中的价值指标,建立同时评价循环经济增长模式中数量增长与质量提升的协同评价序参量。在序参量的基础上,分析园区循环经济协同度,以此作为园区经济循环化改造与实践过程中的可操作性指标。

(7) 宏观物质流分析:在企业和园区层面物质流分析的基础上,在宏观层面围绕 WRI 体系和欧盟体系,进行宏观物质流分析,在投入、排除、消耗和平衡四个方面分别建立评价指标,融合企业物质流活动数据,进行总体核算和效率评价。

(8) 循环经济公共信息服务:针对循环经济小循环层面的技术需求、中循环层面的产业对接需求和大循环层面的产业融合发展需求,建立循环经济公共信息服务基础数据库,提供循环经济发展所涉及的再循环原料、废弃物、产品、技术、知识等各类信息,并提供基于关联规则和大数据挖掘的信息推送服务。

4.2 平台结构设计

平台的总体结构由 3 层构成,自上而下依次为交互层、逻辑层和数据层。交互层由外部数据驱动子层、企业服务交互子层、园区服务交互子层、政府服务交互子层和公共服务交互子层组成。外部数据驱动子层与部署在企业内部的活动数据采集物联网基础设施交换数据,其余各子层分别完成面向各类用户的服务呈现和交互。

逻辑层分为功能子层和功能支持子层。功能子层涵盖了系统面向各类用户提供的上述 8 类服务功能,功能支持子层提供可视化交互引擎、绿色投入产出分析方法、物质流统一建模方法、生命周期评价方法、协同度分析方法、宏观物质流分析方法、数据与数据集管理方法等关键共性模型、算法。功能子层响应交互层需求,向功能支持子层提出服务请求,功能支持子层通过与数据层的数据交互和本层逻辑运算,向功能层提供服务支持。平台的逻辑层采用基于 Map/Reduce 的云计算弹性伸缩框架,以提高服务能力和计算资源配置效率。

数据层包括了平台运行所需的活动数据库、元数据库、数据仓库、指标库、模型方法库以及公共服务所需的知识库等。数据层与功能支持子层通过统一的数据接口进行数据交换。平台的数据层采用基于 HIVE 的云存储框架，提高数据存取的可靠性和大数据分析的效率。

平台的总体结构如图 1 所示。

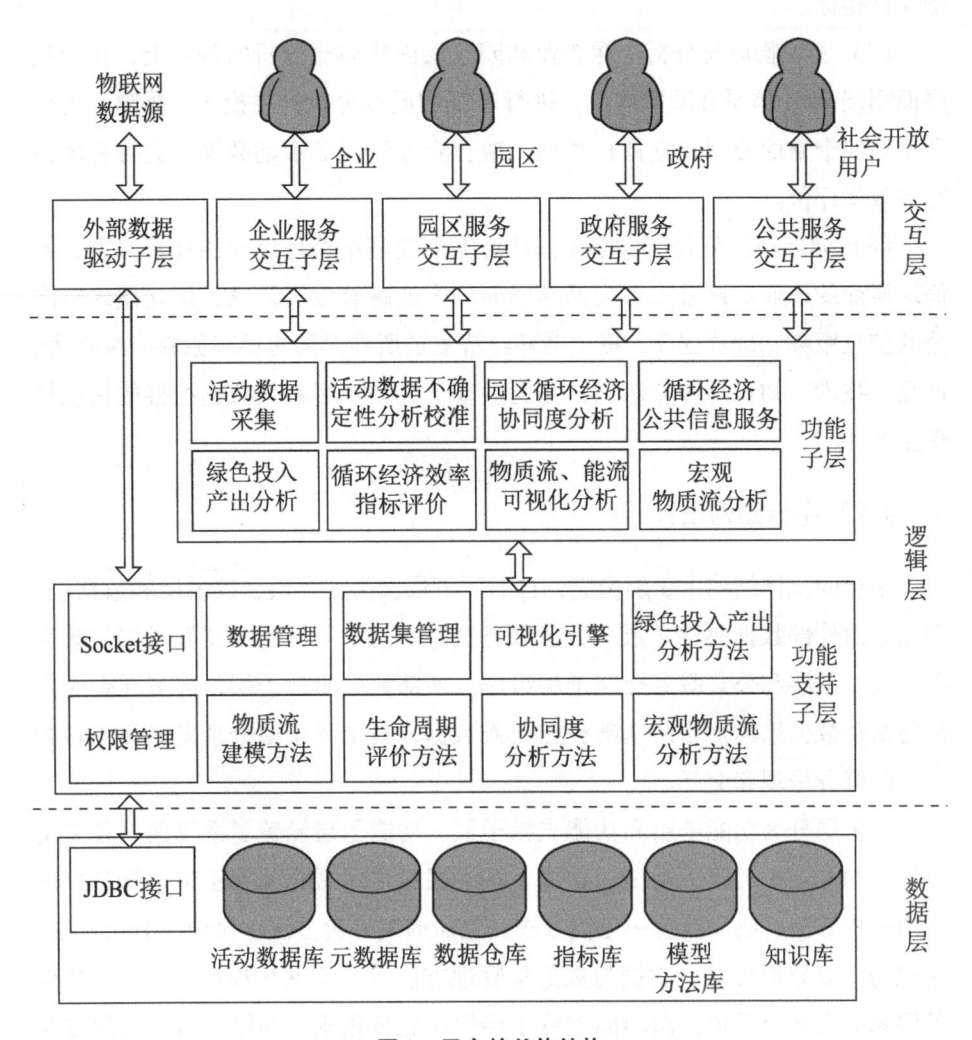

图 1　平台的总体结构

5 结论

本研究面向循环经济企业、园区、政府和相关社会公众,以实现循环经济发展模式的小循环、中循环和社会大循环的融合为最终目标,以构建信息服务协同管理平台为主要途径,重点分析了平台建设的必要性和可行性,通过分析平台的功能定位和服务内容,设计了平台的体系架构。具体的研究工作如下:

(1)分析了平台建立的4方面必要性,指出构建信息服务协同管理平台是建设社会主义生态文明、促进信息化与工业化融合发展、提高园区循环经济管理水平和推进循环经济迈向全社会大循环的发展需要。

(2)提出了平台建立的3方面可行性,从国家政策法规、下一代信息技术发展、传统线性经济面临的资源环境约束等方面指出平台的建设在宏观政策、技术支撑和市场需求方面具备相应的可行性。

(3)设计了平台的功能定位和体系架构,平台功能包括活动数据采集、活动数据不确定性分析与校准、企业绿色投入产出分析、循环经济效率指标评价、物质流与能量流可视化分析、园区循环经济协同度分析、宏观物质流分析和循环经济公共信息服务等8个方面,平台的体系架构由交互层、逻辑层和数据层组成。

综上所述,在后续的研究中,将重点对平台的关键技术、建模方法等进行详细设计。

参考文献

[1] KALMYKOVA Y, ROSADO L, PATRÍCIO J. Resource consumption drivers and pathways to reduction: economy, policy and lifestyle impact on material flows at the national and urbanscale [J]. Journal of Cleaner Production, 2015 (1): 1-11.

[2] 黄和平. 基于生态效率的江西省循环经济发展模式研究 [J]. 生态学报, 2015 (5): 1-10.

[3] 陈瀛, 张健, 等. 盐湖化工企业生产系统的物质流模型研究——以镁盐

深加工生产系统为例 [J]. 工业工程与管理, 2013 (6): 127-133.

[4] 段宁, 李艳萍, 孙启宏, 等. 中国经济系统物质流趋势成因分析 [J]. 中国环境科学, 2008 (1): 68-72.

[5] 钱吴永, 党耀国, 熊萍萍, 等. 循环经济发展预警模型体系及其应用 [J]. 系统工程理论与实践, 2011 (7): 1303-1311.

[6] 陈敏鹏, 郭宝玲, 等. 磷元素物质流分析的研究进展和展望 [J]. 生态学报, 2015 (10): 1-12.

[7] 宋小龙, 徐成, 等. 工业固体废物生命周期管理方法及案例分析 [J]. 中国环境科学, 2011 (6): 1051~1056.

[8] 唐敦兵, 杨雷. 面向可循环经济的物联网技术应用研究 [J]. 企业管理与信息化, 2010 (3): 1-6.

[9] 张钡, 等. 基于循环经济理念的城市废弃物信息化管理研究 [J]. 城市管理, 2009: 123-126.

[10] 徐君, 等. 基于信息化的循环经济发展途径 [J]. 统计与决策, 2009: 60-61.

[11] 郭雅滨. 以信息化建设促进循环经济发展 [J]. 山西财经大学学报, 2007 (11): 45-48.

[12] 赵成. 生态文明的兴起及其对生态环境观的变革——对生态文明观的马克思主义分析 [D]. 北京: 中国人民大学, 2006.

(本文原刊载于《中国环境管理》2016年第1期)

高耗能行业结构调整和能效提高对我国 CO_2 排放峰值的影响[1]

——基于 STIRPAT 模型的实证分析

李 莉 王建军[2]

(北京信息科技大学经济管理学院；华北电力大学经济管理学院)

摘要：调整高耗能行业的结构，提高高耗能行业的能源利用效率是我国实现低碳经济的重要路径之一，但这是一个渐进的过程，本文则围绕如何设计这一过程展开研究。文章首先构建了我国 CO_2 排放量与人口因素、人均不变价格 GDP、高耗能行业结构、高耗能行业能效和第三产业结构之间的 STIRPAT 关系模型，通过对 1980—2012 年期间的数据模拟得到长期均衡发展关系模型，最后通过设定不同的情景研究高耗能行业结构和能效变化对我国 CO_2 排放峰值的影响。研究结果显示，相对于第三产业结构、人口因素和人均不变价格 GDP 而言，我国高耗能行业结构和能效对 CO_2 排放量的影响更大，我国有可能通过调整高耗能行业结构和提高高耗能能效在 2030 年达到 CO_2 峰值。同时，情景模拟的结果还显示，降低高耗能行业结构和提高高耗能行业能效对我国 CO_2 峰值出现时间的影响作用相差不大，但加快降低我国高耗能行业的经济比重更有助于我国降低 CO_2 排放水平。

关键词：高耗能行业；CO_2 排放峰值；STIRPAT；行业结构；能效

---

[1] 基金项目：国家自然科学基金青年项目（71401054、71403030）和北京市哲学社会科学基金项目（13JGC074、14JGC108）。

[2] 作者简介：李莉（1983—），女，内蒙古察右前旗人，讲师，主要从事能源和环境经济政策分析研究；王建军（1981—），男，吉林白山人，副教授，主要从事能源环境系统模拟研究。

1 引言

自改革开放以来，我国国民经济一直保持着高速增长的态势，这虽然提高了我国社会的富裕程度，但同时也带来了大量的环境污染问题，特别是近几年，伴随着污染排放物的加剧和累积，我国生态环境遭到了严重破坏，经济发展模式的转变刻不容缓。过去我国经济发展过度依赖于重工业，特别是高耗能行业的发展，未来我国经济结构应逐步降低高耗能行业比例，提高高耗能工业能源利用效率，这是我国实现在2030年前达到碳排放峰值目标的必选措施之一。但这不是一蹴而就的事情，需要有步骤地进行，因此研究如何有步骤地降低高耗能行业的结构比例，提高能源使用效率，从而实现碳减排的目标是非常有价值的。

很多学者研究了我国高耗能行业发展与能源、环境和经济的关系。查冬兰[1]运用指数分解法研究了我国1994—2003年期间的CO_2排放与高耗能行业能源强度的关系，发现能源密集性行业能源强度的变化对我国CO_2排放起到了从加剧到抑制的过程。龚健健[2]研究了我国高耗能行业环境污染的区域分布特征，沈可挺[3]则构建了我国高耗能行业环境全生产率指标，并研究了高耗能行业技术进步对环境全生产率的影响效应。屈小娥[4]则研究了我国高耗能行业的能源强度对我国及各省能源消费的影响效应。李慧明[5]则以天津市为例，研究了高耗能行业能源消费对经济增长的贡献作用。尽管研究表明高耗能行业的发展确实对我国的能源、环境和经济产生了重大的影响，但都没法解决未来高耗能行业将怎么发展才能缓解我国当前日益严重的能源危机和环境污染问题。在这个问题上，郭本海[6]研究了政府激励与高耗能行业企业退出意愿的关系，但仍没有涉及高耗能行业的最优退出步骤和能效提高问题。本文将对这一问题进行深入研究。

在回答此问题之前，首先必须弄清高耗能行业的发展到底与环境污染之间呈现一种什么样的关系。在研究此类问题时，指数分解法和STIRPAT模型（Stochastic impacts by regression on population, affluence, and technology, STIRPAT）是目前比较常见的两种方法。但指数分解法只能对历史数据进行分析，不能预测未来。而本文的研究主要是分析未来高耗能行业结构和能效的演变对我国环境污染的影响，在这种情况下，STIRPAT 模型是一种比较适用的方法。STIRPAT 模型是一种主要用来研究一个地区的环境与人口、富裕程度和技术水平的关系模型。由于在技术水平层面人们可以选择不同的指标来反映一个地区的技术发展程度，因此 STIRPAT 模型被国内外许多学者用于研究一个地区不同层面的技术水平对该地区环境的影响分析。例如，王建军[7]，黄蕊[8]，Brantley[9]，Wang[10]，卫平[11]和张传平[12]分别运用 STIRPAT 模型研究了电力消费增长、城市化水平、能源强度、能源结构和工业化水平对 CO_2 排放水平的影响。STIRPAT 模型较其他影响因素分析模型的一个显著特征是它能够预测未来的环境变化，通过历史数据回归模拟得到环境与人口、富裕程度和技术水平之间的长期均衡关系，然后再设定各种情境下各个自变量的变化趋势水平，即可通过长期均衡关系式判断未来环境变化的趋势。基于这种思想，张乐勤[13]预测了安徽省土地变化对未来碳排放水平趋势的影响，Wang[14]和 Meng[15]分别预测了能源结构、城市化率和交通运输情况的变化对不同区域 CO_2 排放水平的影响。除此之外，渠慎宁[16]，马卓[17]和王宪恩[18]还运用 STIRPAT 预测了各种不同因素对区域 CO_2 排放峰值的影响。但到目前为止，还没有看到相关研究运用 STIRPAT 模型研究我国高耗能行业结构和能效变化对我国 CO_2 排放水平及峰值的影响研究，这正是本文要弥补的一个空缺。

文章首先构建了我国高耗能行业结构、能效、人口因素、人均富裕水平和第三产业结构对我国 CO_2 排放水平影响的 STIRPAT 模型，然后通过模拟 1980—2012 年期间的历史数据获得了这 6 个变量之间的长期均衡关系，最后通过设定各种变量的变化趋势，研究高耗能行业结构和能效变化对我国 CO_2 排放峰值的影响。文章的结构设计为：第 1 节构建了我国高耗能行业结构和能效对 CO_2 排放影响的 STIRPAT 模型；第 2 节描述了模拟过程中的数据分析和处理；第 3 节则分析和总结了主要模拟结论；第 4 节则总结了全文。

2 模型

2.1 STIRPAT 模型

STIRPAT 模型是在经典 IPAT 模型的基础上发展起来的。IPAT 模式是由

Ehrlich 和 Comnoner 提出的主要用于分析人口、人均财富量和技术对环境的影响，其基础数学表达式为[7]

$$I = P \cdot A \cdot T \tag{1}$$

式中，I 表示环境影响，P 表示人口因素，A 表示人均财富，T 表示技术水平。由于 IPAT 模型假定人口因素、人均财富和技术水平对环境的影响程度是同等重要的，这可能与实际情况并不相符，为此 York 等人在 IPAT 模型基础上构建了 STIRPAT 模型，主要特征在于为模型添加了一组系数和随机误差，用于精确测量不同变量对环境影响的不同重要性。STIRPAT 模型的主要表达式为

$$I = a \cdot P^b \cdot A^c \cdot T^d \cdot e \tag{2}$$

式中的 I、P、A 和 T 与 IPAT 模型中的参数一致，而 a 为模型的参数，b、c、d 分别代表 P、A 和 T 的系数，e 为随机误差。可以看出，当 $a = b = c = d = e = 1$ 时，STIRPAT 模型转变成了经典 IPAT 模型，这在实际应用中很难实现。

在实际应用中，为了方便计算各个系数，通常会对式（2）进行如下处理，

$$\ln I = \ln a + b\ln P + c\ln A + d\ln T + e \tag{3}$$

通过式（3）可以发现，实际上 b、c、d 分别是 P、A 和 T 对环境影响的弹性系数，也就意味着，当 P、A 和 T 分别变动 1% 时，I 将分别变动 b%、c% 和 d%。

2.2 高耗能行业结构、能效对我国 CO_2 排放影响的 STIRPAT 模型

为了研究高耗能行业结构、能效与我国 CO_2 排放量之间的关系，本文用人口总量反映人口因素，人均不变价格 GDP 反映人均财富因素。产业结构调整是我国实现低碳经济的必由之路，而这主要体现在两个方面，一是提高第三产业的比重，二是重组工业内部结构，降低重工业，特别是高耗能行业的比重。基于此，本文 STIRPAT 模型中的技术因素首先采取两个指标，一个为规模以上高耗能行业工业增加值占全部工业增加值的比例（T_1），用以反映工业结构中高耗能行业比重的变化对 CO_2 排放的影响；另一个为第三产业增加值占 GDP 的比重（T_2），用以反映产业结构中第三产业比重的变化对 CO_2 排

放的影响。除了调整产业结构之外，提高能源使用效率也是实现经济绿色发展的主要措施，因此本文选择高耗能行业的能源使用效率（T_3）作为 STIRPAT 模型的另一个技术因素，为此构建了如下模型用以研究高耗能结构和能效对我国 CO_2 排放的影响：

$$\ln I = \ln a + b\ln P + c\ln A + d\ln T_1 + f\ln T_2 + g\ln T_3 + e \quad (4)$$

式中，a 为模型的常数，b、c、d、f 和 g 为变量系数，P 为人口总量，A 为人均不变价格 GDP，e 为模型的随机误差。

3 模拟过程

3.1 数据来源

本文模型中所采取的数据时间跨度是 1980—2012。模拟过程中所使用的 CO_2 排放数据是通过各能源品种的总消费量乘以相应的排放系数得到的，其中各能源品种的消费总量是从中国能源统计年鉴上获得的，CO_2 排放系数取自于文献[7]所使用的数据。人口、GDP 总量、GDP 增速和第三产业占 GDP 比重数据来源于国家统计局《中国统计年鉴 2013》，不变价格人均 GDP 的数据是由 2007 年不变价格 GDP 除以人口总量得出的，2007 年不变价格 GDP 是以 2007 年 GDP 总量为基准年，乘以或者除以累计增长率计算获得。2007 年规模以上高耗能行业的工业增加值摘自《中国统计年鉴 2008》，2008 年及以后各年规模以上高耗能行业的工业增加值是用 2007 年的数据乘以各年工业增加值增长速度计算得到的，其中的工业增加值增长速度摘自各年的国民经济和社会发展统计公报，2006 年及以前各年规模以上高耗能行业的工业增加值是用 2007 年的数据除以各年工业增加值增长速度计算得出的，其中的工业增加值增长速度采用文献[19]推荐的数据。

3.2 模拟过程

3.2.1 单位根检验

ADF 检验是时间序列分析中常用的单位根检验方法，但 ADF 检验在小样本条件下，数据的生成过程为高度自相关时，检验的功效非常不理想，同时还对含有时间趋势的退势平稳序列的检验是失效的,因此为了改进 ADF 检验的能效,Elliott、Rothernberg 和 Stock 提出了 DFGLS 检验。DF－GLS 检验在剔除原序列趋势的基础上构造统计量检验时间序列的单位根,弥补了由于 ADF 对含有时间趋势的序列检验失效的缺陷。因此,本文将 DF－GLS 检验作为 ADF 检验的补充对模型中的时间序列进行单位根检验。运用 Eviews 软件对序列进行 ADF 和 DF－GLS 检验的结果如表 1 所示。

根据检验结果可以看出,模型中所采用的 5 个变量均不是平稳序列,属于一阶单整序列。

3.2.2 协整检验

尽管本文中所采用的 5 个时间序列都是非平稳序列,但它们之间的某种线性组合可能是平稳的,因此有可能存在着长期均衡关系,这需要对这 5 个变量进行协整检验。检验过程采取 Engle-Granger（EG）两步法进行检验。首先对这 5 个变量进行回归,然后对残差进行 ADF 平稳性检验,检测值是 -4.027202,小于 1% 的临界值,因此拒绝原假设(残差序列存在单位根),可认为残差序列是平稳的,也就是说这 5 个变量之间存在着某种长期均衡的线性关系。

表 1 单位根检验结果

单位根检验方法 变量	ADF 检验 原序列	ADF 检验 一阶差分序列	DF－GLS 检验 原序列	DF－GLS 检验 一阶差分序列
$\ln I$	0.036440	-2.822494*	0.030809	-2.422834**
$\ln P$	0.344188	-3.494460**	0.862947	-2.650687**
$\ln A$	1.494643	-3.453082**	0.202181	-1.968399**
$\ln T1$	-2.078969	-3.180031*	-1.364167	-3.124100***
$\ln T2$	-2.129411	-3.565920**	-0.357548	-3.881368***
$\ln T3$	0.141460	-3.389076**	-0.342023	-2.888589***

注:＊＊＊表示通过 1% 的显著性检验,＊＊表示通过 5% 的显著性检验,＊表示通过 10% 的显著性检验。

3.2.3 长期均衡关系回归

为了获得 I 与 P、A、T_1、T_2 和 T_3 的长期均衡关系，本文首先将这 6 个序列在 Eviews 软件中进行回归。在回归模型选取上，本文选取完全修正最小二乘法（Fully Modified Least Squares-FMOLS）进行回归。尽管最小二乘法在估计具有协整关系变量之间的长期关系时具有较强的收敛性，但由于估计存在渐近式分布，且具有小样本偏差，因此估计效果较差，而 FMOLS 正好弥补了这一缺陷。回归过程中发现当去除常数项后，各个变量的系数通过显著性检验，结果如下：

$$\ln I = 0.792425\ln P + 0.755931\ln A + 1.047729\ln T_1 + 0.564168\ln T_2 + 0.901906\ln T_3 \tag{5}$$

$$R^2 = 0.998498, DW = 1.422420$$

尽管拟合水平较高，但由于 DW 值与理想值 2 有一定差距，有必要进一步通过其他方法检验残差的自相关性。进一步采取 Q 统计量检验，发现为各阶自相关检验统计量均在可接受范围内，因此可认为残差序列不存在自相关性。式（5）即为最终获得的我国 CO_2 排放量与人口、人均富裕、高耗能结构、能效和第三产业比重之间的长期均衡关系。

4 结果分析

4.1 弹性系数结果分析

根据式（5）模拟的结果可以看出，在这 4 个因素中，高耗能行业结构因素和第三产业比重因素对我国 CO_2 排放量影响的弹性系数均大于 1，人口因素和人均 GDP 对 CO_2 排放量影响的弹性系数均小于 1。

（1）人口因素

人口因素对我国 CO_2 排放量影响的弹性系数为 0.792425，这说明在当前情况下，相对于调整高耗能行业的结构和降低高耗能工业的能耗而言，调低人口增速对于减少 CO_2 排放量来说作用不太明显。同时，伴随着计划生育政策的数十年执行（如图 1 所示），我国生育高峰已经在 20 世纪 70 年代结束，近年来，随着人民生活水平和子女生育成本的增加，人们的生育意愿已逐渐降低，尽管"单独二胎"政策已于 2015 年全面执行，但由于受益人群的范围有限，不会大幅度提高人口增长率。因此，未来人口因素将不是引起我国 CO_2 排放量增长的主要因素。

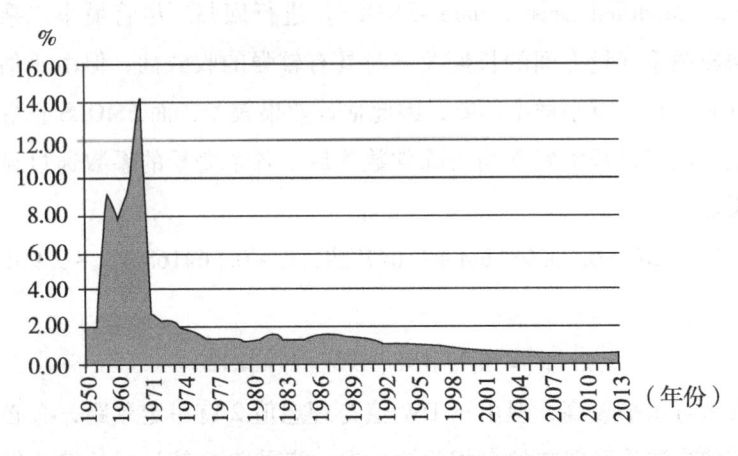

图 1　我国 1950—2013 年人口增长率

(2) 人均 GDP 因素

人均 GDP 的增长在一定程度上可以反映出人民生活水平的提高。随着生活水平的提高，人们对能源的需求也会提高，因此所排放的 CO_2 也增长了。本文模拟结果显示，人均不变 GDP 对我国 CO_2 排放量影响的弹性系数为 0.755931，这要比高耗能行业结构和高耗能能效小，也就意味着，只要适度调整高耗能行业的结构和第三产业结构，保持经济增长和环境保护并不是相互冲突的。

(3) 高耗能行业结构因素

高耗能行业的工业总产值占全部工业总产值的比例对我国 CO_2 排放量影响的弹性系数为 1.047729，也就是说，我国工业结构中高耗能工业总产值比重每增加 1%，我国 CO_2 排放量将会增加 1.047729%，相对于增加的工业产值，其对环境造成的负面影响更大。这也从侧面说明了我国经济结构调整的重要性。过去我国工业经济的发展长期依赖重工业特别是高耗能行业的发展，未来如果要实现工业经济的可持续发展，降低对高耗能行业的工业增加值比重是必要的。

(4) 第三产业结构因素

从我们的模拟结果来看，提高第三产业比重也会造成我国 CO_2 排放量的增加，但是弹性系数仅为 0.564168。这主要因为提高第三产业比重仍然会增加第三产业的能源消耗，但由于第三产业的能效较高，每增加 1% 的服务业结构，只会导致 CO_2 排放量增加 0.564168%，这仅相当于高耗能工业结构的一半左右。由此可见，整体上看降低高耗能工业结构的比例，转变成第三产业还是会减少我国的 CO_2 排放量。我国第三产业占 GDP 的比重在过去的近 30 多年中一直保持着增长的态势，从 1978 年的 23.9% 增加到 2013 年的 46.1%，但仍然与发达国家 70% 以上的比例相比还有很大差距，未来仍然有巨大的增长空间，这也预示着巨大的 CO_2 减排潜力。

(5) 高耗能行业的能效

式（5）显示，高耗能行业的能效每增加 1%，我国的 CO_2 排放量将会增加 0.901906%，这个比例要比人口因素、人均 GDP 因素和第三产业比重因素都要高。这也就意味着，在当前的经济结构下，要实现减少 CO_2 排放，降低高耗能行业结构的比例和提高高耗能行业的能效相比其他手段要更有效一些。同时此结果还显示，从减少 CO_2 排放的角度上看，调整高耗能行业结构要比提高高耗能行业的能效更为紧迫一些。

4.2 调整高耗能行业结构对我国 CO_2 排放峰值影响的情境模拟分析

4.2.1 情境模拟设计

为进一步分析未来我国高耗能行业的结构调整对我国 CO_2 排放峰值的影响，本文运用公式（5）给出的长期均衡关系式预测未来 2013—2040 年的 CO_2 排放峰值。在情境设计中，对于不变价格 GDP 的增长率和人口增长率本文采取国际能源署（International Energy Agency，IEA）在《国际能源展望 2014》中推荐的数据。由于 IEA 在预测时通常公布各个时期的平均增速，而不是逐年公布，因此当各个时期的增速变化较大时，往往各时期的交叉点会成为影响模型结果变化趋势的关键点。为了避免出现这种现象，本文在处理 GDP 增长率和人口增长率时假设各个指标增长速度的变化是逐年递增或者递减的，并将各个时期增速的变化逐年平均分配到每一年里，由此剔除了由于时间交叉点的突变情况。模型中第三产业占 GDP 比重的模拟数据本文参考国家发改委能源研究院姜克隽[20]的预测结果。但由于该文对于 2010 年第三产业比重的预测低于 2010 年的真实值，因此本文只参考该情境模拟中第三产业比重的增速，而不是实际预测值进行分析，在 2013 年的基础上按照该文推荐的增长速度逐年累积计算第三产业比重的情境模拟值。情境模拟分析中所采取的主要数据如表 2 所示。

表 2　情境模拟中 GDP、人口和第三产业 GDP 比重增速的设定　　单位:%

年份	不变价格 GDP	人口	第三产业比重
2013—2020	6.9	0.40	0.87
2020—2025	5.3	0.40	1.21
2025—2030	5.3	0.19	1.21
2030—2040	3.2	-0.33	1.14

4.2.2　CO_2 排放峰值情境模拟结果分析

根据表 2 设定的情境，分别假定未来从 2013 年开始我国高耗能行业结构和高耗能能效以同等速率下降，下降的速率分别为 1%、1.5%、2%、2.25% 和 2.5%。这种政策前提是我国未来会在调整高耗能工业结构和提高高耗能工业能效方面做同样的努力。模拟结果如图 2 所示。从图 2 可以看出，如果未来我国高耗能工业结构和能效都保持着 2% 以下的下降速率的话，我国 CO_2 排放总量不会在 2030 年前出现峰值。当下降速率增加 2% 的话，我国 CO_2 排放的峰值会在 2030 年出现，总量约为 127.53 亿吨。如果继续调高下降速率，CO_2 排放总量的峰值将进一步提前，当提高到 2.25%，CO_2 排放总量的峰值将会在 2026 年出现，达到 117.49 亿吨，当下降速率提高到 2.5%，CO_2 排放总量的峰值将会在 2022 年出现，达到 110.54 亿吨。尽管加快调整高耗能工业结构和提高高耗能工业的能源利用效率确实对于提前达到 CO_2 排放峰值和降低 CO_2 排放总量有积极作用，但是在实践过程中，可能并不能实现高耗能工业结构调整和提高能效的同步执行，有时候可能政策更倾向于提高能效，有时候更倾向于降低高耗能行业结构。为了验证这两类政策的有效性，本文对比了 3 种情境下的 CO_2 排放量趋势，这 3 类情境分别是：

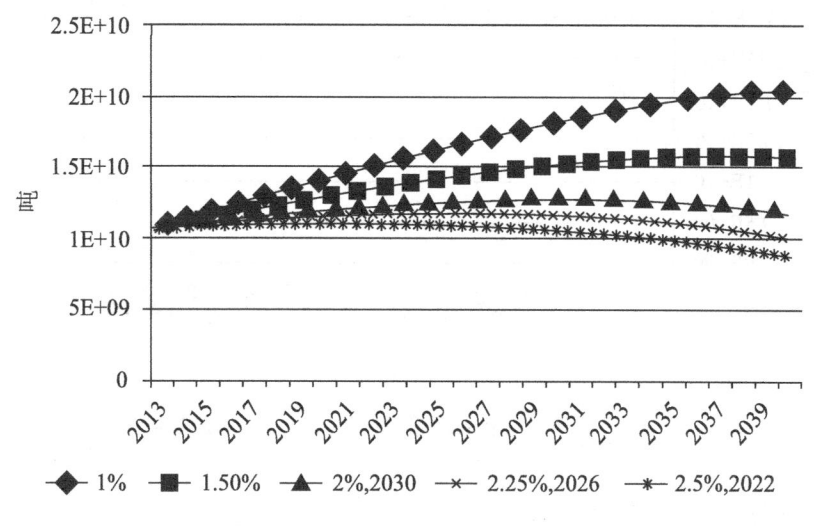

图2 未来我国 CO_2 排放量在不同情境下的变化趋势

S1：高耗能工业结构和能效同样以 2% 的速率降低。

S2：高耗能工业结构以 1.5% 的速率降低，而高耗能的能效以 2.5% 的速率降低，意味着政策更倾向于通过提高高耗能工业能源利用效率来减少 CO_2 排放。

S3：高耗能工业结构以 2.5% 的速率降低，而高耗能的能效以 1.5% 的速率降低，意味着政策更倾向于通过降低高耗能工业比重减少 CO_2 排放。

各种情境下的 CO_2 排放量如图 3 所示。从图 3 中可以看出，尽管政策倾向可能不同，但 3 种情境所代表的政策倾向均能在 2030 年达到 CO_2 峰值。同样结果还显示出来，提高高耗能工业的能源使用效率要比降低高耗能的工业结构在减少 CO_2 排放量的贡献作用更小。在 3 种情境中，最后一种情境下，也就是高耗能工业结构降速最快的情境下，CO_2 排放总量是最少的。这也就是说，3 种情境所代表的不同政策对于 CO_2 排放峰值到来时间的影响是相同的，但是对于峰值水平的影响却是不同的。

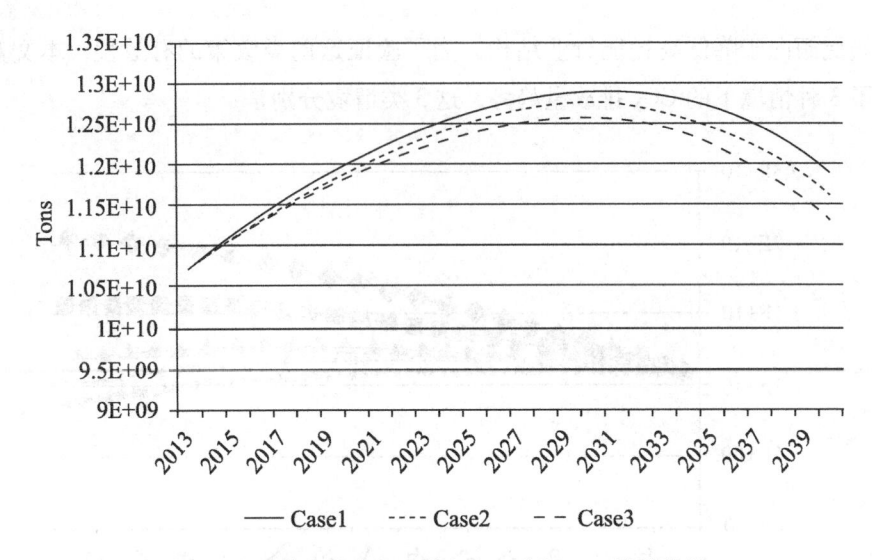

图3 不同高耗能行业政策倾向下我国 CO_2 排放趋势

5 结论

过去我国的经济以粗放式增长方式为主，经济结构中高耗能行业所占比重较大，能源利用效率较低，这是导致我国 CO_2 排放量迅速增长的一个主要因素。调整产业结构，提高高耗能工业能源利用效率是我国减少 CO_2 排放、实现经济绿色增长的一个重要途径。本文运用 STIRPAT 模型研究了高耗能行业结构调整和能效提高对我国 CO_2 排放量以及排放峰值的影响，通过分析得出以下几方面的结论：

（1）在包括人口、人均 GDP、高耗能行业结构、高耗能行业能效和第三产业占 GDP 比重的这几个影响因素中，高耗能行业结构和能效对我国 CO_2 排放量的影响较大。第三产业比重的增加影响作用最小，人口因素和人均 GDP 影响也较小。这也就意味着我国是有可能通过经济结构的转变，在保持小幅度人口增长和逐步提高人民生活水平的基础上减少 CO_2 排放量的。

（2）同时，本文的研究结果还显示，只要在未来的经济结构调整过程中，适度降低高耗能行业结构和提高高耗能行业能源使用效率，我国 CO_2 排放的峰值是有可能在 2030 年之前出现的。

（3）同时，本文的情境模拟结果还显示，当高耗能行业结构和能效均以

2%的速率降低的话,我国会在2030年达到碳排放峰值。尽管加快让高耗能行业退出市场会收到一定的环保效益,但这种效益也需考虑我们的经济和社会成本,经济结构的转变和效率提高是一个渐进的过程。

(4)最后,本文的情境模拟结果还显示,在提高高耗能工业结构和能效两方面上,只要能够保持总体下降速率之和在4%的水平下,提高或者降低任何一方面的下降速率对于我国CO_2峰值出现的时间影响不大,但却对总体排放量水平影响较大,加快降低高耗能行业结构比重对减少我国CO_2排放总量的贡献更大。

参考文献

[1] 查冬兰,周德群. 我国工业CO_2排放影响因素差异性研究——基于高耗能行业与中低耗能行业 [J]. 财贸研究,2008 (1):13 – 19.

[2] 龚健健,沈可挺. 中国高耗能产业及其环境污染的区域分布——基于省际动态面板数据的分析 [J]. 数量经济技术经济研究,2011 (2):20 – 36,51.

[3] 沈可挺,龚健健. 环境污染、技术进步与中国高耗能产业——基于环境全要素生产率的实证分析 [J]. 中国工业经济,2011 (12):25 – 34.

[4] 屈小娥,袁晓玲. 中国工业部门能源消费的面板协整分析——基于10个高耗能行业的实证分析 [J]. 产业经济研究,2008 (6):10 – 15.

[5] 李慧明,杨娜,王磊,等. 天津市能源消费与经济增长的互动机理及政策启示——基于8个高耗能行业的实证分析 [J]. 城市发展研究,2009 (9):37 – 40.

[6] 郭本海,方志耕,刘卿. 基于演化博弈的区域高耗能产业退出机制研究 [J]. 中国管理科学,2012 (4):79 – 85.

[7] 王建军,李莉. 基于随机性环境影响评估模型的电力消费和碳排放关系实证分析 [J]. 电网技术,2014,38 (3):628 – 632.

[8] 黄蕊,王铮. 基于STIRPAT模型的重庆市能源消费碳排放影响因素研究 [J]. 环境科学学报,2013,33 (2):602 – 608.

[9] BRANTLEY L. Urban density and climate change: a STIRPAT analysis using city-level data [J]. Journal of Transport Geography,2013 (28):22 – 29.

[10] WANG PING, WU WANSHUI, ZHU BANGZHU, ET AL. Examining the impact factors of energy – related CO_2 emissions using the STIRPAT model in Guangdong province China [J]. Applied Energy, 2013 (106): 65 – 71.

[11] 卫平, 周亚细. 城市化、能源消费与碳排放——基于 STIRPAT 模型的跨国面板数据实证研究 [J]. 生态经济, 2014, 30 (9): 14 – 18.

[12] 张传平, 谢晓慧, 曹斌斌. 我国工业分行业二氧化碳排放差异及影响因素分析——基于改进的 STIRPAT 模型的面板数据实证分析 [J]. 生态经济, 2012, 28 (9): 113 – 116, 129.

[13] 张乐勤, 陈素平, 王文琴, 等. 安徽省近 15 年建设用地变化对碳排放效应测度及趋势预测: 基于 STIRPAT 模型 [J]. 环境科学学报, 2013, 33 (3): 950 – 958.

[14] WANG MINGWEI, CHEYYE, YANG KAI, ET AL. A local – scale low – carbon plan based on the STIRPAT model and the scenario method: the case of Minhang district, Shanghai, China [J]. Energy Policy, 2011, 39 (11): 6981 – 6990.

[15] MING MENG, DONGXIAONIU, WEI SHANG. CO_2 emissions and economic development: China's 12th five – year plan [J]. Energy Policy, 2012 (42): 468 – 475.

[16] 渠慎宁, 郭朝先. 基于 STIRPAT 模型的中国碳排放峰值预测研究 [J]. 中国人口. 资源与境, 2010 (12): 10 – 15.

[17] 马卓. 吉林省碳排放峰值预测与控制策略研究 [D]. 长春: 吉林大学, 2012.

[18] 王宪恩, 王泳璇, 段海燕. 区域能源消费碳排放峰值预测及可控性研究 [J]. 中国人口. 资源与环境, 2014 (8): 9 – 16.

[19] 陈诗一. 中国工业分行业统计数据估算: 1980—2008 [J]. 经济学(季刊), 2011, 10 (3): 735 – 746.

[20] 姜克隽, 胡秀莲, 庄幸, 刘强. 中国 2050 年低碳情景和低碳发展之路 [J]. 中外能源, 2009, 14 (6): 1 – 7.

(本文原刊载于《生态经济》2015 年第 8 期)

环境税与污染许可证的比较及污染减排的政策选择

孙玉霞　刘燕红

（北京信息科技大学经济管理学院；财政部财政科学研究所）

摘要：随着经济的快速发展和工业化进程的加快，环境污染问题在我国日益凸显。污染是典型的负外部性，是市场失灵的表现。政府管制是我国和其他国家经常用到的应对污染外部性、弥补市场失灵的方法，但却是成本较高的污染治理手段。征收环境税和发放污染许可证通过内化污染成本、改变激励促使企业减少污染，具有显著的成本优势，是低成本高效率保护环境的做法；二者在理论上具有等效性，都可以达到预定的污染控制水平，不能简单地认为应以一种方式替代另一种方式，它们并非互相替代的不相容关系，而是适应不同条件的可供选择的环境规制工具。环境规制须使上述政策相互配合、协同作用，才有望取得预期治理效果。

关键词：环境税；污染许可证；环境规制；市场失灵；政策选择

随着经济的持续快速发展，工业化进程中出现的环境难题在中国呈现集中式爆发之势。近几年每到秋冬季节，我国中东部地区遭遇持续雾霾天气，广大民众倍感健康遭受威胁而叫苦不迭。除气象原因外，雾霾天气的形成主要是污染排放所致。根据环境保护部2013年4月通报的2012年全国环境质量概况，国家环境监测网监测数据表明：2012年城市环境空气污染形势严峻。依据《环境空气质量标准》（GB3095 - 2012）对 SO_2、NO_2 和 $PM10$ 进行评价，全国325个地级以上城市达标比例仅为40.9%。也就是说，我国有近60%的城市空气质量不达标。另据国家环保总局和国家统计局联合发布的《中国绿色国民经济核算研究报告2004》表明，由于大气污染每年造成全国近35.8万人死亡。世界银行的资料揭示，污染最严重的全球30个城市中，中国占据了 20 个之多。综合各方披露的信息，我国环境污染问题已然十分严重，不容乐观。

依据公共经济学理论，污染是典型的负外部性问题，是市场失灵的表现。正如前世界银行首席经济学家斯特恩（Nicholas Stern）在《斯特恩报告：气候变化经济学》中所言，气候变化是迄今为止我们遇到的最大的市场失灵的例子。由此看来，一方面是市场机制表现出的无能为力；另一方面，面对社会公众对洁净空气和环境品质的迫切需求，政府介入污染治理并对污染企业加以规制，具有无可辩驳的逻辑起点。那么，政府在环境规制时有哪些工具可供选择？不同规制工具的作用机制、市场条件及其规制效果如何？政府如何选择恰当的规制工具达到污染控制目标，协调环境保护与经济增长的关系，解决水污染、大气污染等诸多关系民生的重大问题？探讨这一系列问题具有显著的理论意义和实践价值。

1. 可供选择的环境污染规制工具类型及其理论依据

污染是公共经济学中负外部性的经典例子。企业生产过程中排放的污染物对环境造成污染，如污染水源、空气或土壤等，周边居民深受其害，但企业造成污染的这部分成本并不计入其生产的产品成本中，导致生产的社会成本大于企业成本（私人成本），即出现成本外溢（或称负外部性、外部不经济）现象。进一步地，反映企业生产边际成本的供给曲线与市场需求曲线相交所确定的市场均衡价格和均衡数量并不代表从社会角度看的最适（或最优）量，两者出现偏离。只要污染环境的成本不由污染企业承担，作为追求利润最大化的"理性人"，污染企业就不会花费代价防治环境污染、保护自然资源。而市场对此无能为力，这就出现通常所说的由外部性而致的"市场失灵"。

当污染等负外部性问题使市场配置资源出现无效率的结果时，政府可以用两类方法对其做出反应以弥补市场失灵：一是直接的政府管制。如政府环境保护机构规定企业可以排放的最高污染水平或强令企业采用某项减少排污量的技术。政府管制是我国和其他国家经常用到的方法。经济学家普遍认为政府管制是成本较高的污染治理手段。二是以市场为基础的政策，通过内化污染成本、改变激励促使企业减少污染。以市场为基础的政策具体可分为两种：一种是向污染企业提供符合社会效率的激励，如征收污染矫正税（corrective tax）或称"庇古税"（Pigovian tax）——最早由福利经济学的创始人英国经济学家阿瑟·庇古（Arthur Pigou）提出。另一种以市场为基础的政策是发放污染许可证或污染权交易。

庇古于1920年首先提出税收可以用来矫正外部性，当征收的每单位环境税等于边际社会损失时，环境税率就达到最优，这个最优税率被称为"庇古税率"。污染矫正税（或庇古税）设计的初衷并非用于满足财政收入功能，而是旨在矫正污染的负外部性，是内化污染成本的行为目的税，体现的是寓禁于征的政策设计意图。与直接的政府管制比较，经济学界更青睐的是以市场为基础的政策。环境税成为很多国家环保政策的重要选项，在OECD国家，环境税大约占其税收总收入的6%（丹麦甚至高达9%）[1]。环境税比政府管制更有效，是因为：第一，环境税减少污染的成本低于管制。管制规定的是污染量，要求每个企业等量减少污染。由于企业减少污染的成本有高有低，等量减少并不是达到既定污染控制目标成本最低的做法。环境税规定了污染权的价格，它把污染权分配给减少污染成本最高的工厂，能以最低的总成本达到污染控制目标。第二，环境税比管制更有利于激励企业从事环保技术开发。管制政策下，一旦企业达到环保机构要求的排污水平，就没有激励再减少排污；而环境税激励企业开发更环保的技术以减少支付的环境税成本。第三，环境税与引起超额负担（或无谓损失）、扭曲市场决策的其他税收不同，它使资源配置向社会最适水平移动，反而提高了经济效率。当然，环境税备受推崇的原因还在于它可能产生所谓的"双重红利"：第一份红利是环境质量的改善，第二份红利是征收环境税可以相应减少其他产生扭曲效果的税收额（如对劳动所得的征税），税收超额负担将减少，社会福利增加。如果再加上环境税可能产生的"就业红利"，甚至有所谓的"三重红利"存在。

政府确定环境税水平的理论依据是污染企业产生的外部成本大小[2]。假设污染企业钢加工厂S，生产钢的数量为s，在生产过程中排放污染物x进入河流。企业F是河流下游的渔场，其生产受到钢厂的不利影响。假设钢厂S的成本函数为$c_s(s,x)$，其中s是钢产量，x是排放到河流中的污染物数量。企业F的成本函数为$c_f(f,x)$，其中f是鱼产量，x是污染物数量[3]。

钢厂的利润最大化问题是

$$\max_{s,x} p_s s - c_s(s,x)$$

渔场 F 的利润最大化问题是

$$\max_{f} p_f f - c_f(f,x)$$

钢厂利润最大化条件是

$$p_s = \Delta c_s(s^*, x^*)/\Delta s$$
$$0 = \Delta c_s(s^*, x^*)/\Delta x$$

对于渔场来说是

$$p_f = \Delta c_f(f^*, x^*)/\Delta f$$

上述条件表明，按照利润最大化条件，每种产品（钢和污染）的价格应该等于它的边际成本。污染是钢厂的产品之一，根据假定，它的价格为零。因此确定使利润达到最大化的污染供给量的条件说明，在新增 1 单位污染的成本为零之前，污染还会继续产生。随着污染增加而增加的渔场的成本是生产钢的一部分社会成本，钢厂对这部分成本是忽略不计的。从社会角度看，钢厂产生的污染总是太多，因为钢厂忽略了这种污染对于渔场的影响。那么，考虑社会成本的钢厂和渔场的帕累托有效率生产计划如何确定？找到答案的一个办法是合并两个企业，将外部效应内部化，同时考虑污染对钢厂和渔场的边际成本的影响。合并企业不再排放污染的条件（边际成本为零）变为：

$$\Delta C_s(\hat{s}, \hat{x})/\Delta x + \Delta C_f(\hat{f}, \hat{x})/\Delta x = 0$$

假设政府决定对钢厂排放的每单位污染征收 t 元税金。钢厂利润最大化问题于是就变成：

$$\max_{s,x} p_s s - c_s(s,x) - tx \tag{1}$$

企业利润最大化的条件将是：

$$p_s - \Delta c_s(s,x)/\Delta s = 0 \tag{2}$$
$$-\Delta c_s(s,x)/\Delta x - t = 0 \tag{3}$$

由式（2）和式（3）可知，目标函数即利润最大化条件是：

$$p_s = mc_s \tag{4}$$
$$t = mc_f \tag{5}$$

因此当条件满足：价格等于生产的企业边际成本、税率等于污染物排放的社会边际成本（本例中为钢厂新增污染加给渔场的成本）时，才能达到帕累托状态的有效污染水平。

以环境税治理污染的一个问题是，如何确保税收水平反映或等于污染引起的社会边际成本，即税率水平应该如何确定？以碳税税率为例，最优碳税应等于1单位碳排放造成的净外部性的贴现值加上减排的边际成本，这意味着碳税应体现环境成本与治理成本之和。如果政府缺乏相关的充分信息，制定的税收水平不足以反映污染的社会边际成本及治理成本，就难以达到污染控制的既定目标。以我国为例，由于排污费（相当于排污税的准税收形式的政府收费）标准偏低，对超标排放处罚较轻，甚至有些企业通过比较，发现超标排污的经济利益大于超标排污所交罚款，竟自愿选择超标排污。例如，从排污收费情况看，我国排污收费标准仅为污染治理设施运行成本的50%，某些项目的收费甚至不到污染治理成本的10%[4]。因此，根据总体减排目标确定合理的税率，是一个难题，实践中可通过税率的逐渐调整来达到既定目标。

美国经济学家戴尔斯（J. H. Dales）在科斯定理引入产权和价格机制的基础上，于1968年首次提出"污染权"概念。他建议政府把污染废物分割成一些标准的单位，无偿（免费）分配或有偿（拍卖）分配一定数量的"污染权"给企业，并准许污染企业之间自愿交易排污权。20世纪70年代初蒙哥马利应用数理经济学方法证明了排污权交易体系具有污染控制的效率成本，即实现污染控制目标最低成本的特征。1990年由美国在"清洁空气法"（Clean Air Act）第4条酸雨计划中采用[5]。美国SO_2排污交易政策实施取得了很好的环境效益和经济效益：不仅大大减少了SO_2排放，而且许可证市场价格大大低于预期，节约了减排成本[6]。排污权交易相当于创设了一种新的市场——污染权市场。在这个市场上，企业之间交易一种稀缺的资源——排污权。市场的供给一方是拥有排污许可证而污染减排成本低的企业，如果该企业排放了少于初始分配的额度，那么就可以出售剩余的额度，需求一方是污染减排成本高的企业，该企业排放量超过初始分配的额度，必须购买额外的排放权，以避免招致政府的罚款或制裁。市场供求双方的力量最终决定排污权价格，"看不见的手"将保证该市场有效配置其稀缺资源——排污权。排污权交易的关键是排污权的初始分配，可依据历史排放水平免费分配，也可以采取拍卖方式。为了给企业灵活性,排放权也可以允许储备和预支等。

2. 环境税与许可证交易的实践例证及其政策设计的等效性

环境税在发达国家已实施多年,比如荷兰有燃料使用税、废物处理税和地表水污染税;德国有矿物油税和汽车税;奥地利有标油消费税;部分 OECD 成员国还有 CO_2 税和噪音税等。广义的环境税指以生态保护为目的所有相关税种。依照不同的税基,欧盟统计局把环境税分为污染税、能源税、交通税和资源税 4 种。狭义的环境税则是对排放废气、污水、固体废弃物以及噪音等征收的税。我国酝酿多年要开征的环境税即指后者[7]。面对气候变化和环境生态危机,以市场机制解决碳减排的方法——碳税和碳排放权交易则成为环境税和污染权交易的最新实践例证。碳税是对 CO_2 排放所征收的税,它以环境保护为目的,希望通过削减 CO_2 排放量来减缓全球变暖。自 20 世纪 90 年代起,一些北欧国家率先开征碳税,至今已有 10 多个欧盟国家征收碳税,包括丹麦、瑞典、荷兰、挪威、德国和英国等国家。而世界第一个碳排放交易体系——欧盟排放交易体系(European Emissions TradingScheme,简称 EU ETS)于 2004 年确立。以此为肇端,全球碳权交易市场呈爆炸式增长,碳交易额从 2005 年的 110 亿美元上升到 2010 年的 1400 多亿美元[8]。中国作为世界最大的 CO_2 排放国,在 2009 年哥本哈根世界气候峰会上,向世界承诺 2020 年单位 GDP 排放的 CO_2 比 2005 年下降 40%～45%。中国从 2008 年在北京、上海、天津成立环境交易平台开始,尝试引入碳交易市场机制,实现符合成本效益原则地减排和低碳技术的提升。2011 年又明确在北京、天津、上海等 7 省市开展碳排放权交易试点,拟于 2013 年各自建成碳市场,通过设立 7 个地区性碳排放交易市场,获得通过市场机制降低 CO_2 排放量的经验,到 2015 年逐步拓展到全国范围,为地区性碳排放交易市场设立通行规则,这些市场未来将构成一个统一的国家级的 ETS(Emissions Trading Scheme)。

从环境税和排污权交易政策设计的实质看,环境税(矫正税)建立在价格原则基础上,而排污权交易(污染许可证)是建立在数量原则基础上的。环境税确定了污染的价格,把污染权分配给减少污染成本最高的企业。与直接管制手段不同,环境税是达到既定的环保标准成本最低的办法,并且纳税企业也有开发清洁技术的激励。污染许可证使得排污权从一个企业向另一个企业转移，最终形成污染许可证交易市场，一方付费，另一方转让特定数量的排污权。使用矫正税，排污企业向政府交税；使用污染许可证，排污企业须付费购买许可证。矫正税和污染许可证都是通过使企业产生排污成本而将污染的外部性内在化。

从经济分析的角度，矫正税和污染许可证在理论上具有等效性，都可以达到预定的污染控制水平，具体如图1所示。图1中向右下方倾斜的污染权需求曲线表明，污染价格越低，企业选择的排污量越多。图1（a）中，矫正税确定污染的价格。污染权供给曲线为一条完全弹性的水平线，意味着企业纳税即可排污，排污量无限供给。可见，政府制定反映污染成本的税率水平至关重要。图1（b）中，污染量由政府发放的污染许可证决定，污染权供给曲线为完全无弹性的一条垂线，供给曲线的位置由许可证决定的排污数量固定。

（a）矫正税　　　　　　　　　（b）污染许可证

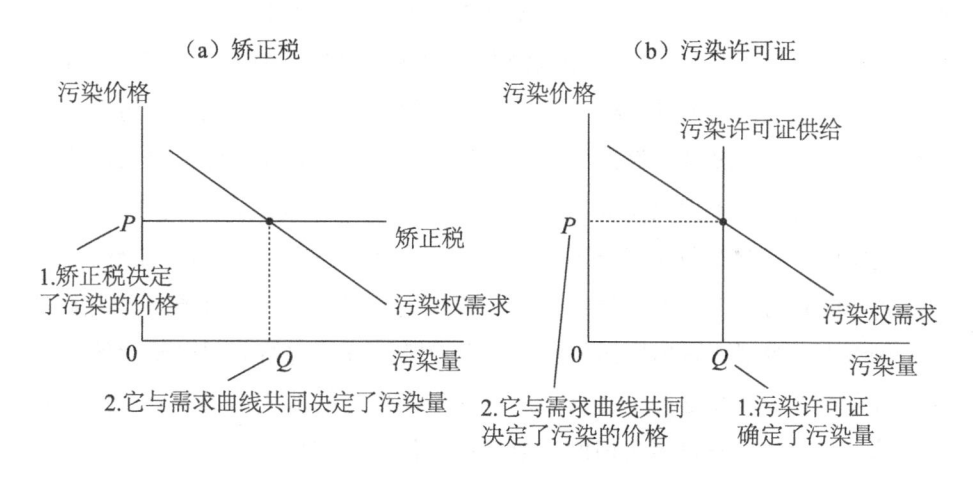

图1　矫正税与污染许可证的等效性

以碳税和碳权交易的实践为例，二者的共同之处在于都是通过市场形成碳价，排碳企业必须为污染支付代价，无论是以缴碳税的形式还是支付污染许可证价款的形式，两种政策手段都能实现将污染成本内在化而由污染企业负担，都可达到既定的减排目标。碳权交易的核心是事先固定碳排放的总水平，并使得单位排放的价格随供求而变动。碳税刚好相反，是确定单位污染物排放的价格，而总体排放水平是不确定的，须经一定时间段的调整才能实现既定的污染控制目标。与此不同，碳权交易的最终污染控制目标和效果是既定的。

3. 不同环境规制工具的实施条件及污染减排的政策选择

既然环境税和排污权交易作为环境规制工具有殊途同归之效，那么为什么欧洲国家特别是斯堪的纳维亚地区国家特别热衷于对硫和二氧化碳及其他污染品使用"绿色税收"（这种税收为丹麦带来的收入占税收总收入的9%）。相比之下，美国更不愿意征收环境税，环境税只占总税收收入的3%，但美国却是实施排污权交易控制酸雨和减少二氧化硫排放最成功的国家。哪些因素制约着环境规制工具的不同模式选择，是值得思考的问题。

发育良好的市场机制对排污权交易尤为关键。排污权交易是通过市场参与者之间的自由交易形成市场均衡，达到环境质量控制的目标。中国的排污权交易试点，行政色彩较浓，多在政府介入下开展，并非严格意义上基于市场主体的交易行为。完善的市场机制是该项环境规制工具产生效率的基础，具体的影响因素包括市场结构和类型、信息的充分性和对称性、排污权交易的中介机构发展情况等。就市场结构和类型而言，完备且发育良好的竞争性市场是重要前提，排污权交易实现帕累托最优效率的前提是完全竞争市场。然而现实中不完全竞争市场比较普遍，市场的不完全竞争结构特征越突出，市场效率受到的影响越大。假如市场结构为垄断或寡头垄断市场，大企业拥有市场势力，控制和影响排污权价格，会使排污权的初始分配出现无效率结果，或是在寡头市场结构下，寡头之间的串谋也可能造成市场低效。信息充分和信息对称是市场效率实现的重要假设。信息不充分条件下，市场主体获取或掌握的信息不足以使市场主体做出理性判断或决策。信息不对称是一方比另一方拥有更多的有关经济信息。例如，与政府相比，污染企业更有信息优势，而政府处于信息劣势，排污企业更清楚自己的减排成本，更了解自己开发清洁技术的能力。发达国家的成功经验是，通过运用现代先进技术手段，企业安装先进的在线监测设备并与政府环境规制部门联网。借助于计算机平台的排放跟踪、审核调整及许可跟踪系统，确保企业、管理者及社会公众实时掌握排污状况和许可证交易状况，使相关信息得以及时披露并透明化，保证实现许可证交易的效率。污染许可证交易的成功实施还需要专业化中介机构[9]。例如，作为发达的市场经济体，美国有完善的证券交易市场和经纪人制度。企业需要中介机构在项目确立、建设和交易等环节提供专业化服务。缺乏专业性的排污权交易中介机构是我国开展排污权交易业务的掣肘因素。

相比污染许可证交易实施的诸多约束条件，环境税被认为是简便易行、管理成本和经济成本较低的方式。首先，环境税要求污染治理成本能够测算，只有矫正税大于污染治理成本，企业才会主动减少排放。然而，假如政府要达到既定的污染控制水平，而同时又缺乏企业减少污染的成本等相关信息，政府处于信息劣势、信息成本高昂时，发放固定数量的污染许可证并准许企业之间就排污权进行交易，则是更适合的方式。准确测算污染治理的成本是环境税有效实施的基本前提，环境税额或税率过低起不到促使减少排放的作用，环境税所能达到的污染治理水平不确定。其次，对污染排放征税，监管成本较高，需针对固定的污染源，因此污染主体易于分辨且相对集中是环境税成功实施的关键。如果主体过于分散，会加大环境税征管的难度。再次，环境税和许可证交易的选择还须考虑污染排放所致的环境损失与减排成本之间的动态关系而定。在环境损失随污染排放增加较小，同时污染减排成本增加较大的情况下，则适宜采用环境税手段缓解污染行为。相反，在环境损失随污染排放变动很大或环境治理失当的风险很大，同时污染减排成本增加较小的情况下，应采取许可证交易方式。这方面的典型例证之一是[10]：某发电站的烟囱污染导致污染受害者的发病率急剧上升，为消除污染需加装过滤设备，但其价格随治理效率的提高而增加，这种情况下，采用许可证交易是可行的规制手段。最后，若虑及污染企业为节约成本、获得利益向政府进行的寻租，将游说费用计入制度成本，那么环境税与许可证交易相比，更有优势，社会成本更低。

归结起来，环境税与排污权交易虽看似不同，但并不能简单地做出孰优孰劣的判断，以一种方式替代另一种方式，二者并非互相替代的不相容关系，二者都有其合理性，都是可供选择的环境规制工具，目前都被作为保护环境的低成本高效率做法。对于环境污染问题形势严峻、环境规制刚刚起步的我国而言，治理污染需将环境排放标准等管制政策、环境税、排污权交易以及其他环境经济政策相互配合，只有各种政策协同作用，才有望取得预期效果。

参考文献

[1] 伯纳德·萨拉尼. 税收经济学 [M]. 北京：中国人民大学出版社，2005：237.

[2] 吴旭东，李静怡. 刍议环境税的大棒与胡萝卜效应 [J]. 财经问题研究，2010 (4)：86-90.

[3] 哈尔·R. 范里安. 微观经济学：现代观点（第8版）[M]. 上海：格致出版社，等，2011：530-531.

[4] 苏明，许文. 中国环境税改革问题研究 [J]. 财政研究，2011 (2)：2-12.

[5] KOLK, A. Business responses to climate change：identifying emergent strategies [J]. California Management Review, 2005, 47 (3)：6-20.

[6] 葛察忠，王金南. 利用市场手段削减污染：排污收费、环境税和排污交易 [J]. 经济研究参考，2001 (2)：28-43.

[7] 吴俊培，李淼焱. 国际视角下中国环境税研究 [J]. 涉外税务，2011 (8)：22-25.

[8] 陈洁民. 新西兰碳排放交易体系：现状、特色及启示 [J]. 国际经济合作，2012 (11)：35-39.

[9] 马歆. 污染物减排政策效果比较 [J]. 技术经济与管理研究，2012 (4)：79-82.

[10] 张会萍. 环境税与污染权交易的比较分析及其现实选择 [J]. 财政研究，2002 (11)：66-68.

（本文原载于《财政研究》2014年第4期）

碳限额与碳交易下生鲜产品供应链协调研究[1]

田肇云　刘鑫

（北京信息科技大学经济管理学院）

摘要：在供应链低碳化背景下，考虑生鲜产品新鲜度和碳排放量对市场需求的影响，研究了碳交易政策下供应链的协调问题。首先分析了新鲜度维持成本和碳减排成本由生产商独自承担时的集中决策情景和分散决策情景；其次研究了零售商提供成本共担契约时双方的博弈过程，建立了零售方为主方，生产商为从方的 stackelberg 博弈，得到生产商最优新鲜度水平和碳减排量，零售商最优成本共担比例。研究结果表明：分散决策下的最优新鲜度提升水平和碳减排量低于集中决策下最优水平，供应链整体利润不能达到最优。但在一定取值范围内，成本共担契约决策能增加供应链双方的利润，达到集中决策水平，实现 pareto 改进。

关键词：新鲜度；碳交易；成本共担契约；stackelberg 博弈；供应链协调

中图分类号：F272.3　　　　**文献标识码**：A

1 引言

近年来，国内外专家学者普遍认为，人类在生产生活过程中产生的碳排放是导致温室效应的主要根源。随着《京都议定书》的制定，各国政府都在强调减少碳排放以降低对环境的危害。欧盟在 2005 年制定的"温室气体排放

---

[1] 基金项目：本文受北京社会科学基金（14JGB059）、北京信息科技大学 2015 年研究生科技创新项目（5111523505）资助。

交易方案"使碳排放量成为一种交易产品，低碳企业可以通过碳交易为企业增加收益，国外的一些国家已经开始在全国征收碳税，我国北京、上海、沈阳等7个地区试点了碳排放交易，相信日后也会逐渐适用于全国。清洁、高效、低排量的生产和运输方式会逐渐取代高耗能、多排放的传统方式，因此要大力支持和提倡企业采取碳减排措施。

传统生鲜产品供应链中，价格和产品新鲜度是影响市场需求量的两大重要因素，但是在提倡低碳环境的情况下，需要考虑碳排放对环境的影响，一些研究显示[1~2]产品生产过程中碳排放量会成为影响购买者决策的重要因素之一。孙峥[3]也指出碳排放权已经成为一种新型的特殊资源，对其的优化配置对企业运营管理有深刻影响。在碳交易情境下，减排不仅能降低企业对环境的污染，还可以为企业带来额外的碳交易收益。因此，探讨受新鲜度水平和碳排放约束影响的生鲜产品供应链协调问题具有重要的现实意义。

目前研究碳排放对供应链的影响的文献较多将碳排放作为单一影响因素进行讨论。但实际上，供应链是多因素的综合最优化。本文将针对生鲜农产品供应链，将新鲜度提升量和碳减排量作为决策因素，考虑低碳环境下成本分担契约是否能实现供应链协调以及实现协调时零售商承担的分担比例，对生鲜产品供应链决策具有现实意义。

2 问题描述及模型构建

本文考虑由单个生鲜产品生产商和单个生鲜产品零售商组成的两级供应链结构。在该结构中，生产商面临着生鲜产品新鲜度的要求和来自政府的碳排放约束；零售商虽然没有碳排放约束，但产品销售量却和产品新鲜度、碳减排量正相关，因此零售商需要设法激励生产商提高产品新鲜度，降低碳排放。本文主要分析碳交易下生鲜产品新鲜度提升决策、碳减排决策和双方成本分担比例，使得供应链能达到集中决策下的最优状态。

基本假设：

(1) 不考虑碳交易价格波动和缺货损失。

(2) 在一个交易过程中，生鲜产品生产商按照零售商订单付货，两者具有相同的市场需求。

(3) 新鲜度提升投入和碳排放投入均为一次性投资，不影响产品生产成本。

(4) 供应链双方是理性决策者。

符号说明（见表1）：

表1 相关符号及其意义

变量	意义	变量	意义
λ	生产商的单位产品初始排放量，$\lambda \geq 0$	D_0	不进行质量维护和碳减排是受价格等其他因素影响下的产品需求量，$D_0 > 0$
e	生产商单位产品减排量，$0 < e < \lambda$	α	需求对产品新鲜度的敏感系数，$\alpha > 0$
p_c	单位碳配额交易价格，$p_c > 0$	β	需求对产品减排量的敏感系数，$\beta > 0$
E	政府对生产者的碳排放限额，$E > 0$	D	市场需求，$D = D_0 + \alpha\theta + \beta e$
θ	产品新鲜度，$\theta \geq 0$	k_1	生产商新鲜度提升成本系数，$k_1 \geq 0$
c	单位生鲜产品生产成本，$c > 0$	k_2	生产商减排成本系数，$k_2 \geq 0$
w	产品批发价格，$w > c$	$c(\theta)$	产品新鲜度维持成本，$c(\theta) > 0$
p	产品销售价格，$p > w > c$	$c(e)$	产品减排成本，$c(e) > 0$

通过对问题的描述、基本假设和相关理论研究可知，随着对环境的重视，消费者愿意支付更高的价格购买环境友好的产品[4]，因此新鲜度越高、生产及运输过程碳排放越少的产品市场需求也会越高，为了讨论简便，设市场需求函数是新鲜度和单位产品减排量的线性函数，即 $D = D_0 + \alpha\theta + \beta e$。企业将碳排放作为衡量标准之一，政府为企业分配一定配额的碳排放权，当企业排放量低于该值的时候可以出售剩余配额以获利，当超过该配额时需花费额外成本购买，因此，生鲜农产品生产商可出售或购买配额的支出为 $p_c(E + e - \lambda)D$。新鲜度提升投入[5]和碳减排设施[6]投入为一次性投入，分别为 $c(\theta) = \frac{1}{2}k_1\theta^2$ 和 $c(e) = \frac{1}{2}k_1 e^2$。因此，生鲜产品生产商和零售商的利润函数分别为：

$$\pi_M = (w - c)D + p_c(E + e - \lambda)D - c(\theta) - c(e) \quad (1)$$

$$\pi_S = (p - c)D \quad (2)$$

3 模型的分析

基于上节对问题的描述和模型的构建，本节将对碳配额交易情况下供应链中零售商驱动的成本共担契约做进一步的研究。首先分析集中决策下生产商和零售商的新鲜度提升量、碳减排量，其次分别讨论所有成本由生产商完全承担的分散决策情景下变量的最优水平，最后分析碳配额交易情况下成本共担契约对决策变量的影响及相应的分担比例。

3.1 集中决策

在供应链集中决策情景下，以实现整个供应链系统期望利润最大化为整体目标，集中决策下供应链总利润表达式为：$\pi_{SC} = \pi_M + \pi_S$，将（1）式和（2）式带入可知：

$$\pi_{SC} = \pi_M + \pi_S = (p-c)D + (w-c)D + p_c(E+e-\lambda)D - c(\theta) - c(e) \tag{3}$$

对式（3）求和的二阶导数，可知 $\frac{\partial \pi_{SC}}{\partial \theta^2} = -k_1 < 0$，$\frac{\partial \pi_{SC}}{\partial e^2} = 2\beta p_c - k_2$，因为文章谈论的是最大化的最优减排量，所以 $2\beta p_c < k_2$ 满足条件，此时，π_{SC} 是 θ 和 e 的严格凸函数，所以存在唯一极大值点，令 $\frac{\partial \pi_{SC}}{\partial \theta} = 0$，$\frac{\partial \pi_{SC}}{\partial e} = 0$，求得集中决策下供应链最优新鲜度提升水平和最优减排量为：

$$\theta^{SC} = \frac{(p-c)\alpha + p_c(E+e-\lambda)\alpha}{k_1} \tag{4}$$

$$e^{SC} = \frac{(p-c)\beta + p_c(E-\lambda)\beta + p_c(D_0 + \alpha\theta)}{k_2 - 2\beta p_c} \tag{5}$$

3.2 分散决策

当生鲜产品生产商独自承担新鲜度提升成本和碳减排成本时，供应链上生产商和零售商分别从自身期望利润最大化做出相应决策，因此：

(1) 生产商最优决策

分散决策时，对式（1）求 θ 和 e 的二阶导数，可知 $\frac{\partial \pi_M}{\partial \theta^2} = -k_1 < 0$，$\frac{\partial \pi_M}{\partial \theta^2} = 2\beta p_c - k_2$。文章谈论的是最大化的最优减排量，所以 $2\beta p_c < k_2$ 满足条件，此时，π_M 是 θ 和 e 的严格凸函数，所以存在唯一极大值点，令 $\frac{\partial \pi_M}{\partial \theta} = 0$，$\frac{\partial \pi_M}{\partial e} = 0$，求得分散决策下最优新鲜度提升水平和最优减排量为：

$$\theta_M^D = \frac{(w-c)\alpha + p_c(E + e - \lambda)\alpha}{k_1} \tag{6}$$

$$e_M^D = \frac{(w-c)\beta + p_c(E - \lambda)\beta + p_c(D_0 + \alpha\theta)}{k_2 - 2\beta p_c} \tag{7}$$

(2) 零售商利润

由于文章认为零售商销售过程无碳排放且未考虑零售商的保鲜措施，所以零售商面临的市场需求和生产商的产品新鲜度与碳减排量相关，所以 $\pi_S^D = (p-c)D = (p-c)(D_0 + \alpha\theta_M^D + \beta e_M^D)$。

比较式（4）和式（6），式（5）和式（7），因为 $p > w > c$，所以 $(p-c)\alpha > (w-c)\alpha$，$(p-c)\beta > (w-c)\beta$，$\theta_M^D < \theta^{SC}$，$e_M^D < e^{SC}$，因此分散决策下的产品最优新鲜度提升水平和碳减排量小于集中决策时变量取值。分散决策下供应链总收益 $\pi_D = \pi_M^D + \pi_S^D = (p-c)D + p_c(E + e - \lambda)D - c(\theta) - c(e)$，只有当 $\theta = \theta^{SC}$，$e = e^{SC}$ 时，供应链整体才会取得最大期望利润值，而 $\theta_M^D < \theta^{SC}$，$e_M^D < e^{SC}$，所以分散决策时的总收益小于集中决策时的收益。

由上面分析可知，分散决策下生鲜产品新鲜度提升水平、碳减排量和供应链总收益都不如集中决策时情景，分散决策情景不能实现供应链协调，因此为了增加市场需求，提高产品新鲜度，增加企业减排量，实现供应链协调，本文在分散决策基础上设计了成本共担契约，以期达到供应链协调状态。

3.3 成本共担契约决策

由于市场需求受产品新鲜度和减排量影响，而新鲜度提升量和减排量由生产商决定，零售商作为直接接触市场的链上成员，为提高需求量会鼓励生产商进行新鲜度提升和碳减排措施，因此零售商在生产初期向生产商提出成本分担策略，对进行新鲜度提升的生产商承担其 $\varphi_1 c(\theta)$ 的新鲜度提升成本，对进行碳减排行为的生产商承担 $\varphi_2 c(e)$ 的碳减排成本。生产商根据零售商提供的成本分担比例 φ_1 和 φ_2 决定产品新鲜度提升水平和碳减排量，使得自身利润达到最大。这属于以零售商为主方、生产商为从方的 stackelberg 主从博弈，采用逆向求解方法，首先分析生产商的优化问题。

(1) 生产商的决策过程

当零售商提出承担一部分成本时，生产商的利润函数为：

$$\pi_M^C = (w-c)D + p_c(E+e-\lambda)D - (1-\varphi_1)c(\theta) - (1-\varphi_2)c(e) \quad (8)$$

对式（8）求 θ 和 e 的二阶导数可知，$\frac{\partial \pi_M^C}{\partial \theta^2} = -(1-\varphi_1)k_1 < 0$，$\frac{\partial \pi_M^C}{\partial e^2} = 2\beta p_c - k_2$。文章谈论的是最大化的最优减排量，所以 $2\beta p_c < k_2$ 满足条件，此时，π_M^C 是 θ 和 e 的严格凸函数，所以存在唯一极大值点，令 $\frac{\partial \pi_M^C}{\partial \theta} = 0$，$\frac{\partial \pi_M^C}{\partial e} = 0$，求得生产商决策下最优新鲜度提升水平和最优减排量为：

$$\theta_M^C = \frac{(w-c)\alpha + p_c(E+e-\lambda)\alpha}{(1-\varphi_1)k_1} \quad (9)$$

$$e_M^C = \frac{(w-c)\beta + p_c(E-\lambda)\beta + p_c(D_0+\alpha\theta)}{(1-\varphi_2)k_2 - 2\beta p_c} \quad (10)$$

比较式（4）和式（9），式（5）和式（10），如果成本分担契约能够实现供应链协调，那么就应该满足 $\theta_M^C = \theta^{SC}$，$e_M^C = e^{SC}$，因此可得：

$$\varphi_1 = \frac{p-w}{p-c+p_c(E+e-\lambda)} \quad (11)$$

$$\varphi_2 = -\frac{(w-c)\beta + p_c(E-\lambda)\beta + p_c(D_0+\alpha\theta)}{k_2[(p-c)\beta + p_c(E-\lambda)\beta + p_c(D_0+\alpha\theta)]} \quad (12)$$

此时需满足的变量取值范围 $-(p-c)\beta < p_c(E-\lambda)\beta + p_c(D_0+\alpha\theta) < -(w-c)\beta$。

(2) 零售商决策

成本共担契约下，零售商会主动承担一部分生产商的新鲜度提升成本和碳减排成本，在成本共担契约下，零售商的利润函数为：

$$\pi_S^C = (p-w)D - \varphi_1 c(\theta) - \varphi_2 c(e) \quad (13)$$

为了实现供应链协调，在零售商利润函数中的 θ_S^C 和 e_S^C 应当和集中决策下一致，因此，对零售商的利润函数求 θ 的一阶和二阶导数可知 $\frac{\partial \pi_S^C}{\partial \theta} = (p-w)\alpha - \varphi_1 k_1 \theta$，$\frac{\partial \pi_S^C}{\partial \theta^2} = -\varphi_1 k_1$，因为 $\frac{\partial \pi_S^C}{\partial \theta^2} < 0$，所以存在唯一最优解使得零售商利润最大，求得该解为 $\theta_S^C = \frac{(p-w)\alpha}{\varphi_1 k_1} = \frac{(p-c)\alpha + p_c(E+e-\lambda)\alpha}{k_1} = \theta^{SC}$，满足条件。

对零售商的利润函数求 e 的一阶和二阶导数可知 $\frac{\partial \pi_S^C}{\partial e} = (p-w)\beta - \varphi_2 k_2 e$，$\frac{\partial \pi_S^C}{\partial e^2} = -\varphi_2 k_2$，因为 $\frac{\partial \pi_S^C}{\partial e^2} < 0$，所以存在唯一最优解使得零售商利润最大，求得该解为 $e_S^C = \frac{(p-w)\beta}{\varphi_2 k_2}$，将（12）式代入，令 $e_S^C = e^{SC}$，解得

$$\theta_S^C = -\frac{(p-w)\beta(k_2 - 2\beta p_c) + (w-c)\beta + p_c(E-\lambda)\beta + p_c D_0}{\alpha p_c} \quad (14)$$

将（14）式代入 e_S^C 可得

$$e_S^C = \frac{(p-w)\beta[1 + 2\beta p_c - k_2]}{k_2 - 2\beta p_c} \quad (15)$$

满足条件，此时需满足约束 $(w-c)\beta + p_c(E-\lambda)\beta + p_c(D_0 + \alpha\theta) < 0$。

所以，在成本共担契约中，零售商分担 $\varphi_1 c(\theta)$ 的新鲜度提升成本和 $\varphi_2 c(e)$ 的碳减排成本的情况下，只要满足 $\theta = \theta^{SC}$，$e = e^{SC}$ 就实现了生鲜产品供应链的协调。

进一步分析可知，在理性人假设前提下，必须满足成本分担契约下双方所获利润不小于分散决策时所获得的利润，双方才愿意接受该契约，即需要满足 $\pi_M^C > \pi_M^D$ 和 $\pi_S^C > \pi_S^D$，实现 pareto 改进。

根据式（9）和式（10）可知 θ_M^C 和 e_M^C 是使 π_M^C 利润最大时的新鲜度和减排量，则显然有 $\pi_M^C(\theta_M^C, \varphi_1) \geqslant \pi_M^C(\theta_M^D, \varphi_1)$，$\pi_M^C(e_M^C, \varphi_1) \geqslant \pi_M^C(e_M^D, \varphi_1)$，由于 $\varphi_{1,2} \in [0,1]$，根据（11）式和（12）式，所以 $\pi_M^C(\theta_M^D, \varphi_1) \geqslant \pi_M^C(\theta_M^D, \varphi = 0) = \pi_M^D$，$\pi_M^C(e_M^D, \varphi_1) \geqslant \pi_M^C(e_M^D, \varphi = 0) = \pi_M^D$，因此 $\pi_M^C > \pi_M^D$。

同理，φ_1 和 φ_2 是使成本分担契约下的供应链达到协调状态的成本分担比例，θ 和 e 是 φ 的函数，而 θ^C $(\varphi=0)$ $=\theta^D$，e^C $(\varphi=0)$ $=e^D$，因此 π_S^C (θ,φ_1) $>\pi_S^C$ $(\theta,\varphi=0)$ $=\pi_S^D$，$\pi_S^C=\pi_S^C$ (e,φ_2) $>\pi_S^C$ $(e,\varphi=0)$ $=\pi_S^D$。

综上所述，$\pi_M^C>\pi_M^D$，$\pi_S^C>\pi_S^D$，成本共担契约能实现利润 pareto 改进。所以在满足
$$\begin{cases} 2\beta p_c < k_2 \\ -(p-c)\beta < p_c(E-\lambda)\beta + p_c(D_0+\alpha\theta) < -(w-c)\beta \\ (w-c)\beta + p_c(E-\lambda)\beta + p_c(D_0+\alpha\theta) < 0 \end{cases}$$
的约束下，成本共担契约能达到集中决策状态，实现利润 pareto 改进。

4 结论与展望

在市场需求受产品新鲜度水平和碳减排量影响的情况下，提高产品新鲜度、降低碳排放一方面会增加生产商的成本，另一方面又可以提高市场需求，获得碳交易收入。本文研究了产品新鲜度和碳排放量由生产商决定，零售商为了提高市场需求向生产商提出成本共担契约的情景，通过建立零售商为主方、制造商为从方的 stackelberg 主从博弈，求出了零售商的最优成本共担比例及生产商的最优新鲜度提升水平和最优减排量，对比了分散决策和成本共担契约决策下供应链双方的利润，证明了注重产品新鲜度和碳减排量环境下成本共担契约能增加市场需求，实现供应链协调和企业利润 pareto 改进。

最后，文章为了计算推导方便，假定需求是依赖新鲜度和减排量的确定性需求，而实际中更多的是随机需求，因此随机需求下成本共担契约是未来进一步研究的问题。

参考文献：

[1] Vanclay J., Shortiss J., Aulsebrook S.. Customer response to carbon labelling of groceries [J]. Journal of Consumer policy, 2011, 34 (1): 153 – 160.

[2] 周应恒，吴丽芬. 城市消费者对低碳农产品的支付意愿研究——以低碳猪肉为例 [J]. 农业技术经济, 2012 (8): 4 – 12.

[3] 孙峥，王凤忠，营刚. 基于碳交易的供应链企业生产及减排机制研究

[J]. 物流技术, 2014 (5): 372-376.

[4] Liu Z. G., Anderson T. D., Cruz J. M.. Consumer environmental awareness and competition in two-stage supply chains [J]. European Journal of Operational Research, 2012 (218): 602~613.

[5] 颜波, 叶兵, 张永旺. 物联网环境下生鲜农产品三级供应链协调 [J]. 系统工程, 2014, 1 (32): 48-52.

[6] 夏良杰, 赵道致, 李友东. 基于转移支付契约的供应商与制造商联合减排 [J]. 系统工程, 2013, 31 (8): 39-46.

城市居民生活垃圾按量缴费行为意向研究

秋春童[1]

(北京信息科技大学经济管理学院)

摘要：城市居民生活垃圾收费是城市生活垃圾管理的重要组成部分。相对于生活垃圾定额收费政策，居民按量缴费更有助于实现垃圾减量化的目标。本文基于计划行为理论，通过设计并发放相关调查问卷，使用 Spss22.0 对回收的 500 多份调查问卷运用描述性统计、方差分析、探索性因子分析、回归分析等方法实证分析了环境态度、环境价值观、感知到的行为动力、主观规范和感知到的行为障碍对居民生活垃圾按量缴费行为意向的影响。得出以下研究结论：第一，居民的环境态度相对较强但对缴费行为意向的影响较弱。第二，环境价值观影响程度较小；感知到的行为障碍影响不显著。第三，居民感知到的行为动力和主观规范对缴费意向的影响程度较大。第四，居民性别、教育状况和家庭常住人口数量对居民按量缴费行为意向的影响均不显著；与男性相比，女性对于环境态度和按量缴费责任的认同度较高。第五，居民按量缴费行为意向与年龄、家庭月收入负相关，与居民所在小区物业费正相关。本文最后根据研究结论针对性地提出了关于城市居民生活垃圾按量收费的政策建议。

关键词：生活垃圾；按量缴费；影响因素；人口统计特征；缴费行为意向

---

[1] 作者简介：秋春童（1990—），女，汉族，安徽六安人，硕士。研究方向：环境经济与管理。

1 研究背景及意义

2015年5月5日，中国人民大学国家发展与战略研究院发布《中国城市生活垃圾管理状况评估研究报告》。报告称北京市生活垃圾收费偏低，垃圾处理成本远高于末端处置成本，垃圾减量化没有进展。

生活垃圾收费方式主要有定额收费和按量收费两种，前者无论垃圾排放量多少，对所有家庭实行统一价格（Fixed Fees），并随水电费或物业费捆绑征收；后者采用差别价格（Variable Fees），根据垃圾产生量的多少收取不同费用。按量收费又可分为按重量收费和按体积收费两类，由于按体积收费的收费成本相对低廉并简便易行，因此在发达国家得到了广泛应用。其中，按体积收费方式中使用最广泛的是按袋收费。

当前，我国城市生活垃圾收费（缴费）制度还处于摸索阶段，仍以定额收费方式为主。目前北京城市生活垃圾管理仍然按照2002年《北京市生活垃圾管理条例》的规定施行，虽然该条例第八条规定应按照多排放多付费，少排放少付费，混合垃圾多付费，分类垃圾少付费的原则收费。由于缴费金额与垃圾排放量无关，因此这种缴费方式对垃圾排放者的行为约束力差，导致垃圾管理的低效率。而从国外发达国家以及我国台湾地区治理生活垃圾的成功经验看，生活垃圾按量收费对垃圾减量化具有显著效果。这些国家和地区能成功地施行按量收费政策并建立成熟的城市垃圾管理制度离不开前期大量的调研工作和严格的法律监督机制。

按量缴费方式则充分体现了多排放垃圾多付费的环境治理原则，因此，从生活垃圾综合管理角度来看，按量收费政策具有显著的减量化效果。然而居民是否具有按量缴费意向继而转化为缴费行为，则是生活垃圾按量收费政策得以有效实施的关键。因此，有必要在微观层面上，对城市居民的生活垃圾按量缴费行为意向进行调研分析。

本文基于以上背景，从微观层面入手，以计划行为理论为理论依据对我国居民生活垃圾按量缴费行为意向进行研究，并建立城市居民生活垃圾按量缴费行为意向的理论模型，研究居民按量缴费的影响因素，分析这些因素对居民具体缴费行为意向的影响找出关键因素，并以此对我国生活垃圾按量收费政策的制定和实行提供思路和参考建议。

2 文献回顾

研究居民行为模式及其影响因素的理论主要有 Ajzen（1991）[1]的计划行为理论（Theory of Planned Behavior）和理性行为理论（Theory of Reasoned Action），计划行为理论是理性行为理论的进一步发展，目前已经广泛应用于环境行为的研究。计划行为理论有 5 个基本要素，分别是态度（Attitude）、主观规范（Subjective）、知觉行为控制（Perceived Behavioral Control）、行为意向（Behavior Intention）和行为（Behavior）。Ajzen 认为，态度、主观规范、知觉行为控制这三个因素都是通过直接影响行为意向而间接地影响了行为。近年来，该理论广泛地应用于回收行为、消费行为、节约行为、环保行为等多个行为领域研究。本文对居民生活垃圾管理及缴费行为的研究，也建立在计划行为理论基础之上。

我们把研究视角放在包括生活垃圾管理在内的环境行为研究领域，以便更全面地了解居民的环境行为意向及其影响因素的关系。由于这类研究的数量比较多，这里仅对近几年具有代表性的国外文献做一个梳理和回顾。

大多数研究认为，居民环境行为受到环境行为意向的直接影响，同时受到环境态度等因素的间接影响。在影响环境行为的因素中，环境态度❶是研究最多的预测变量，特定的环境态度对环境行为具有重要影响。Onur S.，Timothy C.（2014）[3]注意到，关注环境保护的家庭在日常用电时比较保守，环境态度直接影响能源消费行为。人们对环境造成的问题会随着环境态度的转变而改变。Michele T. 等（2004）[4]认为，友好的亲环境态度是影响居民生活垃圾回收行为的主要变量。关于环境态度对支付行为意愿的研究，多数学者认为，二者之间存在较强的关联关系。Natalia L. M. 等（2015）[5]认为，环境态度越倾向于环境保护，居民购买汽车的支付意愿越低。Jones N. 等（2010）[6]

---

❶ 环境态度，是指个体对与环境有关的活动、问题所持有的信念、情感、行为、意图的集合。此为李新秀等（2010）[2]通过述评国外环境态度研究文献，总结出的较为权威的定义。

在垃圾收费管理领域，Murugadas R. 等（2014）[7]在旅游消费领域，Bryan W. 等（2014）[8]在绿色产品消费领域，分别证实了居民的环境态度、环境知识与缴费行为意愿成正比。

Stern D.（1994）将环境价值观分为利己主义的环境价值观、利他主义的环境价值观和生态中心的环境价值观[9]。吴钢、许和连（2014）认为目前国内外关于环境价值观的研究主要表现为居民环境意识的研究。在其关于湖南省公众生态环境价值观的研究中从环保事业奉献观、经济环境关系观、环境问题认知观、环境状况满意度四个层面研究公众的环境价值观[10]。当前研究环境价值观多从调查问卷的数据分析入手，而测量环境价值观的变量与环境态度、环境素养、环境意识的界限并不明确，比较模糊。

除了环境态度和环境价值观，许多文献还分析了感知到的行为控制、感知到的行为动力和主观规范对居民环境行为的影响。Astrid de L.（2015）认为，态度、描述性主观规范对行为意向产生独立影响，感知到的行为控制和行为意向对行为产生显著影响[11]。Rafia A. 等（2013）通过分析马来西亚家庭报废电子电气设备管理中公共知识、公共意识和支付意愿之间的关系，证实了环境认知与居民的支付意愿成正比。其研究显示，在吉隆坡的 5 个居民区 350 户家庭的调查数据中，大约有 69% 的家庭具备电子垃圾危害的环境和健康环保知识，有 59% 的家庭表示他们在购买电子产品时会考虑环境因素[12]。María A. V.（2013）通过研究发现，动机和认知的有效性以及知识能够显著影响大学生的环境行为，是解释具有环保倾向（Pro-environmental）行为的重要因素[13]。在计划行为理论中，主观规范、感知到的行为控制、感知到的行为动力是三个重要的心理变量。

此外，虽然国内从人口特征角度研究居民环境管理行为的文献较少，但国外已有许多研究从人口统计特征❶角度，分析了人口特质对行为意向和行为产生的差异性影响，多数研究认为，年龄、教育、收入等统计变量对居民的

---

❶ 人口统计特征：用统计数字来表明人口现象各方面的特征，属于社会经济统计的一个组成部分。主要涉及人口数、性别、年龄、民族、阶级、职业、宗教信仰、经济收入、文化水平、人口的出生、死亡、迁移的变动以及人口地区分布、婚姻状况和生育情况等。此为李剑华（1984）所给出的定义。

缴费行为影响较大，但是对于何种影响，结论并不统一。Hilary N. 等（2007）[14]在调查加州家庭愿意支付电子垃圾回收费用时发现，35岁以下的调查者相对35岁以上者、年收入在40000美元以下的家庭相对40000美元以上者、没有大学学历的调查者相对有大学学历的，具有较强的支付意愿。而 George H. 等（2014）[15]认为，教育和收入对水资源保护缴费行为意愿的影响显著，而且随着教育程度的提高，居民的支付意愿下降。但 Qingbin S. 等（2012）[16]通过澳门电子垃圾回收支付意愿研究，得出了相反的结论，他认为年轻人相比老年人支付意愿更强，而且随着居民教育程度和家庭收入的提高，居民的支付意愿逐渐增强。

由于上述国外研究者的国情背景、环境政策、文化背景与国内不同，其取得一致的研究结论是否适用国内情况需要进行验证。

3 模型构建与研究假设的提出

通过文献综述可以总结出，国外学者对微观环境行为的研究主要基于心理学、社会学、环境学的理论框架，以计划行为理论为理论依据，分别从行为人的态度层面、价值观或者情感层面、心理层面的某个角度，探究影响微观行为主体环境选择行为的相关因素。不过，虽然上述研究涉及环境行为管理的各个领域，但是，一方面，综合分析态度、价值观、心理诸因素影响居民行为意向的文献并不多见，而且由于国外研究者的国情背景、环境政策、文化背景、居民人口属性与国内不同，其研究结论是否适用国内情况需要进行验证；另一方面，由于部分研究没有兼顾人口统计特征变量与其他影响因素的关系，导致研究结论并不全面。因此，有必要依据国内的国情环境和居民的行为特点，整合重要变量综合分析影响居民垃圾按量缴费行为意向的因素及其影响程度。

本文以计划行为理论的框架模型作为理论基础，以北京市居民为被试对象，研究环境态度因素、价值观因素、心理因素对居民按量缴费行为意向的影响。其中，环境态度因素由垃圾缴费状况感知、垃圾问题认知两个变量进行测量；价值观因素由环境价值观（一般环境态度）、垃圾缴费价值观（特定环境态度）两个变量进行测量；采用认知行为控制、认知行为动力和主观规范三个变量测量居民的心理因素。由于本文研究的区域是北京市，北京市目前尚未实行生活垃圾按量收费政策，而情境因素调节作用只是调节行为意向与行为之间的关系。因此本文只研究内外部影响因素和社会人口统计变量对居民生活垃圾按量缴费意愿的影响。确定研究框架如图1所示。

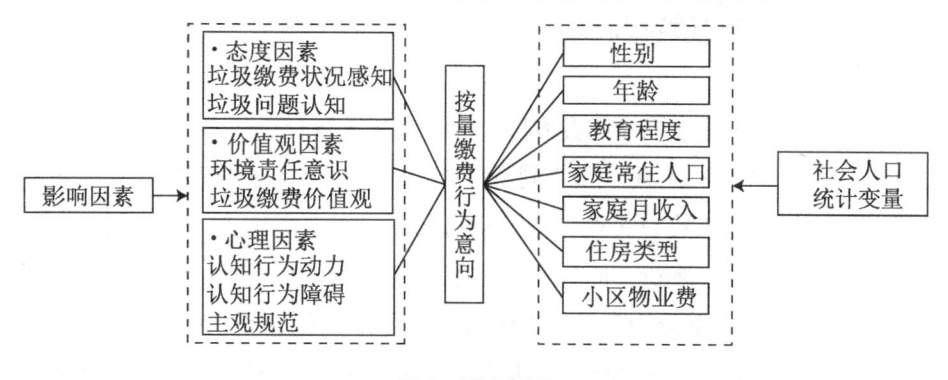

图1 研究框架

由以上研究框架我们提出以下研究假设：

H1 环境态度对居民生活垃圾按量缴费行为意向有显著正影响。

H2 环境责任意识对居民生活垃圾按量缴费行为意向有显著正影响。

H3 垃圾缴费价值观对居民生活垃圾按量缴费行为意向有显著正影响。

H4 感知到的行为动力对居民生活垃圾按量缴费行为意向有显著正影响。

H5 感知到的行为障碍对居民生活垃圾按量缴费行为意向有显著负影响。

H6 主观规范对居民生活垃圾按量缴费行为意向有显著正影响。

H7 居民性别对居民生活垃圾按量缴费行为意向有显著影响，且女性更突出。

H8 居民年龄的增加与居民生活垃圾按量缴费行为意向有显著的负向关系。

H9 居民的教育状况与居民生活垃圾按量缴费行为意向呈显著的正向关系。

H10 居民的家庭常住人口数与居民生活垃圾按量缴费行为意向有显著的正向关系。

H11 居民家庭平均月收入与居民生活垃圾按量缴费行为意向有显著的正向关系。

H12 居民住房类型与居民生活垃圾按量缴费行为意向有显著的正向关系。

H13 居民所在小区物业费与居民生活垃圾按量缴费行为意向有显著的正向关系。

4 研究方法及数据收集

本文主要运用社会统计调查方法，以李克特5级量表，"不同意""不太同意""一般""大致同意"和"同意"作为统计工具用于数据收集。一般情况下李克特量表的级数为5点时数据最可靠，当级数高于5级时，受访者很难进行有效的区分和辨析。问卷根据上述理论模型进行设计。问卷分为两部分共33道题。第一部分为问卷的主体部分，问卷的第二部分为受访者的社会人口统计变量。问卷的主体部分根据理论模型中影响因素、居民按量缴费行为意向设计为两部分。其中影响因素分为环境态度因素、价值观因素和心理因素共21个题项，缴费意愿部分共4道题。按量缴费激励措施1道题，问卷的第二部分主要为社会人口统计变量共6道题。

本研究主要运用社会统计调查方法，研究过程包括以下步骤：（1）问卷设计，采用李克特5级量表，"1＝不同意""2＝不太同意""3＝一般""4＝大致同意"和"5＝同意"作为统计工具进行数据收集。问卷中人口统计特征包括个人特征和家庭特征共有7个题项，居民的环境态度共有2个题项，居民生活垃圾按量缴费行为意向共有4个题项；（2）数据收集与分析，包括问卷可靠性检验、效度检验研究变量的描述性统计分析、相关分析、人口统计变量的方差分析，分层调节回归和Logistic回归分析；（3）得出研究结论并提出政策建议。

问卷调查主要在北京市的东城区、西城区、朝阳区、海淀区、丰台区和石景山区展开。问卷随机发放给在本校就读的家庭住址位于上述六城区的本科生，每人拿5份问卷带回家中，发放给同一住宅小区的其他人员（考虑到学生对生活垃圾收费没有感性认识，本次调查问卷学生不填写），问卷填好后收齐交回。采用此种方法共发放800份调查问卷，回收603份，其中有效问卷542份。

5 信度与效度检验

5.1 信度检验

在对量表进行统计分析之前首先进行信度检验,信度检验是测量问卷的一组问题是否测量同一个概念,即量表的一致性。在态度量表中通常使用克朗巴哈系数检验。

量表的内在信度系数在 0.8 以上,问卷的内在一致性较强[17]。而信度系数在 0.65~0.70 之间是最小可接受值,0.7~0.8 之间相当好。问卷的总体信度为 0.854,所以这 21 个题项可以稳定地衡量影响因素这一概念。Nunnally(1967)认为探索性分析与验证性分析中信度判断有区别,在探索性分析中,信度系数的最低要求标准应在 0.5 以上,而验证性分析中信度系数应在 0.8 以上[18]。由于本文是探索性分析,从表 1 的数据可以看出,环境态度、缴费问题感知、缴费价值观、感知到的行为动力和主观规范的信度系数均在 0.5 以上。其中感知到的行为障碍中第 20 题是反向题项,所以测的信度系数为负。而综合分析影响因素 21 道题的信度系数为 0.726,行为意向 4 道题的信度系数为 0.837 且问卷总体的信度系数为 0.854,在探索性分析中比较高,可以做进一步研究。

表 1 信度检验

变量	题项	Cronbach α	项目个数
环境态度	Q1—Q2	0.72	2
环境责任意识	Q3—Q5	0.52	3
缴费价值观	Q6—Q10	0.734	5
感知到的行为动力	Q11—Q14	0.770	4
感知到的行为障碍	Q15—Q18	0.199	4
主观规范	Q19—Q21	0.662	3
影响因素	Q1—Q21	0.726	21
行为意向	Q22—Q25	0.837	4
量表总体	Q1—Q25	0.854	33

表2 项目总体相关系数

	项已删除的刻度均值	项已删除的刻度方差	校正的项总计相关性	多相关性的平方	项已删除的Cronbach's Alpha 值
Q1	83.27	95.963	.233	.363	.707
Q2	83.22	93.699	.339	.467	.700
Q3	83.04	93.038	.374	.622	.697
Q4	83.27	91.764	.377	.634	.696
Q5	84.62	100.027	-.008	.231	.727
Q6	84.35	100.731	-.037	.303	.730
Q7	83.57	93.333	.315	.507	.701
Q8	83.46	93.361	.315	.557	.701
Q9	83.51	93.757	.305	.495	.702
Q10	83.63	89.794	.516	.426	.686
Q11	84.19	91.046	.369	.408	.696
Q12	83.59	91.560	.430	.400	.693
Q13	83.88	90.433	.448	.524	.690
Q14	83.83	89.529	.478	.476	.687
Q15	83.12	104.918	-.200	.080	.741
Q16	83.44	100.231	-.009	.138	.726
Q17	83.78	103.390	-.140	.201	.738
Q18	83.60	98.569	.066	.167	.720
Q19	83.54	91.960	.433	.331	.693
Q20	83.85	91.095	.396	.385	.694
Q21	84.80	101.776	-.075	.165	.731
Q22	84.01	91.733	.434	.649	.693
Q23	84.73	91.121	.421	.478	.693
Q24	83.93	91.307	.453	.621	.691
Q25	84.05	89.628	.484	.519	.687

从表 2 可以看出，若删除 Q15，影响因素分量表的信度系数上升为 0.741；若删除 Q21，影响因素分量量表的信度系数上升为 0.731。接下来的分析中，我们将删除 Q15 和 Q21 保证问卷总体的一致性。

5.2 效度检验

由于本文所使用的问卷并不是成熟的量表，涉及的题项较多，需要进行探索性因子分析。Kaiser（1974）可以通过 KMO（Kaiser-Meyer-Olkin measure of sampling adequacy）的大小判定是否适合做因子分析。本文通过对问卷中删除 Q15 和 Q21 后对影响居民生活垃圾按量缴费行为意向的 19 个影响因素进行 KMO 检验，得到 KMO 值为 0.775。通常，KMO 大于 0.7 均适合做因子分析[19~20]。采用方差极大旋转法提取 5 个因子，因子分析的结果如表 3 所示：

表 3 因子分析

题项	1	2	3	4	5
			主因子		
Q3	0.817	0.106	0.168	0.113	-0.041
Q4	0.800	0.061	0.163	0.143	-0.018
Q2	0.734	0.007	0.202	-0.068	0.149
Q1	0.702	0.044	0.078	-0.051	0.132
Q5	-0.414	0.108	0.310	-0.407	0.208
Q8	0.059	0.847	0.084	0.072	-0.131
Q9	0.053	0.817	0.067	0.075	-0.025
Q7	-0.008	0.808	0.089	0.028	0.052
Q10	0.325	0.523	0.366	0.139	0.074
Q6	-0.397	0.422	0.065	-0.347	0.106
Q13	0.101	0.031	0.842	0.087	-0.048
Q14	0.038	0.178	0.761	0.119	-0.021
Q12	0.325	0.101	0.662	0.080	0.058
Q11	0.193	0.096	0.594	0.207	-0.296

续表

题项	主因子				
	1	2	3	4	5
Q20	-0.046	0.078	0.262	0.751	0.061
Q19	0.085	0.167	0.229	0.748	0.084
Q18	0.064	-0.027	-0.057	0.128	0.730
Q17	-0.083	0.027	0.051	-0.229	0.686
Q16	0.152	-0.021	-0.096	0.124	0.469

提取方法：主成分；旋转法：具有 Kaiser 标准化的正交旋转法；旋转在 6 次迭代后收敛。

与原量表相比，因子分析仅将环境态度与环境责任意识合并为一个因子，将新提取的因子 1 命名为环境态度（Environmental Attitudes），即居民对于当前环境问题和垃圾处理问题的态度；因子 2 环境价值观（Environmental Values），即居民对于"多排放多付费"的环境治理原则和自身缴费责任意识的认识；因子 3 感知到的行为动力（Cognitive Motivators），即哪些因素可以提高居民生活垃圾按量缴费的意向；因子 4 主观规范（Subjective Norm），即哪些外在的因素可以对居民生活垃圾按量缴费行为意向产生积极的引导作用；因子 5 感知到的行为障碍（Cognitive Barriers），即阻碍居民生活垃圾按量缴费行为意向的因素。提取的 5 个因子涵盖计划行为理论中的态度、主观规范和知觉行为控制三个方面内容，同时在心理学上也有合理的解释。

6　影响因素分层回归模型的构建

6.1　理论模型及研究假设调整

通过第三节因素分析后确定了进行实证分析的主要因子，进而将理论模型进行调整。根据调整后的理论模型对影响因素与按量缴费行为意向之间的假设进行调整（见图 2），调整后的研究假设如下：

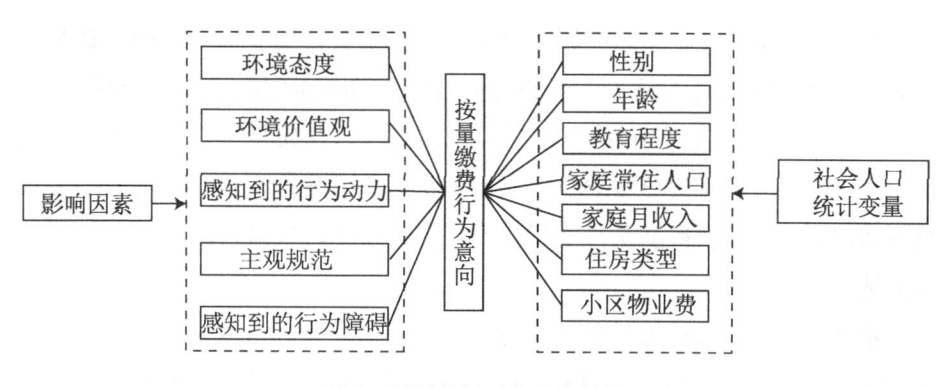

图 2　因子分析后的理论模型

H1 居民的环境态度对居民生活垃圾按量缴费行为意向有显著的正向影响。

H2 居民的环境价值观对居民生活垃圾按量缴费行为意向有显著的正向影响。

H3 居民感知到的行为动力对居民生活垃圾按量缴费行为意向有显著的正向影响。

H4 主观规范对居民生活垃圾按量缴费行为意向有显著的正向影响。

H5 感知到的行为障碍对居民生活垃圾按量缴费行为意向有显著的负向影响。

6.2　分层回归模型的构建与分析

为了研究这 5 个影响因素与居民生活垃圾按量缴费行为意向之间的关系，首先进行相关分析。由表 4 可以看出，环境态度、感知到的行为动力和主观规范在 0.01 的显著性水平下与居民生活垃圾按量缴费行为意向呈显著相关，环境价值观在 0.05 的显著性水平下与居民生活垃圾按量缴费行为意向呈现显著相关。而感知到的行为障碍与居民生活垃圾按量缴费行为意向之间的关系并不显著。

表 4　影响因素相关系数

Kendall's tau_b		环境态度	环境价值观	感知到的行为动力	主观规范	感知到的行为障碍
缴费行为意向	相关系数	.092**	.077*	.155**	.224**	-.013
	显著性	.005	.018	.000	.000	.698

注：** 在 0.01 的显著性水平下，* 在 0.05 的显著性水平下。

为了进一步研究 5 个影响因子对居民按量缴费行为意向的影响，在第三节对人口统计特征进行简要分析的基础上，还需要运用分层回归分析方法（Hierarchical Regression Analysis）。在分层回归中，首先将自变量根据研究需要分为不同层级，其次分步骤将各层次纳入回归方程，最后检验后纳入的层级对回归方程的拟合程度是否有积极作用，即后纳入层级对因变量的影响是否显著。

本文以居民生活垃圾按量缴费行为意向为因变量，自变量分为两个层级分别为人口统计特征和影响因素。将人口统计特征作为第一层自变量，影响因素作为第二层变量。即在人口统计特征对居民生活垃圾按量缴费行为意向有影响的前提下，后加入第二层级影响因素，分析加入影响因素后回归方程拟合度是否更优，即影响因素对居民生活垃圾按量缴费行为意向是否有显著影响。回归估计结果如表 5 所示：

表 5 分层回归拟合信息

层级变量	层级 1 标准化系数	T	显著性	层级 2 标准化系数	T	显著性
（常数）		4.036	.000		4.589	.000
性别	.048	1.101	.272	.051	1.223	.222
年龄	-.031	-.654	.513	-.026	-.589	.556
教育程度	.054	1.104	.270	.044	.952	.341
家庭常住人口	.091	2.112	.035	.085	2.046	.041
家庭月收入	-.238	-4.951	.000	-.203	-4.419	.000
住房类型	-.040	-.853	.394	-.053	-1.181	.238
小区物业费	.208	4.624	.000	.155	3.535	.000
环境态度				.057	1.337	.182
缴费价值观				.072	1.753	.080
认知行为动力				.191	4.676	.000
主观规范				.260	6.318	.000
认知行为障碍				-.020	-.480	.631
F 值	9.494			11.754		

续表

层级变量	层级 1			层级 2		
	标准化系数	T	显著性	标准化系数	T	显著性
R 平方	0.121			0.229		
ΔF 值	9.494			13.229		
ΔR 平方	0.121			0.107		
D.W				1.976		

由表5可以看出，在层级1中，人口统计特征的家庭月收入、小区物业费和家庭人口数对按量缴费行为意向有显著影响。综合相关性分析和分层回归分析，我们认为家庭月收入、小区物业费对居民生活垃圾按量缴费行为意向有显著影响，且家庭月收入与行为意向负相关，小区物业费与行为意向正相关。

在纳入人口特征的基础上再纳入5个影响因素，回归模型进入第二步，由层级2模型拟合数据中可以看出，人口统计特征中，家庭月收入和小区物业费仍然显著相关，5个影响因素中只有感知到的行为动力、主观规范与按量缴费行为意向显著正相关，而在相关性分析中呈显著相关的环境态度、环境价值观在层级2的回归模型中均不显著。根据相关性分析结果，假设H1与H2得到验证；根据回归分析结果，假设H3与H4得到验证。假设H5未得到验证。

对于因子1环境态度和因子2环境价值观，上述分析表明，这两个预测变量对居民生活垃圾按量缴费虽然起到一定的积极作用但不够明显。通过对环境态度和环境价值观的描述性统计可知，超过70%的受访者认同"我国当前城市生活垃圾污染严重"，"生活垃圾分类可以提高垃圾处理的效率"，且"自己有责任在家里进行垃圾分类并减少垃圾排放量"；超过60%的受访者认同"排放垃圾的人有责任支付垃圾处理费"，55%的受访者认为当前"有必要设计一种垃圾按量收费制度，体现多排放多付费"的缴费原则。不过，虽然居民对环境态度和垃圾按量缴费责任的认同度很高，但是对按量缴费行为意向的认同度较低，仅为20%左右。环境态度、缴费价值观与缴费行为意向之间出现一定程度的背离。这一点与国外的研究结论不相一致，但也得到国内学者的理论支持。李新秀、刘瑞利等（2010）提出，环境态度虽然能够预测和影响环境行为，但预测效果有一定的局限性，主要是由于环境态度和环境行为的测量标准不同[2]。

究其原因可能是：（1）长期以来，居民已经适应了生活垃圾定额收费制度，虽然认同垃圾按量缴费政策的合理性，但是一方面不愿意改变缴费习惯，另一方面认为按量收费政策实施后垃圾处理费会大幅上涨，因此产生一定程度的认知偏差。（2）搭便车效应和认知失调效应。根据搭便车理论❶（The Theory of Free Rider）和认知失调理论❷（The theory of Cognitive Dissonance），虽然居民认为生活垃圾按量收费政策可以实现缴费公平，且具有较强的缴费责任感，但由于寄希望于他人付费而自己获益的搭便车心理，产生了认知失调，导致较高的环境态度认知和较低的缴费意向认同。

对于因子3感知到的行为动力，由相关性分析和分层回归均可以看出，该影响因素对按量缴费行为意向呈现显著的正相关关系。描述性统计显示，有超过半数的受访者认同"厨余垃圾和其他垃圾分类收费，促使我进行垃圾分类"，且"我认为按量收费能促进城市生活垃圾减量"。这说明居民认为生活垃圾按量收费是一种有利于环境保护的政策，能够促进垃圾减量化。不过，居民虽然认可按量收费政策的作用和意义，但是对于"与固定金额收费相比，我认为垃圾按量收费更合理"这一问题，居民的认同度只有37.4%。由此可知，由垃圾定额收费政策过渡到按量收费政策，居民对此还需要一定的适应过程。

通过对因子4主观规范的测量，有61.9%的居民认同"如果家里人认为抛扔垃圾应该按量缴费，我会照做"；有57.7%的居民认同"如果小区其他人购买专用垃圾袋倒垃圾，我也这么做"。由此可知，居民的行为受身边人的影响较大，家人和小区其他居民的行为对个人的行为意向有决定性影响。这一结论也得到其他学者的证实，如Anethe S.（2014）认为，主观规范是影响

---

❶ 搭便车理论：1965年由经济学家曼柯·奥尔逊提出，核心思想是不付成本而坐享他人之利。

❷ 认知失调理论：1967年由社会心理学家利昂·费斯廷提出，基本含义是当两种认知产生不兼容的知觉时，个体会改变其中一种认知。

居民参与具有社会责任合作行为的重要因素,并且道德义务在一定程度上会影响带有主观规范的行为意向[21];Guest H(2015)认为,主观规范、预期情绪、过去的行为会显著影响顾客环保多元化的消费购买行为,其中主观规范有明显的中介影响[22]。

对于因子5感知到的行为障碍,无论是相关分析还是分层回归分析,均显示该因素对居民生活垃圾按量缴费行为意向不显著。有65.6%的居民认为"我家里有废弃的塑料袋扔垃圾,用不着专用袋";有60.8%的居民认为"小区其他人会偷偷倒垃圾不付费"。这说明居民对于其他人的行为判断较悲观,但是,据 Reschovcky J. D. 和 Stone S. E.（1994）的研究,虽然有51%的人认为实施垃圾按量缴费后居民会偷倒垃圾,但事实上并没有发现显著非法倾倒的证据[23]。

7 社会人口统计变量 Logistic 回归分析

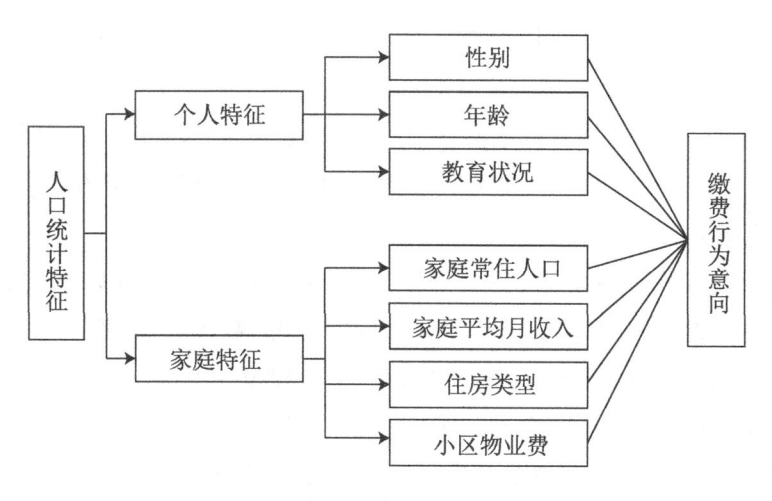

图3 社会人口统计变量理论模型

本节主要研究人口统计特征与居民缴费行为意向之间的关系,根据图3提出以下研究假设:

H1 居民性别对居民生活垃圾按量缴费行为意向有显著影响,且女性更突出。

H2 居民年龄的增加与居民生活垃圾按量缴费行为意向有显著的负向关系。

　　H3 居民的教育状况与居民生活垃圾按量缴费行为意向呈显著的正向关系。

　　H4 居民的家庭常住人口数与居民生活垃圾按量缴费行为意向有显著的正向关系。

　　H5 居民家庭平均月收入与居民生活垃圾按量缴费行为意向有显著的正向关系。

　　H6 居民住房类型与居民生活垃圾按量缴费行为意向有显著的正向关系。

　　H7 居民所在小区物业费与居民生活垃圾按量缴费行为意向有显著的正向关系。

7.1　社会人口统计变量的描述性分析

　　对于人口统计特征中的个人特征,年龄在 20～29 岁的占调查总人数的 18.90%,30～39 岁的占 18.80%,40～49 岁的占 48.70%,50 岁以上的占 13.50%。教育状况分为初中及以下、高中(含高中中专、职高)、大专及以上三种类别,其中初中及以下的占 10.30%,高中(含高中中专、职高)占 27.30%,大专及以上的占 62.4%。这也反映北京市普遍的学历水平相对较高,大部分人受过高等教育。

　　对于人口统计特征中的家庭特征,家庭人口数在 2 人以下的家庭占 7.4%;3 口之家占 68.5%;4 人及以上的家庭占 24.1%;家庭平均月收入分布比较均匀,5000 元及以下的占 21.8%;5000～10000 元的占 33.4%;10001～20000 元的占 26.8%;20001 元及以上的占 18.1%。对于房屋居住类型,居住别墅或连排别墅的户数占 0.60%,居住有电梯的高层楼房的占 55.10%,居住无电梯的楼房的占 40.30%,住在平房及其他类型房屋的占 4%。小区物业费在 2 元及以下的家庭占 28.2%,2 元以上至 3 元的占 25.0%,3 元及以上的占 6.8%。

　　综上,参与问卷调查的居民,其人口统计特征可以概括为:年龄主要集中在 30～50 岁之间;教育程度以大专及以上学历为主;3 口人的家庭居多;家庭中等月收入在 5000～20000 之间;大部分人居住在普通楼房中;小区物业费基本在每平方米 3 元以下;家庭收入状况与其住房类型和小区物业费之间没有必然联系。

7.2 社会人口统计变量的方差分析

利用单因素方差分析来进一步验证社会人口统计变量和环境态度与缴费行为意向之间的关系,研究人口统计特征对问卷相关题项的差异性影响。如表 6 所示:

对于性别,在 0.05 的显著性水平下,男、女对问题 2 有显著差异。男性缴费问题感知题项的均值为 3.95,女性 Q2 项的均值为 4.15。这说明,女性较男性更具有缴费责任意识。可能的原因是:在中国家庭中,由于"女主内,男主外"的文化传统,男性对小额支出不敏感,而女性在生活花费上较男性更为精打细算。不过,虽然女性更具有"按量缴费责任意识",但是,性别对于"按量缴费行为意向"并没有显著影响,H1 并没有得到验证。

表 6 单因素方差分析表

	环境问题感知		缴费问题感知		缴费行为意向	
	F	Sig.	F	Sig.	F	Sig.
性别	0.232	0.630	4.513	0.034*	2.319	0.128
年龄	1.600	0.189	3.475	0.016	3.891	0.009**
教育状况	0.505	0.604	0.557	0.573	0.039	0.962
家庭常住人口	1.106	0.353	0.390	0.816	2.064	0.084
家庭平均每月总收入	3.724	0.005**	1.703	0.148	7.574	0.000**
住房类型	4.767	0.000**	5.736	0.000**	4.073	0.001**
小区物业费	1.374	0.233	4.074	0.001**	9.927	0.000**

注:F 为单因素方差分析统计量,Sig. 为显著性水平。* 代表显著性水平 sig. < 0.05,** 代表显著性水平 sig. < 0.01

对于年龄,在 0.01 的显著性水平下,居民的年龄对缴费行为意向有显著影响。均值分析表明,年龄在 20~29 岁的居民的均值为 3.5,50 岁以上居民的均值为 2.9。我们推测:相比年轻人,50 岁以上的居民生活比较节俭且已经习惯多年的定额收费制度，所以缴费意愿较低；而年轻人更容易接受新事物，更愿意尝试合理的政策调整，加之北京严峻的环境问题，缴费意愿较大，这验证了假设 H2。

对于家庭平均月收入，方差分析显示，家庭月收入在 1 万元以下的居民更认同按量缴费政策。随着收入水平的提升，居民的缴费意愿减弱，月收入在 4 万元以上的家庭均值仅为 2.14。这与假设 H5 相反。国外的一些研究（Hilary N.，2007）也出现过类似的研究结果[14]。我们分析认为，生活垃圾缴费在高收入家庭的成本支出中占比很小，几乎可以忽略不计，因此他们更关注按量缴费是否占用其更多时间或者花费更多精力，而不关注缴费金额的些许变化。与此相反，低收入者对经济激励政策比较敏感，对他们而言，"按量缴费"比"定额缴费"更公平，因此他们更支持按量缴费政策。

对于不同的住房类型，分析结果表明，家庭住房类型的等级越高，环境态度的认同度越高，按量缴费意愿越强。此结果验证了假设 H6。调查数据显示，别墅区和有电梯的楼房，居民的生活垃圾按量缴费行为意向高于无电梯或者平房区的居民。可能的原因是：住房等级低的居民通常在外就餐的概率较小，生活垃圾相对较多，按量缴费会加重其经济负担。

对于小区物业费，在 0.01 的显著性水平下，随着小区物业费的增加，居民生活垃圾按量缴费行为意向认同度增强，这验证了假设 H7。可能的原因为：物业费较高的小区生活垃圾处理效率较高，小区环境较好，因此居民对环境问题的认识更直观、更有切身体会，也就更支持垃圾收费政策。

方差分析的结果验证了假设 H2、H5、H6 和 H7，否定了 H1。而教育程度和家庭常住人口数对居民垃圾问题感知和居民按量缴费行为意向均不显著，因此 H3 与 H4 没有得到证实。可能的原因是：(1) 对于教育。一方面由于调查者的教育程度主要集中在大专及以上，高中以下的仅占 10.3%，教育程度识别度低；另一方面，由于调查仅局限于北京市，北京市近几年持续遭受雾霾困扰，居民对于环境问题的感知具有普遍性，不管教育程度的高低都希望能改善当前严峻的环境问题，因此教育程度对缴费意愿影响不显著。(2) 对于家庭人口数。假设 H4 是基于家庭人口越多产生的垃圾量越多从而缴费越多的前提提出来的，但实际上，中国家庭产生的垃圾中厨余垃圾的比重较大，4 人以上的家庭中大都有老人，年长者生活节俭，有吃剩菜和少扔垃圾的习惯，因此与三口之家相比并不会产生过多的垃圾，所以家庭人口数这一变量也不显著。

7.3 Logistic 回归模型的构建与分析

方差分析仅研究了人口统计变量对按量缴费行为意向的影响，但不能分析出影响到什么程度，还需要进一步进行回归分析。由于本研究中因变量的分类水平大于2，不能简单地进行多元回归或者二分类的 Logistic 回归，我们采用有序分类变量的 Logistic 回归分析。由于本文问卷的因变量是根据李克特5级量表设计，为有序5分类变量，需要使用拟合因素变量水平数为4个 Logistic 回归模型进行统计分析。

将人口统计特征作为自变量，按量缴费行为意向作为因变量。通过逐步回归筛选自变量，得出自变量分别为人口统计特征中的家庭平均月收入和小区物业费。其中家庭平均月收入包括所有工资、奖金、津贴和分红在内。分为以下4种：①5000元及以下；②5001~10000元；③10001~20000元；④20000元及以上。小区物业费（元/平方米）分为以下三种：①2元及以下；②2元以上至3元；③3元以上。分析人口统计特征中家庭平均月收入、小区物业费与按量缴费行为意向之间的关系。

由于因变量水平数为5，分别为：不同意、不太同意、一般、大致同意和同意。其相应的取值水平为：1、2、3、4、5；相应取值水平的概率为 π_1、π_2、π_3、π_4 和 π_5，建立四个回归方程：

$$logit \frac{\pi_1}{1-\pi_1} = logit \frac{\pi_1}{\pi_2+\pi_3+\pi_4+\pi_5} = \alpha_1 + \beta_1 x_1 + \beta_2 x_2 \quad (1)$$

$$logit \frac{\pi_1+\pi_2}{1-(\pi_1+\pi_2)} = logit \frac{\pi_1+\pi_2}{\pi_3+\pi_4+\pi_5} = \alpha_2 + \beta_1 x_1 + \beta_2 x_2 \quad (2)$$

$$logit \frac{\pi_1+\pi_2+\pi_3}{1-(\pi_1+\pi_2+\pi_3)} = logit \frac{\pi_1+\pi_2+\pi_3}{\pi_4+\pi_5} = \alpha_3 + \beta_1 x_1 + \beta_2 x_2 \quad (3)$$

$$logit \frac{\pi_1+\pi_2+\pi_3+\pi_4}{1-(\pi_1+\pi_2+\pi_3)} = logit \frac{\pi_1+\pi_2+\pi_3+\pi_4}{\pi_5} = \alpha_4 + \beta_1 x_1 + \beta_2 x_2 \quad (4)$$

常数项系数 α_i 随着因变量的等级不同而变化，模型中各自变量的系数 β_i 保持不变，通过 spss19.0 进行有序分类变量的 Logistic 回归得出以下结果：

表7 模型拟合信息

模型	-2对数似然值	卡方	df	显著性
仅截距	268.295			
最终	208.628	59.667	5	.000

注：联接函数 Logit。

Logistic 模型中使用 -2 对数似然值来表示模型的拟合的程度，对模型中是否所有自变量偏回归系数全为 0 进行似然比检验。似然值越小，越接近于 0，说明模型拟合得越好。由表 7 看出 p < 0.001，说明至少有一个自变量的偏回归系数不为 0，同时说明模型建立是有意义的[17]。

表8 参数估计

		估计	标准误	Wald	df	显著性	99% 置信区间 下限	上限
阈值	[意向 = 1]	-1.547	.232	44.313	1	.000	-2.146	-.948
	[意向 = 2]	-.180	.221	.661	1	.416	-.750	.390
	[意向 = 3]	1.072	.226	22.575	1	.000	.491	1.653
	[意向 = 4]	2.278	.244	87.328	1	.000	1.650	2.906
位置	[fees = 1]	-.914	.192	22.746	1	.000	-1.408	-.421
	[fees = 2]	-.552	.198	7.768	1	.005	-1.062	-.042
	[fees = 3]	0	.	.	0	.	.	.
	[income = 1]	.898	.257	12.239	1	.000	.237	1.560
	[income = 2]	1.078	.236	20.894	1	.000	.470	1.685
	[income = 3]	.354	.240	2.176	1	.140	-.264	.973
	[income = 4]	0	.	.	0	.	.	.

注：联接函数：Logit a. 因为该参数为冗余的，所以将其置为零。

根据表 8 中参数估计的结果，建立以下方程：其中 Y 代表缴费行为意向

$$\mathrm{logit}(P_{Y=不同意}) = \mathrm{logit}\frac{(P\mid Y=不同意)}{1-(P\mid Y=不同意)}$$

$$= -1.547 + (-0.914) * (fees = 1) + (-0.552) * (fees = 2) +$$

$$0.898 * (income = 1) + 1.078 * (income = 2) + 0.354 * (income = 3)$$
(5)

$$\text{logit}(P_{Y=\text{不同意}/\text{不太同意}/\text{一般}})$$
$$= \text{logit} \frac{(P \mid Y = \text{不同意}) + (P \mid Y = \text{不太同意}) + (P \mid Y = \text{一般})}{1 - (P \mid Y = \text{不同意}) - (P \mid Y = \text{不太同意}) - (P \mid Y = \text{一般})}$$
$$= 1.072 + (-0.914) * (fees = 1) + (-0.552) * (fees = 2) +$$
$$0.898 * (income = 1) + 1.078 * (income = 2) + 0.354 * (income = 3)$$
(6)

$$\text{logit}(P_{Y=\text{不同意}/\text{不太同意}/\text{一般}/\text{大致同意}})$$
$$= \text{logit} \frac{(P \mid Y = \text{不同意}) + (P \mid Y = \text{不太同意}) + (P \mid Y = \text{一般}) + (P \mid Y = \text{大致同意})}{(P \mid Q39 = \text{同意})}$$
$$= 0.278 + (-0.914) * (fees = 1) + (-0.552) * (fees = 2) +$$
$$0.898 * (income = 1) + 1.078 * (income = 2) + 0.354 * (income = 3)$$
(7)

$$\text{logit}(P_{Y=\text{不同意}/\text{不太同意}})$$
$$= \text{logit} \frac{(P \mid Y = \text{不同意}) + (P \mid Y = \text{不太同意})}{1 - (P \mid Y = \text{不同意}) - (P \mid Y = \text{不太同意})}$$
$$= -0.180 + (-0.914) * (fees = 1) + (-0.552) * (fees = 2) +$$
$$0.898 * (income = 1) + 1.078 * (income = 2) + 0.354 * (income = 3)$$
(8)

由方程可知，对于小区物业费，以 fees = 3（小区物业为 3 元以上）为参照水平，随着小区物业费由 fees = 2 变化到 fees = 1，即小区物业费由 2 元以上至 3 元变化到 2 元以下，回归系数由 -0.552 变化到 -0.914，回归系数变小，说明居民按量缴费行为意向由"不同意"变化到"同意"的可能性下降。即随着小区物业费的下降，居民更倾向于"不同意"。换句话说，小区物业费越低的居民，生活垃圾按量缴费行为意向越低；小区物业费越高的居民，按量缴费行为意向越高。

对于家庭月收入，以 income = 4（2 万元及以上）为参照水平，随着家庭月总收入由 income = 3 变化到 income = 1，即家庭月总收入由 10001 元 - 20000 元下降到 5000 元以下，回归系数由 0.354 上升到 0.898，回归系数变大，说明居民按量缴费行为意向由"不同意"变化到"同意"的可能性上升。即随着家庭月总收入降低，居民更倾向于"同意"。换句话说，居民家庭月收入越低，生活垃圾按量缴费行为意向越高；居民家庭月收入越高，生活垃圾按量缴费行为意向越低。

回归系数变化的趋势同样验证了方差分析中小区物业费、家庭平均月总收入与居民生活垃圾按量缴费行为意向之间的关系。

8 政策建议

本文首先研究影响居民生活垃圾按量缴费行为意向的 5 个因素与居民生活垃圾按量缴费行为意向之间的关系。然后从性别、年龄、教育状况、家庭常住人口、家庭月总收入、住房类型和小区物业费 7 个方面，分析了人口统计特征对缴费行为意向的影响。

实证分析如下：（1）居民的环境态度和按量缴费意识相对较强而缴费行为意向较弱；（2）与男性相比，女性对于环境态度和按量缴费责任的认同度较高；（3）年龄较大者的缴费行为意向认同度较低；（4）居民的性别、教育状况和家庭常住人口数量对缴费行为意向影响均不显著；（5）居民的家庭平均月收入越低，按量缴费行为意向越高；（6）居民所居住的住房类型等级越高、小区物业费越高，按量缴费行为意向越强。（7）居民感知到的行为动力和主观规范对居民生活垃圾按量缴费行为意向影响最大；（8）居民的环境态度、环境价值观对居民按量缴费行为意向影响较小；（9）居民的感知到的行为障碍对居民按量缴费行为意向的影响不显著。

基于上述分析，本研究提出以下几点建议，为城市居民生活垃圾按量收费政策的制定提供参考。

（1）促进厨余垃圾与其他生活垃圾分类，加强感知到的行为动力的影响力。

由于在中国家庭的生活垃圾中，厨余垃圾占较大比重且一般情况下家庭不会将干垃圾和湿垃圾分类，若政府施行生活垃圾按量收费政策，则居民将面临垃圾费的突然上涨，虽然认为按量缴费可以促进城市生活垃圾的减量化，但是并不会真正接受。若我国在施行生活垃圾按量收费初期，采用厨余垃圾与其他垃圾分开收费且厨余垃圾暂不收费可以增加居民缴费的积极性。

（2）甄选目标对象重点实施，推动生活垃圾按量收费政策全面落实。

实施生活垃圾按量收费制度时需要先行选择目标人群和目标小区试点，以便总结经验进行大面积推广。鉴于女性和年轻人更具有按量缴费意识，因此，应该有效地进行目标对象细分，选择最易接受按量缴费政策的女性和年轻人加强沟通。此外，由于高档小区普遍按量缴费意愿较强，因此选择高档小区作为试点对象，并由点及面地进行推广，较易取得预期的政策效果。

（3）合理定价并采取经济激励措施，提高缴费积极性。

中低收入家庭数量相对庞大，而且这部分家庭按量缴费行为意向较高，对垃圾缴费价格较为敏感，价格杠杆的调节作用相对明显，因此，生活垃圾按量收费政策的有效实施以及垃圾减量化目标的实现需要依靠这部分群体。在制定垃圾按量收费政策时，必须精细核算合理的缴费成本，并采取相应的激励手段，如给予积分返还或者一定的物质奖励，以争取中低收入家庭的支持和配合。

（4）提高按量缴费的便利性，减少政策执行阻力。

虽然大部分居民认同"多排放垃圾多缴费"的缴费原则，但由于先前的定额缴费模式简单易行，多数居民短期内不想改变已经形成的缴费习惯，尤其是高收入群体，尤其不愿因缴费方式改变而耗费额外的时间和精力。因此，在设计按量收费政策时，必须以方便居民缴费为出发点，如指定方便地点投放垃圾袋，或定期发放到居民家中，以减少缴费模式转变带来的执行阻力。

（5）加强宣传力度，加大试点小区的带头作用，提高主观规范和道德教育的作用。

在日本、中国台湾及德国，居民的分类和环保教育从幼儿园开始，注重从小培养居民的环保意识。国外发达国家当初走的也是先污染、后治理的环保道路，通过加强环保教育，逐步培养全民的环保意识。从北京市的数据分析看，居民很容易受到其他居民环保行为的影响，我国在施行生活垃圾按量收费政策时可以先在小区试点，逐步扩大，通过典型小区影响全民的缴费责任意识，增强居民生活垃圾按量缴费行为意向，使得我国的生活垃圾按量收费政策真正地切实可行。

（6）制定严格的法律惩罚措施，在政策施行后，严格执行。

由于搭便车效应和认知失调效应的存在，居民会寄希望于他人缴费而自已逃避缴费责任，尤其是在按量缴费制度下，偷倒垃圾的逃费行为很有可能发生。因此，按量缴费制度有效实施的关键，一方面是大力宣传按量缴费制度对于居民个人缴费的公平性，加强垃圾减量化的大众宣传和教育；另一方面是采取有效的监督手段，避免居民不按规定非法倾倒垃圾。

参考文献

［1］ AJZEN I.. The theory of planned behavior. Organizational Behavior and Human Decision［J］. Processes，1991，50（2）：179－211.

［2］ 李新秀，刘瑞利，张进辅. 国外环境态度研究述评［J］. 心理科学，2010，33（6）：1448－1450.

［3］ ONUR S.，TIMOTHY C.. The link between environmental attitudes and energy consumption behavior［J］. Behavioral and Experimental Economics，2014，52（10）：29－34.

［4］ MICHELE T.，PAUL S. P.，ADAM D. R.. Using the theory of planed behavior to investigatethe determinants of recycling behavior：a case study from Brixworth，UK［J］. Resource Conservation Recycling，2004，41（3）：191－214.

［5］ NATALIA L. M.，FERNANDO L. L.，MERCEDES S. Key factors to explainrecycling，car use and environmentally responsible purchase behaviors：A comparative perspective［J］. Resources，Conservationand Recycling，2015，99（6）：29－39.

［6］ JONES N.，EVANGELINOS K.，HALVADAKIS C. P.，ET AL. Social factors influencing perceptions and willingness to pay for a market－based policy aiming on solid waste management［J］. Resources，Conservation and Recycling，2010，54（7）：533－540.

［7］ MURUGADAS R.，BADARUDDIN M.. Impacts of Tourism on Environmental Attributes，Environmental Literacy and Willingness to Pay：A Conceptual and Theoretical Review［J］. Procedia Social and Behavioral Sciences，2014，144（8）：378－391.

［8］ BRYAN W. H.，MICHAEL V. R.，CARLOS E. B. M.，ET AL. An exploratory study of environmental attitudes and the willingness to pay for environmental certification in Mexico [J]. Business Research, 2014, 67 (5): 891 – 899.

[9] SCOTT D., WILLITS F.. Environmental attitude and behavior: A Pennsylvania survey [J]. Environment and Behavior, 1994 (26): 239 – 260.

[10] 吴钢, 许和连. 湖南省公众生态环境价值观的测量及比较分析 [J]. 湖南大学学报 (社会科学版), 2014 (4): 56 – 62.

[11] ASTRID DE LEEUWA, PIERRE VALOISB, ICEKAJZENC, PETER SCHMIDTD. Using The theory of planned behavior to identify key beliefs underlying pro-environmental behavior in high-school students: Implications for educational interventions [J]. Environmental Psychology, 2015, 42 (6): 128 – 138.

[12] RAFFIA AFROZ, MUHAMMAD MEHEDIMASUD, RULIAAKHTAR, JARITABTDUASA. Survey and analysis of public knowledge, awareness and willingness to pay in Kuala Lumpur, Malaysia-a case study on household WEEE management [J]. Cleaner Production, 2013, 52 (8): 185 – 193.

[13] MaríaAzucena Vicente-Molina, AnaFernández-Sáinz, Julenizagirre-Olaizola. Environmental knowledge and other variables affecting pro-environmental behavior: comparison of university students from emerging and advanced countries [J]. Cleaner Production, 2013, 61 (12): 130 – 138.

[14] HILARY N., JEAN-D. M. S. Financing electronic waste recycling Californian households' willingness to pay advanced recycling fees [J]. Environmental Management. 2007, 84 (9): 547 – 559.

[15] GEORGE H., STERIANI M.. Exploring social attitude and willingness to pay for water resources conservation [J]. Behavioral and Experimental Economics, 2014, 49 (4): 54 – 62.

[16] QINGBIN S., ZHISHI W., JINHUI L. Residents' behaviors, attitudes, and willingness to pay for recycling e-waste in Macau [J]. Environmental Management, 2012, 106 (9): 8 – 16.

[17] 张文彤. SPSS 统计分析高级教程 (第 2 版) [M]. 北京: 高等教育出版社, 2013.

[18] 吴明隆. 问卷统计分析实务——SPSS 操作与应用 [M]. 重庆: 重庆大

学出版社, 2010.

[19] KAISER. H. F. LITTLE JIFFY, MARK IV. Educational and Psychological Measurement, 1974 (34): 111-117.

[20] 时立文. SPSS19.0 统计分析从入门到精通 [M]. 北京: 清华大学出版社, 2012. 287-288.

[21] ANETHE S., TORVALD G.. Exploring the interaction between perceived ethical obligation and subjective norms, and their influence on CSR-related choices [J]. Tourist Management, 2014, 42 (6): 177-180.

[22] GUEST H. H., JINSOO H., JOOHYUN K., ET AL. Pro-environmental decision-making process: Broadening the norm activation framework in a lodging context [J]. International Journal of Hospitality Management, 2015, 47 (5): 96-107.

[23] RESCHOVCKY J. D., STONE S. E.. Incentives to Encourage Household Waste Recycling: Paying for What You Throw Away [J]. Journal of Policy Analysis and Management, 1994, 13 (1): 120-139.

虚拟经济与实体经济协调发展关系及合理区间研究

张旖旎[1]

(北京信息科技大学经济管理学院)

摘要：虚拟经济与实体经济是国家经济系统的两大命脉，而两者的协调发展更是会影响国家经济的稳定运行。本文从两个角度研究两者的协调发展关系：一是从"时期"的角度，研究2005—2015年我国虚实经济的协调发展长短期关系及动态特征。研究发现，我国虚实经济在长期内存在稳定的关系，且这种稳定关系的维持有利于实体经济的发展。在短期内，虚拟经济各组成部分对实体经济的影响均弱于长期。二是从"时点"的角度，借助耦合度的概念，测算美、日、中三国历年虚实经济耦合度，并构建虚实经济协调发展的经验模型。研究发现，在虚拟经济与实体经济发展失调时，虚实经济的耦合度大多处于其历年耦合度平均值的正负一个标准差区间下限以下。通常在经济危机发生之前，虚拟经济与实体经济的发展已呈现出失调性或非协调性。在此基础上，本文构建了虚实经济协调发展的经验模型，将两者协调程度分为"失调""非协调"及"协调"三个区间，作为判断两个经济系统协调程度的辅助工具，对虚实经济发展进行实时监测，并可以起到一定的预警作用。

关键词：虚拟经济；实体经济；协调发展；耦合度；合理区间

---

[1] 作者简介：张旖旎（1991—），女，汉族，辽宁沈阳人。研究方向：虚拟经济与实体经济。

1 引言

虚拟经济和实体经济（以下简称"虚实经济"）是社会经济系统中的既独立存在又彼此影响的两个组成部分。从我国经济发展的实际情况来看，我国近年来实体经济飞速发展，GDP 的年增长率多次超过 10%。而我国虚拟经济的发展更是不容小觑。20 世纪 90 年代上海证券交易所和深圳证券交易所建立，中国的证券市场进一步发展促进了股票、债券等金融衍生品的交易，加之房地产市场的崛起，促使我国虚拟经济规模持续扩展，并不断影响着我国实体经济的发展。

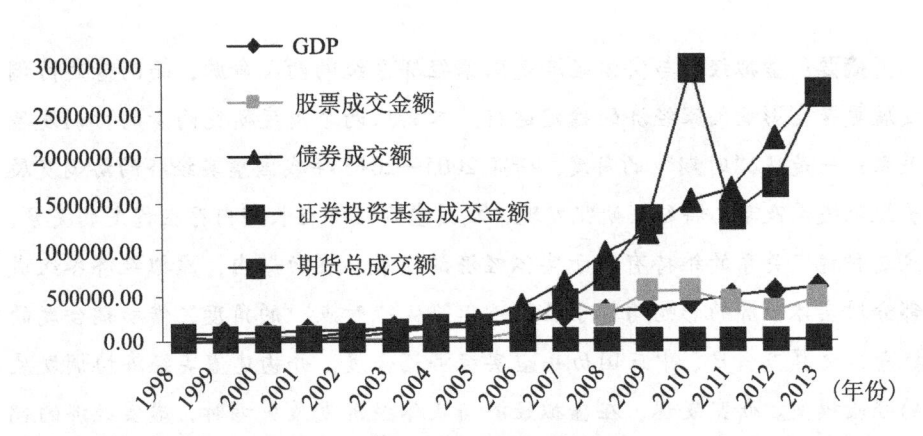

图 1 1998—2013 年我国证券市场及实体经济规模发展情况（单位：万亿元）

（数据来源：中国国家统计局）

从图 1 中可以看出，近半个世纪以来，我国虚实经济发展步调呈现出不同步的状态，虚拟经济发展明显较快，导致两者之间出现较大的偏离。尽管如此，虚拟经济仍是以实体经济为基础，并且两者存在相互制约促进的关系。虚拟经济快速发展的积极意义在于它能够提高市场中资源配置的效率和市场运行的效率。然而，虚拟经济的超速发展也会导致经济运行的不稳定，甚至产生经济危机。虚实经济的发展常会存在一定程度的偏差，但是若是两者不协调程度过大至市场经济无法调节，那么就可能堆积经济泡沫，造成金融危机的产生。我国目前正处于经济发展的关键时期，研究虚实经济的协调发展与保证国家经济健康平稳地发展息息相关。

2 文献综述

对于虚实经济范畴的相关研究，国内外学者的侧重点有所不同。国外学者对虚拟经济的界定偏向于金融领域及资产泡沫方向。关于虚实经济增长相关性的问题，国外学者的主流观点有三种：其一，虚拟经济增长对实体经济有正向推进作用。Levine & Zervos（1998）以 41 个国家 1976—1993 年的股票市场为例，通过回归分析得出股市与实体经济的发展存在较强的长期正相关性[1]。其二，虚拟经济增长对实体经济的作用不大。Harris（1997）发现股票市场与实体经济增长间没有显著的相关性，这一点尤其体现在非发达国家及发展中国家中[2]。其三，两者是相互推进的关系。Jacobson（2005）通过实证分析得出，虚拟经济波动会受到宏观经济政策的影响，且会反过来促进实体经济的发展，两者是双向关系[3]。Hudson（2015）指出，有必要控制虚实经济的发展步速，使两者协调发展并维持在一个稳定的范围内，超出该范围则可能引发经济危机和金融危机[4]。

国内对虚拟经济的研究起步晚于国外，1997 年东南亚金融危机之后，对虚实经济关系的研究开始得到重视。在实证研究方面，周莹莹和刘传哲（2011）选用 1991—2010 年的季度数据，着重研究金融市场与实体经济间的联动关系，并发现我国虚实经济在长期内存在联动效应[5]。刘沁芳（2014）基于灰色关联度分析测算我国 1995—2010 年间虚实经济指标，认为两者的个体及总体匹配程度均较低，有一定的背离性[6]。近年来，一些学者从定量分析的角度研究虚实经济发展的协调程度。刘思峰、袁潮峰、王业栋等（2011）运用 Logistic 模型寻找虚实经济协调发展的平衡点，指出两者的协调发展是经济稳定运行的前提条件[7]。周莹莹（2011）运用综合评价法和耦合协调度测算两种方法，分别测定虚实经济的静态和动态协调度，以及两个总体的协调度，并比较两种方法的优缺点[8]。刘林川（2014）构建耦合协调度模型，选用中国和美国 1998—2011 年的数据，测算并比较两国的虚实经济发展协调程度，以及虚拟经济/实体经济的比率与协调度间的关系[9]。

3 虚实经济协调发展的理论基础

3.1 基本概念

本文中所涉及的三个重要概念分别为"虚拟经济""实体经济"和"协调度"。其中,虚拟经济定义架构于袁国敏(2008)与刘骏民(2011)的研究[10~11]之上:虚拟经济使用资本化的定价方式,其范围包括金融业及房地产业,但虚拟经济的主体是与金融市场交易相关联的经济活动。实体经济的概念依据刘林川(2014)的研究[9],即实体经济是与虚拟经济相对应的概念,两者的定价方式不同,实体经济是指在虚拟经济所涵盖的范围之外的经济部分。协调度的概念是由熊德平(2009)提出的:由于外部环境和目标是可变的,在实际涉及"协调"时,会允许其存在一定范围的波动,称为"协调度",而超出该范围则是"失调"的表现[12]。

3.2 虚实经济间的协调发展关系

实体经济是虚拟经济的基础,这体现在两方面:其一,虚拟经济之所以产生,是为了服务于实体经济的发展并起到融通资金的作用。其二,如果实体经济健康稳定地运行,那么虚拟经济的良好发展就有了保障。金融市场是虚拟经济的主体,而金融产品的价格、成交量及发展规模都是受到企业经营状况和投资者购买力这些实体经济指标的影响。

虚实经济的根本区别是两者属于不同的经济范畴,虚拟经济是相对独立于实体经济系统而存在的:其一,虚实经济的运行受限于不同因素。实体经济是一国经济的根基,会受到国家资源、政策、科学技术水平、生产力等因素的影响。而虚拟经济的发展状况还会受限于其他因素,如证券市场成熟度、信用水平、国际资本流动性等。其二,虚实经济的运行平稳性不同。虚拟经济产品的价格会受到心理预期的影响,而其供给量在短期内变化较小,因此虚拟经济系统的震荡幅度强于实体经济系统。

虚实经济的发展并不是完全同步的。当两者发展适度时,虚拟经济会对实体经济的发展起到积极作用,如为实体经济提供多种融资渠道及扩大融资规模、提高社会资金配置效率、通过降低风险而使实体经济稳定运行、增强市场信息透明度等。虚拟经济对实体经济的负面效应大多是虚拟经济的过度膨胀造成的,主要表现在以下两个方面:其一,导致资金逐渐从实体经济流向虚拟经济活动。其二,其资本化定价方式易助长炒作和投机活动,过度发展会使泡沫加剧且市场稳定性减弱,最终会导致对实体经济的破坏。

虚实经济之间存在着一定的自动调节机制。刘思峰、袁潮清、王业栋等(2011)指出两系统间的发展只有维持在适当的比例,才能使实体经济作为根基来促进虚拟经济的发展,且使虚拟经济发挥为实体经济服务的作用[7]。刘林川(2014)指出,两者的协调发展体现在总体及内部关系上。若想科学地测算两者的协调发展区间,既需要考虑系统总体间的关联性,也需要考虑系统内部组成部分间的关系[9]。

4 我国虚实经济协调发展关系实证分析

4.1 研究指标和数据选取

为了能够准确且全面地描述虚拟经济运行状况,并测定虚拟经济总体及各组成部分对实体经济的影响程度,考虑到数据的可得性,本文选取下列指标代表虚拟经济:股票成交金额(GC)、债券交割额(ZJ)、证券投资基金成交额(ZC)和期货总成交额(QC);并选择国内生产总值(GDP)作为实体经济的代表性变量。

本文选取 2005 年第一季度至 2015 年第二季度的季度数据。其中国内生产总值数据来源于中华人民共和国国家统计局;股票成交金额、债券交割额、证券投资基金成交额和期货总成交额的原始月度数据来源于中国证券监督管理委员会和中国债券信息网,对月度数据累加得到季度数据。为了消除季度性影响,本文运用 Census X – 12 方法对国内生产总值、股票成交金额、债券交割额、证券投资基金成交额和期货总成交额数据进行季节调整,并取自然对数形式,记为 lnGDP、lnGC、lnZJ、lnZC 和 lnQC。本文所使用的数据分析工具为 Eviews 8.0。

4.2 实证检验结果及分析

4.2.1 时间序列平稳性检验

由于所有的样本数据均为时间序列,首先使用 ADF 检验法对进行季节调整并取自然对数的相关序列做平稳性检验。检验结果如表 1 所示,一阶差分后变量的 ADF 值均小于显著水平为 5% 的临界值,因此变量 lnGDP、lnGC、lnZJ、lnZC 和 lnQC 均为一阶单整序列。

表 1　变量一阶差分后的 ADF 检验结果

	变量	类型	ADF 值	5%临界值	结论
模型 3	D (lnGDP)	(c, t, 1)	-3.802575	-3.529758	无单位根,平稳
	D (lnGC)	(c, t, 0)	-4.678628	-3.526609	无单位根,平稳
	D (lnZJ)	(c, t, 0)	-5.868169	-3.526609	无单位根,平稳
	D (lnZC)	(c, t, 0)	-4.848704	-3.526609	无单位根,平稳
	D (lnQC)	(c, t, 0)	-5.364189	-3.526609	无单位根,平稳

注:(c, t, k) 中 c 表示常数项,t 表示趋势项,k 表示滞后期。

4.2.2 长短期关系分析

4.2.2.1 协整检验

协整检验是判断变量间是否存在长期均衡关系的方法。本文选择使用 Johansen 协整检验的方法。考虑到自由度问题,一般来讲,季度数据的滞后阶数最大取到 4。根据 AIC 和 SC 信息准则,并综合考虑其他标准,选取阶数 4 为 VAR 模型最佳滞后期。协整检验滞后区间为 1 - 3,检验结果如表 2 所示,变量 lnGDP、lnGC、lnZJ、lnZC 和 lnQC 间最多存在三组协整关系。一般选用第一个协整向量为所研究经济系统的协整向量。

表 2　协整检验结果

无约束的协整秩检验（迹）				
假设	特征根	迹统计量	5%临界值	P 值
无	0.757562	119.5318	69.81889	0.0000
至多一个	0.565375	65.68550	47.85613	0.0005
至多两个	0.461457	34.02114	29.79707	0.0154
至多三个	0.210158	10.50337	15.49471	0.2440
至多四个	0.039674	1.538321	3.841466	0.2149
无约束的协整秩检验（最大特征根）				
假设	特征根	迹统计量	5%临界值	P 值
无 *	0.757562	53.84629	33.87687	0.0001
至多一个 *	0.565375	31.66436	27.58434	0.0141
至多两个 *	0.461457	23.51777	21.13162	0.0226
至多三个	0.210158	8.965050	14.26460	0.2891
至多四个	0.039674	1.538321	3.841466	0.2149
第一个协整方程（标准化的协整系数估计值）		对数似然函数估计值		220.6380
lnGDP	lnGC	lnZJ	lnZC	lnQC
1.000000	2.295689	5.154556	−2.919313	−3.084205
	(0.62729)	(0.83013)	(0.65198)	(0.43363)

根据表 2，第一个协整方程可以写为：

$$\ln GDP = -2.295689\ln GC - 5.154556\ln ZJ + 2.919313\ln ZC + 3.084205\ln QC \quad (4.1)$$

式（4.1）表明，虚实经济间存在长期且稳定的关系。其中债券对 GDP 的影响最大，其余变量对 GDP 的影响相近。股票成交额及债券成交额与 GDP 增长之间是负相关关系，这也在一定程度上表现出近年来虚拟经济资金配置效率有所降低。这说明了我国虚实经济发展间虽然存在长期协整关系，但是已经显示出虚拟经济过度发展的迹象，通过虚拟经济活动融资的成本提高，且融资效率及资金配置效率降低，资金逐渐从实体经济流向虚拟经济活动。

4.2.2.2 误差修正模型

变量 lnGDP 与 lnGC、lnZJ、lnZC、lnQC 之间存在协整关系，在此基础上建立误差修正模型，进一步分析短期内虚拟经济与实体经济相关变量间的关系。由于 VAR 模型滞后阶数 p=4，本文选取滞后区间 1-3 建立误差修正模型。鉴于模型庞大，此处仅给出以 lnGDP 为被解释变量的短期动态方程式 (4.2)。该方程可以写为：

$$\begin{aligned}\ln GDP =& 0.032\mu - 0.009\ln GC(-1) + 0.020\ln GC(-2) \\&+ 0.020\ln GC(-3) - 0.013\ln ZJ(-1) + 0.016\ln ZJ(-2) \\&- 0.008\ln ZJ(-3) + 0.022\ln ZC(-1) - 0.009\ln ZC(-2) \\&- 0.001\ln ZC(-3) + 0.002\ln QC(-1) + 0.014\ln QC(-2) \\&+ 0.019\ln QC(-3) + 0.006 \end{aligned} \quad (4.2)$$

王少平（2003）指出，当误差修正项的系数为正时，说明协整关系对被解释变量有正向促进作用[13]。式（4.2）中，长期协整关系 μ 前系数为 0.032，说明协整关系的维持有助于实体经济增长，同时系数 0.032 也反映了短期波动对偏离长期均衡的调整力度。股票成交额对 GDP 的短期弹性为 0.031（-0.009+0.020+0.002）。同理可以得出债券交割额、证券投资基金成交额和期货总成交额对 GDP 的短期弹性分别为：-0.005、0.012、0.035。在短期内对实体经济影响最大的虚拟经济活动为期货和股票交易，其次是证券投资基金交易，而影响最弱的是债券交易。

4.2.2.3 虚拟经济对实体经济长短期影响的比较分析

表 3 对虚拟经济中各变量对 GDP 的长短期影响进行总结。虚拟经济各变量每增加 1% 对 GDP 的长期增长影响更大，说明虚拟经济对实体经济的长期作用强于短期作用。

表3 虚拟经济中各变量每增加 1% 对 GDP 的长短期影响总结

	短期	长期
股票成交额	+0.031%	-2.296%
债券交割额	-0.005%	-5.155%
证券投资基金成交额	+0.012%	+2.919%
期货总成交额	+0.035%	+3.084%

将虚拟经济中各个变量的长短期影响做以比较分析，有以下几点需要说明：其一，证券投资基金和期货交易在长期和短期内均对实体经济有正向促

进作用,可见证券投资基金和期货交易是虚拟经济活动发挥融资功能及资金配置功能的重要体现。

其二,股票成交额在长短期内对实体经济的正负效应是相反的。股票交易在短期内有助于实体经济发展,而从长期来看,却会对实体经济发展造成负面影响。

其三,债券交割额与GDP在长期和短期内均为负相关关系,这说明债券交易会对实体经济发展产生抑制作用,可见我国债券市场存在一定问题。以债券市场的重要组成部分——国债为例。如果国债规模过大,部分本应流入生产经营活动的资金被占用,则会对实体经济产生挤出效应。一般来说,国家财政的国家依存度在15%~20%左右较为合理,中央财政的国债依存度应保持在25%~30%之间。由表4可以看出,我国国债发行额度过大,已超过居民应债能力,且国家或中央财政过多依赖于国债收入,不利于国家或中央财政的稳定发展。我国债券规模的过度膨胀虽然在短期内对实体经济的影响不大(债券交割额在短期内对GDP的弹性仅为-0.005%),但是在长期内不仅对国家财政造成威胁,还会在很大程度上抑制实体经济发展。

表4 2005—2013年我国国债依存度

	国债发行额 (亿元)	国家财政支出 (亿元)	中央财政支出 (亿元)	国家财政的 国债依存度	中央财政的 国债依存度
2005	7042	33930.28	8775.97	20.75%	80.24%
2006	8883.3	40422.73	9991.4	21.98%	88.91%
2007	23139.1	49781.35	11442.06	46.48%	202.23%
2008	8558.2	62592.66	13344.17	13.67%	64.13%
2009	17927.24	76299.93	15255.79	23.50%	117.51%
2010	19778.3	89874.16	15989.73	22.01%	123.69%
2011	17100	109247.8	16514.11	15.65%	103.55%
2012	16154.2	125953	18764.63	12.83%	86.09%
2013	20230	140212.1	20471.76	14.43%	98.82%

4.2.3 冲击响应分析

只有当VAR模型平稳时,冲击响应分析才有意义。目前所建立的VAR

(4) 模型的平稳性非平稳（见图2）。根据 AIC 和 SC 信息准则，选取阶数 1 为 VAR 模型最佳滞后期，并建立 DLNGDP、DLNGC、DLNZJ、DLNZC 及 DLNQC 间的 VAR（1）模型。对该模型的平稳性进行检验（如图3 所示），由于全部特征根均在单位圆之内，所以 VAR（1）模型是平稳的，可以进一步进行脉冲响应分析。

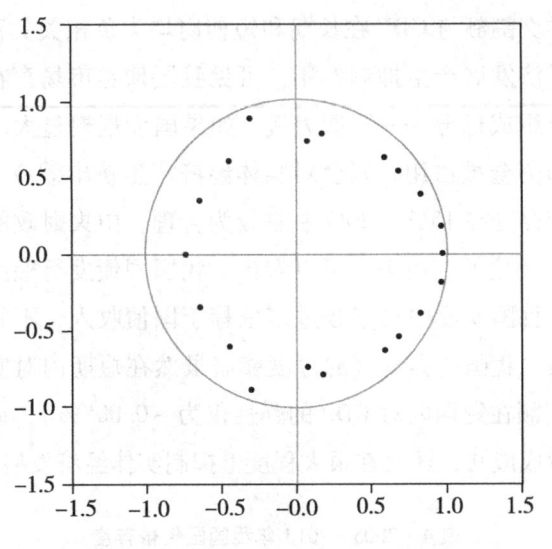

图2　VAR（4）模型的平稳性检验结果

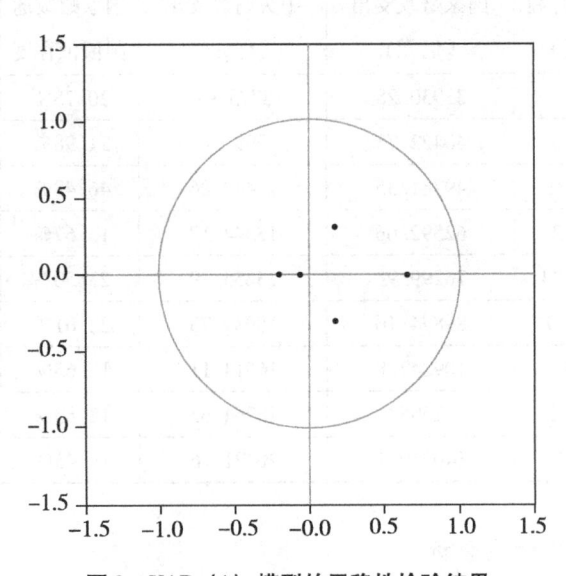

图3　VAR（1）模型的平稳性检验结果

图 4 反映了实体经济代表变量对虚拟经济各代表变量的脉冲响应。虚拟经济中各变量对实体经济的冲击影响明显程度基本相同,且实体经济对虚拟经济中变量的冲击较为敏感,可以较快地做出反应。图 5 显示了虚拟经济各代表变量对于实体经济代表变量 GDP 一个标准差新息冲击的响应。债券交割额对实体经济冲击的反映与其他虚拟经济变量恰巧相反,始终做出正向响应,且较之于其他虚拟经济变量,其反映程度不是很明显,反应速度也较慢,直到第三期才达到峰值。

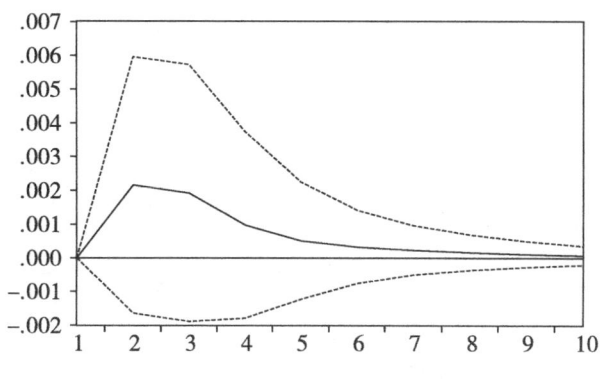

(a) DLNGDP 对于 DLNGC 的脉冲响应

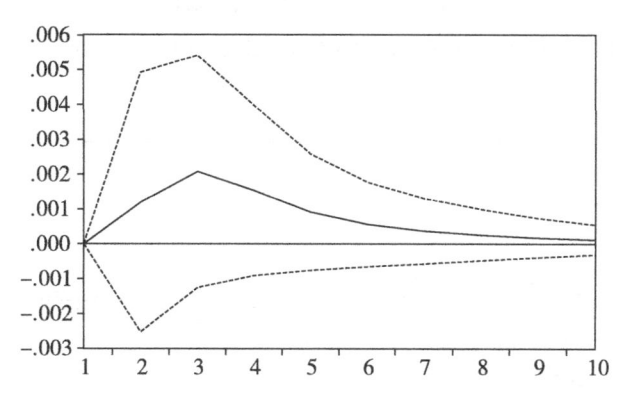

(b) DLNGDP 对于 DLNZJ 的脉冲响应

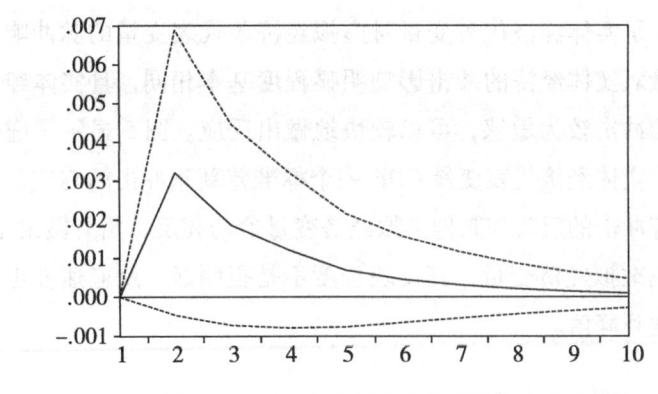

(c) DLNGDP 对于 DLNZC 的脉冲响应

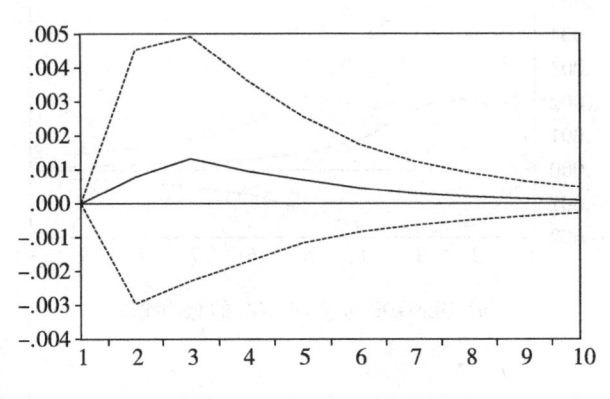

(d) DLNGDP 对于 DLNQC 的脉冲响应

图 4　DLNGDP 对于 DLNGC、DLNZJ、DLNZC、DLNQC 的脉冲响应结果

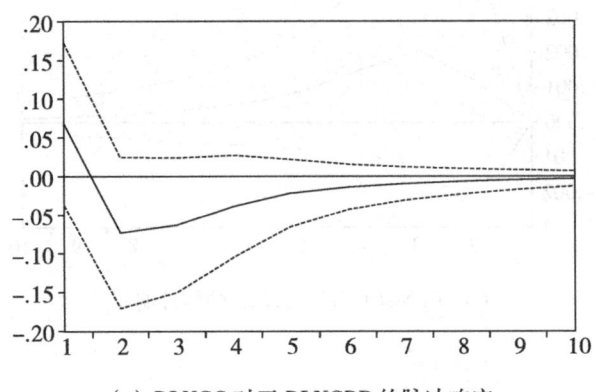

(a) DLNGC 对于 DLNGDP 的脉冲响应

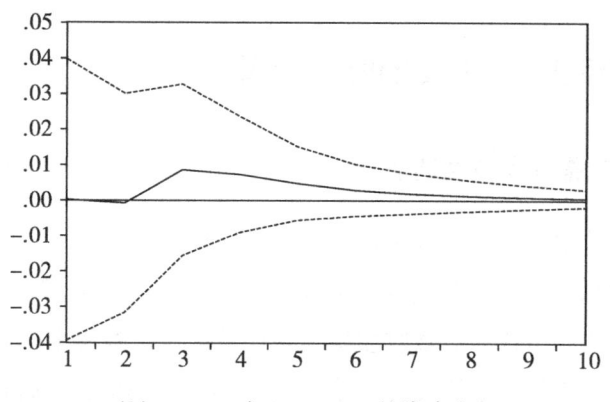

(b) DLNZJ 对于 DLNGDP 的脉冲响应

(c) DLNZC 对于 DLNGDP 的脉冲响应

(d) DLNQC 对于 DLNGDP 的脉冲响应

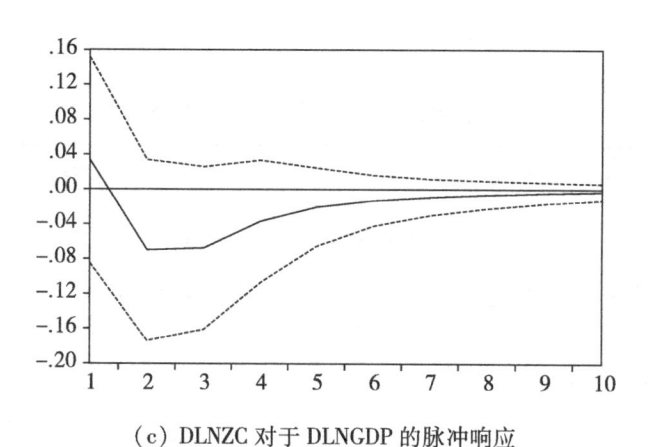

图 5　DLNGC、DLNZJ、DLNZC、DLNQC 对于 DLNGDP 的脉冲响应结果

5　虚实经济协调发展合理区间测算

5.1　研究指标和数据选取

鉴于使用数据的年代较为久远，考虑到数据的可得性，且为了统一指标口径以便对比总结，本文分别选用道琼斯工业指数、日经225指数、上证综合指数及深证成分指数的对数收益率来描述美国、日本及中国的虚拟经济的运行状况。对于实体经济的发展状况，本文使用下列指标：实际GDP年增长率、全社会固定资产投资总额年增长率、社会消费品零售总额年增长率、进出口总额年增长率（见表5）。

表5　虚拟经济系统与实体经济系统指标概览

国家	虚拟经济指标		实体经济指标	
	指标名称	指标表示	指标名称	指标表示
美国	道琼斯工业指数对数收益率	XUS	实际GDP年增长率	Y1
日本	日经225指数对数收益率	XJP	全社会固定资产投资总额年增长率	Y2
中国	上证综合指数对数收益率	XCN1	社会消费品零售总额年增长率	Y3
	深证成分指数对数收益率	XCN2	进出口总额年增长率	Y4

本文选定的样本期要涵盖美国、日本及中国的经济发展重要时期，同时考虑所有指标的数据可得性。鉴于此，美国、日本、中国三个国家的样本期分别为：1922—2013年、1971—2013年、1992—2014年。其中，各国股票指数的原始数据为月末收盘价，并经过调整计算后得到股票指数对数收益率的年度数据。道琼斯工业指数的原始数据来源为道琼斯工业指数网站（http://www.djaverages.com/），日经225指数的原始数据来自东京证券交易所及雅虎日本（http://finance.yahoo.co.jp/），上证综合指数及深证成分指数原始数据均取自雅虎财经（https://hk.finance.yahoo.com/）。实体经济指标的原始

数据来源有美国经济局、世界银行数据库和中华人民共和国国家统计局。本文使用的数据分析工具为 Eviews 8.0 和 Microsoft Excel。

5.2 美国、日本及中国虚实经济协调发展合理区间测算

5.2.1 美国

本文对美国 1922—2013 年历年虚拟经济与实体经济的耦合度进行测算。该耦合度序列服从正态分布。进一步分析其走势，并以正负一个标准差作为参照，如图 6 所示。US 表示美国的虚实经济耦合度序列；MEAN 表示该耦合度序列的均值，为 0.738238；+1STD.DEV 表示均值加上一个标准差，为 0.876329；-1STD.DEV 表示均值减去一个标准差，为 0.600147。

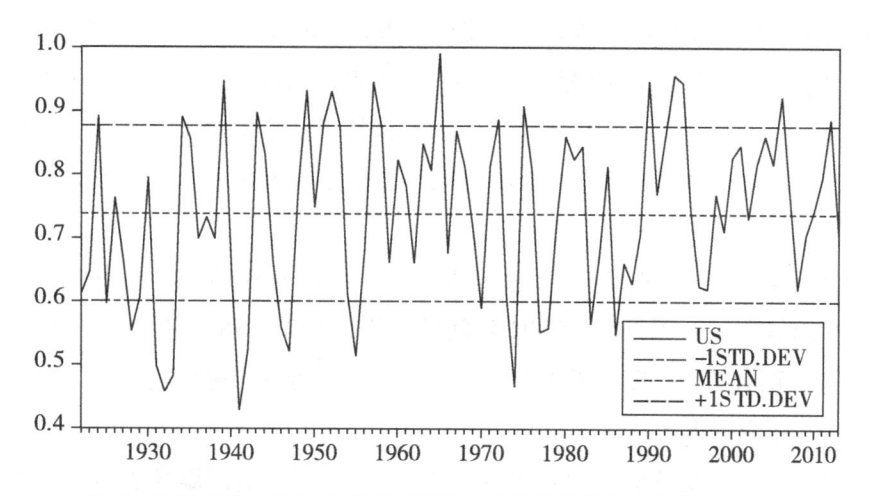

图 6 美国 1922—2013 年间虚拟经济与实体经济的耦合度序列分析图

（1）美国 20 世纪 30 年代的"大萧条"（1929—1933 年）。在这 5 年中，除了 1930 年，其余 4 年内，其耦合度均在接近或低于一个标准差值的位置徘徊，甚至在 1932 年达到 20 年代以来的最低点 0.457700。5 年间，美国虚实经济的平均耦合度为 0.56811，落在了正负一个标准差区间之外。1933 年后，直至 50 年代初，美国的虚实经济耦合度非常动荡，多次超过正负一个标准差的区间下限。虽然在个别年份，虚实经济的耦合度有所上升，甚至超出了正负一个标准差区间的上限，但是总体而言，美国的整体经济运行状况始终没

有完全摆脱"大萧条"的负面影响。

（2）美国经济的"黄金时期"（20世纪50年代后期至60年代后期）。这一时期虚拟经济和实体经济的耦合度基本处于均线以上，不曾落到正负一个标准差的区间下限以外，且在1965年，虚实经济耦合度一度达到92年间的最高值0.991307。

（3）美国经济的滞胀期（20世纪70年代至80年代初）。在这段时间里，美国在1970年、1975年、1980年和1982年共经历了4次经济危机，股市也受到其影响，在超过半数的年份里，道琼斯工业指数的对数收益率为负值。但滞胀问题促进了美国信贷扩张，银行发展了国际贷款业务，使金融业在实体经济行业普遍停滞的情况下仍能获得较高收益。

（4）1987年的美国股灾。20世纪80年代之后，得益于美国信贷的扩张，大量资本涌进了虚拟经济活动中，使得虚拟资产泡沫越积越多。在股灾发生的前一年，虚实经济的耦合度为0.548082，落在了区间［0.600147，0.876329］之外，可见在1986年，虚拟经济的膨胀已使虚拟经济与实体经济的发展呈现出不协调的状态，而在虚拟经济泡沫破灭之后，虚实经济的耦合度有了很大提高。

（5）美国新经济时代（20世纪90年代）。90年代的虚实经济耦合度较高，平均值为0.797907，高于92年间的平均值0.738238。尽管在1996年和1997年，两者的耦合度有所降低，但是在1997年亚洲金融危机之后，美国的虚实经济耦合度再次升高。

（6）美国次贷危机（2007—2009年）。2007年，美国爆发了影响世界的次贷危机。次贷危机的发展演进分为三个阶段：第一个阶段是2007年的危机爆发阶段，虚拟经济与实体经济的耦合度下降了16%；第二个阶段是危机扩散阶段，2008年虚实经济耦合度达到低点0.619396，已经逼近区间［0.600147，0.876329］的下限；第三个阶段是恢复期，2009年美国开始施行降息且刺激经济的计划，使得经济逐步复苏，道琼斯股票指数也开始恢复至危机前的水平，虚实经济的耦合度也提升至接近均线的水平。

5.2.2 日本

本文对日本1971—2013年历年虚拟经济与实体经济的耦合度进行测算。

该耦合度序列服从正态分布。进一步分析其走势,并以正负一个标准差作为参照,如图 7 所示。JP 表示日本的虚实经济耦合度序列;MEAN 表示该耦合度序列的均值,为 0.666085;+1STD. DEV 表示均值加上一个标准差,为 0.831955;−1STD. DEV 表示均值减去一个标准差,为 0.500215。

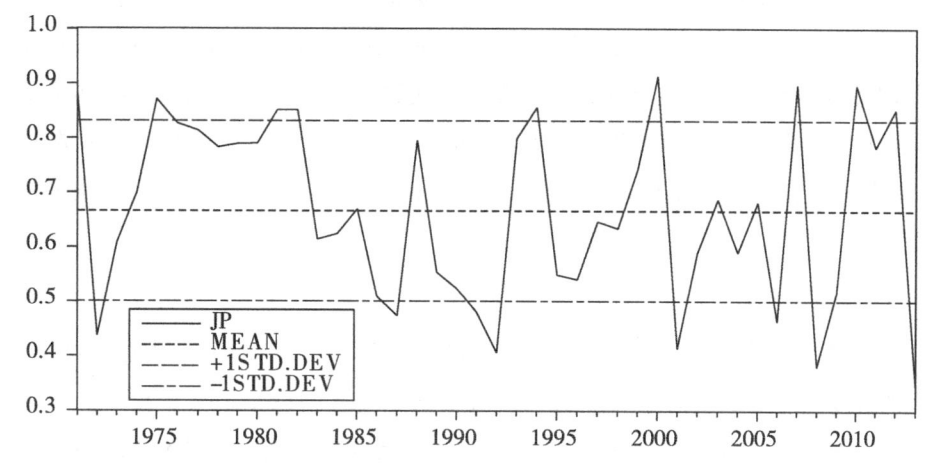

图 7　日本 1971—2013 年间虚拟经济与实体经济的耦合度序列分析图

(1) 日本经济低成长时期(20 世纪 70 年代)。这一时期,日本股市进入滞胀时期。在 70 年代初期,日本虚拟经济与实体经济的耦合度一路下降,直至 1972 年降至最低点 0.436982,落在正负一个标准差区间 [0.500215, 0.831955] 的下限之外。在这一时期,虽然日本经济不景气,但是实体经济和虚拟经济都是以很缓慢的速度增长,并没有出现极大的动荡或跳水,因此两者间的耦合度也相应没有反复震荡。

(2) 日本的"平成景气"时期(20 世纪 80 年代中后期至 90 年代初期)。这段时间内,日本虚实经济的平均耦合度为 0.5563,处于低于均线而且接近正负一个标准差区间 [0.500215, 0.831955] 下限的位置,虚实经济处于非协调发展的阶段。这种非协调性从 1986 年开始便有所体现。1986 年,日本虚拟经济与实体经济的耦合度为 0.509464,已经逼近了区间 [0.500215, 0.831955] 的下限。1987 年,两者耦合度超过该区间下限,达到 0.473511。1988 年耦合度有所提高后,1989 年、1990 年两年又再次接近区间下限,直到 1991 年虚实经济发展彻底失调,泡沫破裂,耦合度落至区间下限以下。

(3) 日本的"失去的二十年"（20世纪90年代至21世纪第一个10年）。从1989—1992年，日本虚实经济的发展由非协调走向失调。20世纪90年代中后期，虚拟经济与实体经济均处于低迷期，虚实经济发展间基本上协调度较高。2000—2010年间，虚实经济的耦合度震荡幅度较大。在这期间的大多数年份中，虚拟经济与实体经济间的耦合度处于接近正负一个标准差区间下限的位置，说明虚实经济间经常呈现出非协调发展的趋势。2001年、2006年及2008年，两者耦合度低于区间下限，说明这些年份中虚拟经济与实体经济间的发展是失调的。2001年，美国发生的多场恐怖袭击，使日经225指数17年来第一次跌破10000日元。而在2006年和2008年，日本的虚实经济发展失调则是受到美国次贷危机的影响。

5.2.3 中国

本文对中国1992—2014年历年虚拟经济与实体经济的耦合度进行测算。该耦合度序列服从正态分布。进一步分析其走势，并以正负一个标准差作为参照，如图8所示。CN表示中国的虚实经济耦合度序列；MEAN表示该耦合度序列的均值，为0.709692；+1STD.DEV表示均值加上一个标准差，为0.867526；-1STD.DEV表示均值减去一个标准差，为0.551858。

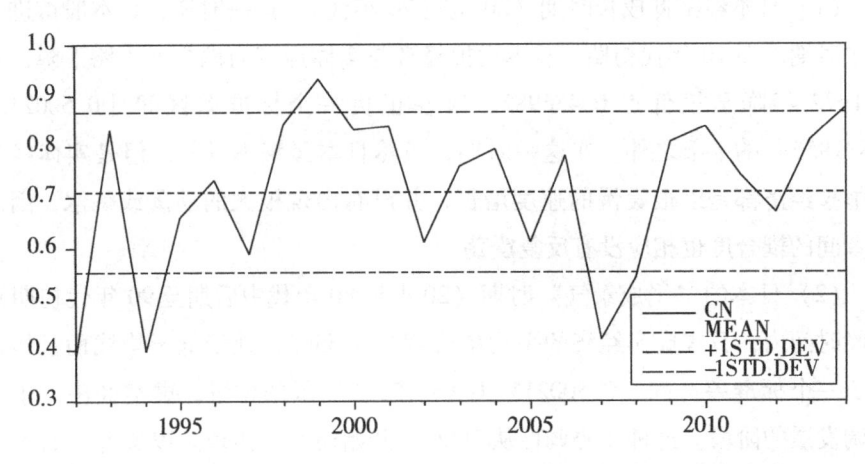

图8 中国1992—2014年间虚拟经济与实体经济的耦合度序列分析图

（1）全国性股票市场初期探索阶段（1992—1997年）。我国虚实经济耦合度于1992年和1994年两次低于正负一个标准差区间的下限，且超出幅度是 24 年以来的最大值。刚刚成立时的股票市场是非正常运行的，此阶段内虚拟经济与实体经济的发展是失调的，股票市场的暴涨暴跌由缺乏监管及盲目投资所致。由于我国政府开始进行宏观调控，虚拟经济与实体经济耦合度开始上升，两系统间的协调性较之于 1994 年以前有所提高。

（2）股票市场调整阶段（1998—2004 年）。这一时期的证券市场已经有了较为正规的监管体系。1998—2004 年，虚实经济的耦合度非常高，七年的平均值为 0.802341，且在 1999 年达到 1992 年以来的最高点。2001 年年末，上证综指曾因国有股减持而一度下跌，虚实经济耦合度有所下降，这也是由于我国证券市场发展尚未成熟。

（3）股票市场规范发展阶段（2005 年至今）。2005 年的股权分置改革提高了资本市场的有效性，使股票市场的制度更完善且规范性更强。然而 2007—2008 年耦合度均低于区间下限。2007 年，虚实经济的发展就已呈现出失调性，而这次虚拟经济与实体经济间的发展失调受多方面影响。一方面，在国际上，我国经济受到美国次贷危机及其他国际金融势力的影响。另一方面，国内出现经济"过热"的现象。2007 年，上证综指的增长约达 157%，经济泡沫问题突出，同时为了防止通胀，政府出台的"超紧缩"政策也影响着虚拟经济活动。

5.2.4 虚实经济协调发展的经验模型

表 6 既体现了美国、日本及中国的虚实经济总体平均耦合度（分别为 0.738238、0.666085 及 0.709692），也总结了三个国家虚拟经济系统与实体经济系统各指标间的耦合度。虽然中国的证券市场发展晚于美国及日本，但是三个国家的虚实经济耦合度平均值并没有很大差距，说明总体上中国的虚拟经济与实体经济间协调发展状况较好。而从内部子系统的比较情况来看，美国的虚拟经济系统与实体经济子系统指标 Y2（全社会固定资产投资总额年增长率）的耦合度最高，而在日本和中国，虚拟经济系统与全社会固定资产投资总额年增长率的耦合度最低。这说明较之于美国，中国和日本的虚拟经济活动对实体经济资本积累及投资规模的影响相对较弱。

表6　美国、日本、中国的虚实经济两系统指标的耦合度

	Y1	Y2	Y3	Y4	平均值
X_{US}	0.721676	0.762871	0.739008	0.729397	0.738238
X_{JP}	0.640707	0.636022	0.678106	0.709506	0.666085
	Y1	Y2	Y3	Y4	
$X_{CN}1$	0.738263	0.693449	0.741306	0.728141	0.725290
$X_{CN}2$	0.692288	0.643259	0.714134	0.726697	0.694095
$X_{CN}1$ 与 $X_{CN}2$ 的平均值	0.715275	0.668354	0.727720	0.727419	0.709692

根据前文分析，本文建立虚实经济协调发展的经验模型，用以衡量虚实经济两个系统总体间的协调发展程度，如图9所示。模型中 μ 表示虚拟经济与实体经济耦合度的平均值，σ 表示虚拟经济与实体经济耦合度的标准差。虚拟经济与实体经济的耦合度取值在0与1之间。模型可以具体描述为：

①当虚实经济耦合度接近其均值及在均值以上时，虚拟经济与实体经济发展具有协调性。虚实经济耦合度越接近1，则协调程度越强；虚实经济耦合度越接近，则协调程度越弱，越有向非协调转变的危险。

②虚实经济耦合度处于其均值的正负一个标准差区间下限至均值之间时，虚拟经济与实体经济呈现出非协调性。虚实经济耦合度越接近，则非协调程度越弱；虚实经济耦合度越接近，则非协调程度越强，越有向失调转变的危险。

③当虚实经济耦合度低于其均值的正负一个标准差区间下限时，则表明虚拟经济与实体经济的发展处于失调状态。虚实经济耦合度越接近0，则失调程度越高；虚实经济耦合度越接近，则失调程度越弱。

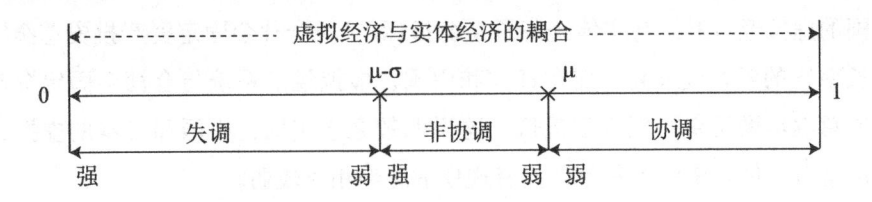

图9　虚实经济协调发展的经验模型

6 结论

本文从"时期"与"时点"两个角度对虚拟经济与实体经济协调发展关系进行研究。首先，从"时期"角度，将十年的发展作为一个整体过程分析，短期内尚在隐藏的问题已经显露，则更能了解经济发展的全貌。其次，从"时点"角度，历年的虚实经济发展协调程度既是评判当年经济发展状态的重要依据，也能够对未来发展起到一定的预警作用。鉴于此，本文主要研究成果将从以下两个角度叙述。

（1）从"时期"角度研究近十年来我国虚实经济协调发展的长短期关系和动态特征，可以得到下列结论。

第一，在长期内，我国近十年来的实体经济与虚拟经济发展之间存在稳定的关系，而且这种稳定关系的维持有利于实体经济的发展。债券市场对实体经济的长期影响最强，其次影响程度由强到弱依次是期货市场、证券投资基金市场和股票市场。证券投资基金成交额及期货总成交额与实体经济增长之间呈正相关，而股票成交额及债券交割额与实体经济增长间具有负相关关系。从长期来看，近十年虚拟经济活动所起到的为实体经济融资的功能和资金配置效率有所降低。

第二，在短期内，对实体经济影响最大的虚拟经济活动为期货和股票交易，其次是证券投资基金交易，而影响最弱的是债券交易。除了债券市场外，虚拟经济的其余组成部分在短期内均对实体经济增长有正向影响。短期内，虚拟经济各组成部分对实体经济的影响均弱于长期。

第三，对比分析虚拟经济各组成部分在长短期内对实体经济发展的影响，可以得出下列结论：①股票市场的发展在短期内能带动实体经济增长，但在长期内则对实体经济发展有负面影响。②无论在长期或短期内，债券交割额均与实体经济增长呈负相关，且债券交割额对实体经济增长的短期弹性远小于长期弹性。③期货市场和证券投资基金市场在长期和短期内均对实体经济有正向促进作用，是虚拟经济活动发挥融资功能及资金配置功能的重要体现。

第四，虚拟经济各变量的冲击给实体经济发展带来的影响程度相差不大，且实体经济对虚拟经济中变量冲击的响应有滞后性，基本在第二期或第三期达到峰值。当对实体经济施加一个标准差的冲击时,虚拟经济各变量能做出更快速、更猛烈的响应。

(2) 从"时点"的角度测算历年的虚实经济耦合度,并界定两系统的协调发展区间,可以得到下列结论:

第一,虚拟经济与实体经济两系统间的耦合度表示两者间的关联程度。中国 1992—2014 年的虚实经济平均耦合度高于日本 1971—2013 年的虚实经济平均耦合度,但比美国 1922—2013 年的虚实经济平均耦合度要低。总体上来看,三个国家的虚实经济平均耦合度相差不大。这说明中国的虚拟经济与实体经济间协调发展状况较好,与美国及日本等成熟资本市场相比,虚实经济发展的协调程度总体相近。

第二,通过耦合协调度来衡量虚实经济协调度能够对虚实经济内部子系统以及两个总体系统间耦合度进行分别测算。从总体层面上,本文提出虚实经济协调发展的经验模型(如图 9 所示),可以根据虚实经济的耦合度来判断虚实经济总体发展是处于协调、非协调还是失调的区间内。如若发现两者处于非协调或失调状态,则可以通过对虚实经济内部子系统耦合度进行测算的方法,具体考察是哪些变量间出现了非协调或失调问题。

参考文献

[1] LEVINE R., ZERVOS S.. Stock Markets, Banks, and Economic Growth [C]. American Economic Review. 1998:942 – 963.

[2] HARRIS R. D. F.. Stock markets and development:A re-assessment [J]. European Economic Review, 1997, 41 (1):139 – 146.

[3] JACOBSON T., LINDÉ J., ROSZBACH K. Credit Risk Versus Capital Requirements under Basel II:Are SME Loans and Retail Credit Really Different? [J]. Journal of Financial Services Research, 2005, volume 28 (1 – 3):43 – 75 (33).

[4] HUDSON M.. The Fictitious Economy:An Interview with Dr. Michael Hudson [EB/OL]. http://www.blackagendareport.com/? q = content/fictitious-economy-part-2-interview-dr-michael-hudson-0 (2015 – 04 – 03).

[5] 周莹莹,刘传哲. 中国虚拟经济与实体经济关系的灰色关联及溢出效应分

析[J]. 统计与信息论坛, 2011, 25 (10): 79-86.

[6] 刘沁芳. 虚拟经济与实体经济匹配性的统计研究[J]. 统计与决策, 2014 (24): 120-123.

[7] 刘思峰, 袁潮清, 王业栋, 等. 广义虚拟经济视角下的虚拟经济和实体经济协调发展模型研究[J]. 广义虚拟经济研究, 2011 (2): 35-40.

[8] 周莹莹. 虚拟经济对实体经济影响及与实体经济协调发展研究[D]. 北京: 中国矿业大学, 2011.

[9] 刘林川. 虚拟经济与实体经济协调发展研究[D]. 天津: 南开大学, 2014.

[10] 袁国敏. 虚拟经济统计核算体系的构建[J]. 统计与决策, 2008 (12): 4-6.

[11] 刘骏民. 经济增长、货币中性与资源配置理论的困惑——虚拟经济研究的基础理论框架[J]. 政治经济学评论, 2011 (4): 43-63.

[12] 熊德平. 农村金融与农村经济协调发展研究[M]. 北京: 社会科学文献出版社, 2009.

[13] 王少平. 宏观计量的若干前沿理论与应用[M]. 天津: 南开大学出版社, 2003.

基于 ARIMA 模型的北京居民消费价格指数预测[1]

杨颖梅[2]

(北京信息科技大学经济管理学院)

摘要：自回归单整移动平均模型（ARIMA）是目前应用较为广泛的时间序列建模方法之一，本文以北京市1998年1月至2013年5月的CPI月度数据为样本，采用 Eviews 6.0 软件，建立了 ARIMA（12，1，8）模型，模型对样本内数据拟合较好，预测误差较小，进一步用该模型对北京市2013年6月至2013年12月的CPI指数进行了预测，希望为政府制定相应的宏观调控政策提供参考。

关键词：ARIMA 模型；居民消费价格指数；北京；预测

中图分类号：F726　　**文献标识码**：A

1 引言

居民消费价格指数（Consumer Price Index，CPI）反映的是一定时期内人们购买一组代表性商品和劳务总花费的变化情况，是国民经济核算统计的核心指标之一。如果用 CPI 来衡量价格水平，则通货膨胀率就是不同时期的 CPI 变动的百分比，因此 CPI 也是度量通货膨胀程度的重要指标。这一指标与居民生活密切相关，影响着政府制定货币、财政、价格、消费、工资、社会保

---

[1] 基金项目：本文系北京市哲学社会科学规划项目"北京居民消费价格指数波动规律及其驱动因素研究"（项目编号：12JGC078）的阶段性研究成果。

[2] 作者简介：杨颖梅（1974—），女，山东潍坊人，博士，讲师。主要研究方向为计量经济学、博弈论、拍卖与招标理论。

障等政策。据北京市统计局、国家统计局北京调查总队联合发布的 2012 年经济数据显示，从价格月度同比涨幅看，2012 年 1 月至 12 月北京市 CPI 呈现先降后升的"U"字形态势，全年 CPI 同比上涨 3.3%，较上年回落 2.3 个百分点。2013 年 4 月，中国人民银行营业管理部发布的针对北京居民 2013 年一季度储户调查问卷结果显示，64.5% 的居民认为当前物价水平"高，难以接受"，居民当期物价满意指数为 18.6，较上季下降 1.7 点❶。

如何选取恰当的模型，从居民消费价格指数自身波动的特点出发对北京 CPI 的走势进行分析，并对未来发展进行预测，对于全面把握经济发展趋势、经济安全以及社会稳定具有重要的意义。本文选取经典的自回归单整移动平均模型（Autoregressive Integrated Moving Average Model，ARIMA），对北京 1998 年 1 月到 2013 年 5 月 CPI 的走势情况进行了分析，并对 2013 年下半年的 CPI 进行了预测，希望能够为政府部门制定物价调控政策提供一些参考和借鉴。

2 文献回顾

已有的研究和预测居民消费价格指数的经济模型可以分为两大类：单变量模型和多变量模型。单变量模型常用的主要是自回归移动平均类模型（Autoregressive Moving Average Model ARIMA）、自回归条件异方差类模型（Autoregressive Conditional Heteroskadasticity Model，ARCH）等。单变量模型以研究 CPI 时间序列的自身波动性特点为主，其中 ARMA 类模型主要包括自回归单整移动平均模型（ARMA）、季节自回归单整移动平均模型（Season Autoregressive Integated Moving Average Model，SARIMA），ARCH 类模型主要包括广义自回归条件异方差模型（Generalized Autoregressive Conditional Heteroskadasticity Model，GARCH）、门限自回归条件异方差模型（Threshold Autoregressive Conditional Heteroskadasticity Model，TARCH）和指数广义自回归条件异方差模型（Exponial Generalized Autoregressive Conditional Heteroskadasticity Model，EGARCH）等。郭晓峰构建了 ARIMA（12，1，20）模型，对我国 CPI 走势进

---

❶ 资料来源于 2013 年 4 月 3 日《新京报》。

行了预测[1];邵明振等用时间序列的 BP 神经网络模型和 ARMA 模型的方法对我国月度 CPI 进行了模型分析并检验了预测效果[2];张丽、牛惠芳用 SARIMA 模型对我国居民消费价格指数月度数据进行了预测分析,并对统计数据的变化趋势及季节性进行了验证,验证结果表明该模型是合理、有效的,预测值与实际值的误差较小[3]。陈家清等通过 AR(2) - ACGARCH(1, 1) 组合模型对我国居民消费价格指数的非对称性波动情况进行了分析,发现 CPI 的差分序列具有明显的群集效应和逆杠杆效应,即正的外部冲击对价格水平的影响大于负的外部冲击,并做出了短期预测[4]。

多变量模型常用的是向量自回归模型(Vector Autoregressive,VAR),多变量模型以分析影响 CPI 波动的各项因素为主。方燕、尹元生选取原材料、燃料和动力购进价格指数、工业品出厂价格指数、固定资产投资价格指数、货币供应增长率以及外汇储备增长率作为研究居民消费价格指数传导机制的指示变量,利用 VAR 方法建立模型分析传导机制[5]。董梅运用 VAR 模型分析得出 CPI 对自身反应较为敏感,原材料、燃料和动力购进价格指数对 CPI 的影响较弱,工业产品出厂价格指数以及货币供给增长率对 CPI 的影响也较弱,但有 3 个月的时滞[6]。刘海兵、刘丽通过 VAR 模型分析同样表明 CPI 对本身的冲击是敏感的,货币供应量、固定资产投资规模和工业品出厂价格指数对 CPI 的影响比较显著[7]。孙迪采用结构 VAR 模型对 CPI 的外部冲击因素人民币汇率、外汇储备变动以及国际大宗商品价格变动等对 CPI 的影响进行了分析,结果显示汇率变动对 CPI 有一定的抑制作用,短期内国际大宗商品价格对 CPI 有一定的输入影响,外汇储备的变动主要作用于国内货币供给,对 CPI 的正向冲击较为显著[8]。

3 ARIMA 模型简介

自回归单整移动平均模型(ARIMA)是目前较为广泛应用的时间序列建模方法之一。设时间序列 y_t 是 d 阶单整序列,记为:$y_t \sim I(d)$,则:

$$\omega_t = \Delta^d y_t = (1 - L)^d y_t$$

其中,ω_t 为平稳序列,即 $\omega_t \sim I(0)$,于是可以对 ω_t 建立 ARMA(p, q)模型

$$\omega_t = c + \phi_1\omega_{t-1} + \cdots + \phi_p\omega_{t-p} + \varepsilon_t + \theta_1\varepsilon_{t-1} + \cdots + \theta_q\varepsilon_{t-q}$$

用滞后算子表示，则

$$\Phi(L)\omega_t = c + \Theta(L)\varepsilon_t$$

式中

$$\Phi(L) = 1 - \phi_1 L - \phi_2 L^2 - \cdots - \phi_p L^p$$
$$\Theta(L) = 1 + \theta_1 L + \theta_2 L^2 + \cdots + \theta_q L^q$$

经过 d 阶差分变换后的 ARMA（p, q）模型称为 ARIMA（p, d, q）模型，等价于下式

$$\Phi(L)(1-L)^d y_t = c + \Theta(L)\varepsilon_t$$

ARIMA（p, d, q）的建模过程同 ARMA（p, q）模型的建模过程基本相同，唯一的不同在于估计之前要确定原序列的差分阶数 d，对 y_t 进行 d 阶差分。因此对一个序列建模之前，我们应当首先确定该序列是否具有非平稳性，需要对序列的平稳性进行检验，特别是要检验其是否含有单位根及所含有单位根的个数。博克斯-詹金斯（Box-Jenkins）提出了针对非平稳时间序列建模具有广泛影响的建模思想，能够对实际建模起到指导作用。博克斯-詹金斯的建模思想可分为如下 4 个步骤。

（1）对原序列进行平稳性检验，如果序列不满足平稳性条件，可以通过差分变换（单整阶数为 d，则进行 d 阶差分）或者其他变化，如对数差分变换使序列满足平稳性条件。

（2）通过计算能够描述序列特征的一些统计量（如自相关系数和偏自相关系数），来确定模型的阶数 p 和 q，并在初始估计中选择尽可能少的参数。

（3）估计模型的未知参数，并检验参数的显著性，以及模型本身的合理性。

（4）进行诊断分析，以证实模型确实与所观察到的数据特征相符。

对于上述第 3 步、第 4 步，所需要的统计量和检验如下：

（1）检验模型参数显著性水平的 t 统计量。

（2）为保证 ARIMA（p, d, q）的平稳性，模型的特征根的倒数皆小于 1，在单位圆内。

（3）模型的残差序列应当是一个白噪声序列，可以采用 DW 统计量、相关图和 Q 统计量、拉格朗日乘数（LM）检验法等方法检验[9]。

4 基于 ARIMA 模型的实证分析

4.1 数据来源

本文选取 1998 年 1 月到 2013 年 5 月的北京月度 CPI 数据，数据来源于万得（wind）数据库，所有的计算过程采用 Eviews 6.0 软件完成。表 1 为本文研究中用到的数据。

表1 1998年1月至2013年5月北京居民消费价格指数

（上年同期=100）

	1月	2月	3月	4月	5月	6月	7月	8月	9月	10月	11月	12月
1998年	104.0	103.4	103.6	104.0	103.2	103.0	102.6	102.2	100.6	100.5	101.8	100.1
1999年	101.0	101.4	101.3	100.6	100.5	100.1	100.9	100.4	100.1	100.7	99.7	100.0
2000年	101.7	101.6	100.9	101.3	102.2	102.1	102.9	106.9	106.2	107.2	106.6	
2001年	105.3	104.2	105.4	106.0	105.5	104.9	105.5	103.9	100.1	100.1	99.0	98.4
2002年	97.2	97.9	97.3	96.6	98.0	98.8	98.7	98.9	98.1	98.4	98.8	99.5
2003年	100.8	100.9	100.6	101.1	101.1	99.2	98.7	99.6	99.7	100.2	100.5	100.4
2004年	100.6	98.7	99.7	99.9	99.8	101.1	102.4	102.1	102.7	101.8	101.5	101.4
2005年	100.8	102.8	101.7	101.7	101.8	101.5	101.6	101.4	101.0	101.2	101.0	101.1
2006年	101.4	100.5	101.1	100.9	101.2	101.5	100.7	100.5	100.6	100.6	100.7	101.0
2007年	100.5	101.2	101.4	100.9	100.7	101.0	102.1	103.5	103.7	104.4	105.3	105.0
2008年	105.3	106.2	106.0	106.5	106.3	106.1	106.3	105.5	105.2	104.2	102.1	101.0
2009年	100.7	98.9	99.0	98.6	98.3	98.2	97.6	97.2	97.5	97.7	98.7	99.4
2010年	100.0	101.2	100.9	101.8	102.3	102.5	102.8	102.6	103.4	104.3	104.7	
2011年	104.8	105.3	105.5	105.8	105.5	106.2	106.4	106.6	106.5	105.9	104.6	104.4
2012年	104.8	103.5	103.7	103.5	103.2	102.6	102.6	102.7	103.0	102.9	103.2	103.6
2013年	103.1	104.6	103.6	103.2	102.7							

4.2 平稳性检验

图 1 为北京月度 CPI 的走势图，从图中可以看出随着时间的推移 CPI 具有明显的波动变化趋势，初步判断其是一个非平稳的时间序列。采用 ADF 检验方法对 CPI 序列进行单位根检验，进一步判断该序列的平稳性，ADF 检验结果见表 2。从表 2 可以看出，ADF 检验中得到的 t 值为 -0.007675，大于 5% 及 10% 显著性水平下的临界值，表明该时间序列存在单位根，为非平稳时间序列。

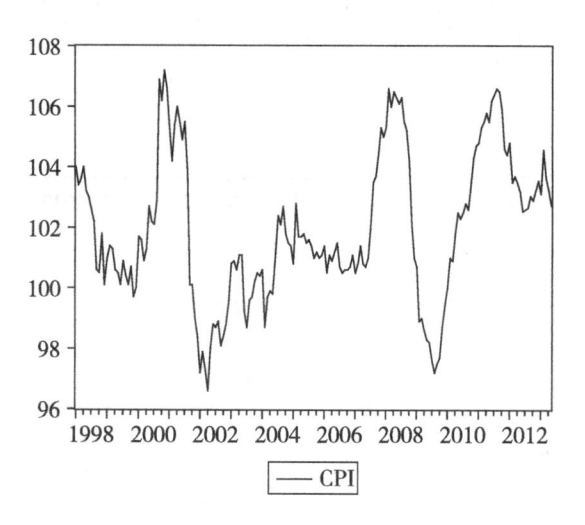

图 1　北京月度 CPI 走势图

表 2　CPI 序列的 ADF 检验结果

ADF 统计量/%			t 统计量	概率值（P 值）
			-0.007675	0.6788
显著性水平：	1% level	检验临界值：	-2.578476	
	5% level		-1.942688	
	10% level		-1.615474	

图 2 为经过一阶差分后的北京月度 CPI 走势图，可以初步判断其是一个平稳的时间序列。同样采用 ADF 检验方法对一阶差分后的 CPI 序列进行单位根检验，判断该序列的平稳性，ADF 检验结果见表 3。从表 3 可以看出，ADF

检验中得到的 t 值为 -5.379292，小于 1% 显著性水平下的临界值，表明经过差分后的 CPI 序列已经为平稳时间序列。因此，北京 CPI 月度时间序列为一阶单整序列，记为：$CPI_t \sim I(1)$。

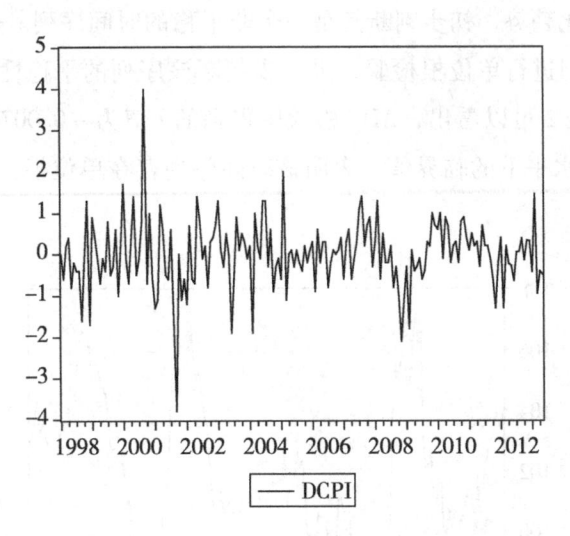

图2　北京月度 CPI 一阶差分序列走势图

表3　CPI 一阶差分序列的 ADF 检验结果

ADF 统计量/%		t 统计量	概率值（P 值）
		-5.379292	0.0000
显著性水平：	1% level	检验临界值：	-2.578397
	5% level		-1.942677
	10% level		-1.615481

4.3　模型建立

经过平稳性检验可知，即将建立的 ARIMA（p, d, q）模型中 $d=1$，为了获得 ARIMA（p, d, q）中自回归的阶数 p 和移动平均的阶数 q，需要对差分后的 CPI 月度数据的自相关和偏自相关图进行观察。图3 为 CPI 一阶差分序列的自相关和偏自相关图。

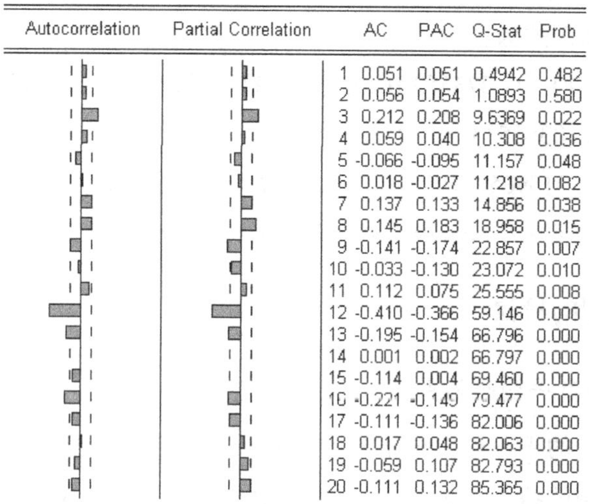

Autocorrelation	Partial Correlation		AC	PAC	Q-Stat	Prob
		1	0.051	0.051	0.4942	0.482
		2	0.056	0.054	1.0893	0.580
		3	0.212	0.208	9.6369	0.022
		4	0.059	0.040	10.308	0.036
		5	-0.066	-0.095	11.157	0.048
		6	0.018	-0.027	11.218	0.082
		7	0.137	0.133	14.856	0.038
		8	0.145	0.183	18.958	0.015
		9	-0.141	-0.174	22.857	0.007
		10	-0.033	-0.130	23.072	0.010
		11	0.112	0.075	25.555	0.008
		12	-0.410	-0.366	59.146	0.000
		13	-0.195	-0.154	66.796	0.000
		14	0.001	0.002	66.797	0.000
		15	-0.114	0.004	69.460	0.000
		16	-0.221	-0.149	79.477	0.000
		17	-0.111	-0.136	82.006	0.000
		18	0.017	0.048	82.063	0.000
		19	-0.059	0.107	82.793	0.000
		20	-0.111	0.132	85.365	0.000

图3 CPI 一阶差分序列的自相关和偏自相关图

从图3中可以看出，自相关系数（Autocorrelation）在滞后阶数为3和12时显著不为零，因此可以取 $q=3$，$q=12$。偏自相关系数（Partial Correlation）在滞后阶数为3、8和12时显著不为零，因此可以取 $p=3$，$p=8$，$p=12$。以上是初步判断，为了确定模型的最终结构，本文进行了多次尝试，建立了多个模型，利用 AIC 和 SC 准则对模型进行比较，综合考察模型的整体拟合效果，最终选定模型为 ARIMA（12，1，8）（见表4）。

表4 北京月度 CPI 的 ARIMA（12，1，8）模型

Variable	Coefficient	Std. Error	t-Statistic	Prob.
C	0.001881	0.051310	0.036653	0.9708
AR（8）	-0.273653	0.096552	-2.834243	0.0052
AR（12）	-0.437440	0.069988	-6.250234	0.0000
MA（8）	0.625992	0.091402	6.848750	0.0000

R-squared	0.276328	Mean dependent var	0.015202
Adjusted R-squared	0.263482	S. D. dependent var	0.834257
S. E. of regression	0.715965	Akaike info criterion	2.192479
Sum squared resid	86.63038	Schwarz criterion	2.265387
Log likelihood	-185.6494	F-statistic	21.51045
Durbin-Watson stat	1.824201	Prob（F-statistic）	0.000000

模型的具体形式为：

$$\Delta CPI_t = 0.001881 - 0.273653\Delta CPI_{t-8} - 0.437440\Delta CPI_{t-12} + 0.625992u_{t-8} + u_t$$
$$t = (0.036653)\ (-2.834242)\ (-6.250234)\ (6.848750)$$
$$S.E. = 0.715965,\ R^2 = 0.276328,\ \overline{R}^2 = 0.262482,\ F = 21.51045$$
$$AIC = 2.192479,\ SC = 2.265387,\ DW = 1.824201$$

4.4 模型的检验

4.4.1 模型平稳性检验

为保证模型的平稳性，要求模型的特征根的倒数皆小于1，即在单位圆内。图4为模型的特征根倒数分布图，从图中可以看出 ARIMA（12，1，8）模型的所有特征根的倒数均位于单位圆之内，因此可以说明该模型是稳定的。

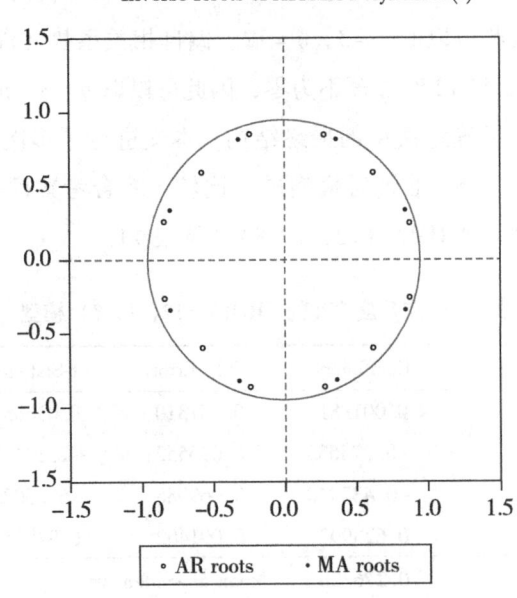

图4　ARIMA（12，1，8）模型稳定性检验—特征根倒数分布图

4.4.2 模型残差序列独立性检验

若模型的残差序列不是白噪声序列，说明模型需要进一步改进，模型中

还存在有用的信息未被提取。这里我们采用拉格朗日乘数检验法（LM 检验）对残差序列的样本自相关系数进行检验，原假设是残差序列相互独立。表 5 为 LM 检验结果，从表 5 中可以看出统计量值的 p 值均大于 0.05，因此不能拒绝原假设（残差序列相互独立），检验通过，模型的残差序列是白噪声序列。

表 5 残差的 LM 检验结果

F 统计量	0.643725	P 值	0.526630
$T \times R^2$ 统计量	1.323377	Probability	0.515979

另外从残差序列的自相关图（图 5）可以看出，自相关系数基本落入显著性水平 $\alpha = 0.05$ 的置信带，其绝对值大多数都小于 0.1，所以可以认为残差序列是纯随机序列，模型 ARIMA（12，1，8）的建立较为合理，充分提取了数据中的信息。

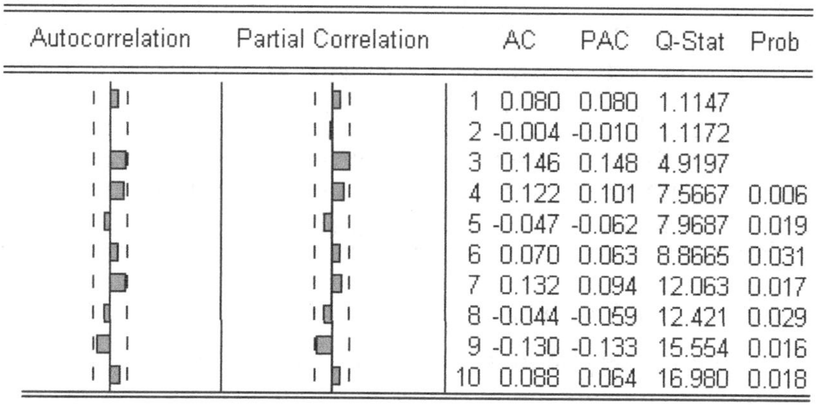

Autocorrelation	Partial Correlation		AC	PAC	Q-Stat	Prob
		1	0.080	0.080	1.1147	
		2	-0.004	-0.010	1.1172	
		3	0.146	0.148	4.9197	
		4	0.122	0.101	7.5667	0.006
		5	-0.047	-0.062	7.9687	0.019
		6	0.070	0.063	8.8665	0.031
		7	0.132	0.094	12.063	0.017
		8	-0.044	-0.059	12.421	0.029
		9	-0.130	-0.133	15.554	0.016
		10	0.088	0.064	16.980	0.018

图 5 残差序列自相关—偏自相关分析图

4.5 模型预测和分析

首先进行样本内静态预测，图 6 为预测值与真实值的趋势图，从图中可以看出样本期内北京月度 CPI 的真实值和预测值两条曲线的拟合情况较好，走势基本一致。表 6 给出了 2012 年 8 月至 2013 年 5 月的北京月度 CPI 的真实值、预测值及预测误差，从表中可以看出预测误差较小，预测精度较高。

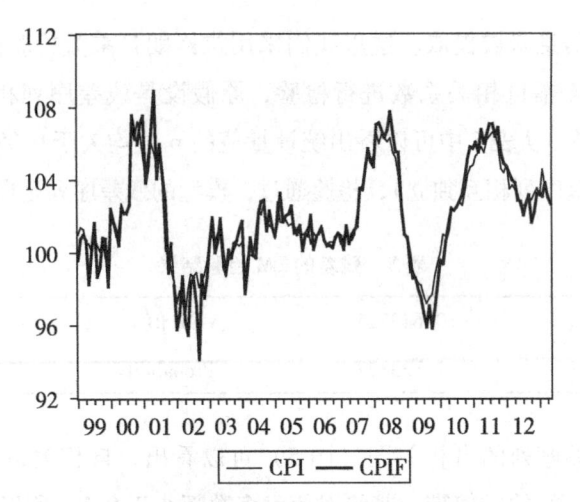

图 6　北京 CPI 的真实值与静态预测值

表 6　2012 年 8 月至 2013 年 5 月北京 CPI 预测值、真实值及预测误差

2012 年	8 月	9 月	10 月	11 月	12 月
真实值	102.66	103.04	102.90	103.23	103.55
预测值	102.72	103.17	101.66	102.20	103.25
预测误差	-0.06%	-0.13%	1.22%	1.01%	0.29%
2013 年	1 月	2 月	3 月	4 月	5 月
真实值	103.12	104.58	103.63	103.22	102.73
预测值	103.32	103.09	103.83	103.05	102.69
预测误差	-0.19%	1.44%	-0.19%	0.16%	0.04%

为了进一步分析北京 CPI 的走势，利用建立的 ARIMA（12，1，8）模型对进行样本外动态预测，对 2013 年 6 月至 12 月的 CPI 指数进行预测，表 7 为预测值数据。

表 7　2013 年 6 月至 12 月北京 CPI 预测值

2013 年	6 月	7 月	8 月	9 月	10 月	11 月	12 月
预测值	102.4	102.2	102.6	102.6	103.4	102.5	102.1

5　小结

通过上述的分析和预测，可以发现 2013 年下半年北京居民消费价格指数依然会出现持续上涨,上涨的幅度与上一年同期相比在2.1%~3.4%,为了应对CPI上涨,政府应尽快制定相应调控政策,以保证居民的生活水平和质量不会受到通货膨胀的影响。据北京市统计局发布的数据,2013年5月北京CPI同比上涨2.7%,其中肉禽及其制品同比上涨6.0%,蛋类上涨10.01%,居住类上涨6.86%,可以看出肉类、蛋类等食品价格的稳定对CPI的稳定有着非常重要的作用,政府在制定相应的调控政策时要充分考虑到这些重要的影响因素。

参考文献

[1] 郭晓峰. 基于ARIMA模型的中国CPI走势预测分析 [J]. 统计与决策, 2012 (11): 29-32.

[2] 邵明振, 陈磊, 宋雯彦. 我国月度居民消费价格指数的预测方法与应用 [J]. 统计与决策, 2012 (14): 30-31.

[3] 张丽, 牛惠芳. 基于SARIMA模型的居民消费价格指数预测分析 [J]. 数理统计与管理, 2013 (1): 1-6.

[4] 陈家清, 张智敏, 王仁祥. 居民消费价格指数的非对称性波动分析及短期预测 [J]. 统计与决策, 2013 (4): 119-122.

[5] 方燕, 尹元生. 基于VAR模型的居民消费价格指数传导机制研究 [J]. 北京工商大学学报(社会科学版), 2009 (1): 70-74.

[6] 董梅. 基于VAR模型的居民消费价格指数预测 [J]. 统计与决策, 2011 (1): 29-31.

[7] 刘海兵, 刘丽. 基于VAR模型的CPI影响因素分析 [J]. 云南财经大学学报, 2009 (1): 119-124.

[8] 孙迪. 基于SVAR模型分析居民消费价格指数的外部冲击因素 [J]. 价格月刊, 2012 (1): 30-35.

[9] 高铁梅. 计量经济分析方法与建模 [M]. 北京:清华大学出版社, 2011.

(本文原刊载于《统计与决策》2015年第4期)

高新技术园区全要素生产率测度及实证研究

王腾霄[1]

(北京信息科技大学经济管理学院)

  摘要：经济增长一直是衡量国家和地区发展的重要指标，全要素生产率的发展变化在促进经济增长的可持续性方面同样值得关注。高新技术园区作为地区经济发展的重要引擎，在人才培养、科研带动等方面形成了示范和辐射效应。在全面深化改革的背景下，关注全要素生产率首次在政府工作报告中出现，通过提高全要素生产率助力高新技术园区实现经济增长方式的转变，已经成为当下具有重要意义的工作。本文以中关村国家自主创新示范区为研究对象，选取资本投入、人力投入和总收入三类指标，依据价格平减处理办法对数据进行价格因素去除，首先使用索洛余值法对中关村示范区2001年至2014年的全要素生产率进行测算分析；其次使用DEA-Malmquist指数模型进行测算对比，并将全要素生产率增长进一步分解为技术效率指数和技术进步指数，技术效率指数又被分解为纯技术效率指数和规模效率指数；再次采用索洛余值法对中关村内具有代表性的园区、技术领域的全要素生产率进行测算对比，以探究细分园区和技术领域的全要素生产率水平及发展特点。研究结果表明：使用索洛余值法和DEA-Malmquist指数模型都能较好地识别中关村全要素生产率，且在多数时段两种测算方法的结果较为一致。中关村目前全要素生产率水平较低，仍处于资本驱动发展阶段，技术进步是促进全要素生产率增长的主要原因。通过对中关村经济全要素生产率的测度不仅正确解析了促进园区经济发展的驱动因素及其贡献水平，并且结合现实对全要素生产率的变动趋势做出了分析，对助力中关村和其他高新技术园区在经济新常态

---

[1] 作者简介：王腾霄（1990—），男，汉族，河南洛阳人，硕士。研究方向：统计预测。

下的"稳增长、调结构、促发展"具有重意义。

关键词：经济增长；全要素生产率；索洛余值法；DEA – Malmquist；中关村

1 引言

为了适应国际高新技术产业浪潮的发展，高新技术及其产业均被各个国家当作发展经济、创新示范优先考虑的对象。

目前我国高新区的发展也面临盲目扩大规模、创新辐射效应不足、发展动力减弱等问题。在经济新常态的背景下，高新区也同样面临着结构优化、转变经济增长方式的机遇和挑战。传统的依靠要素投入促进经济增长的方式必须向依靠创新驱动的方式转变，这一目标的实现前提是对经济增长影响因素的探索分析，特别是对单要素生产和全要素生产率（Total Factor Productivity，TFP）做出有效的分析，才能从宏观、技术领域、地域等不同层次进行有效的规划和调控。

全要素生产率作为科技进步的代表，是新常态下经济持续发展的动力，助力经济转型再平衡。经济学家吴敬琏同样认为，当前中国正处于经济增长动力转换的关键时期，之前依赖投资促进经济发展的方式必须向依靠全要素生产率的提升。为此，本文将使用一定的分析思路和方法对高新区的经济增长进行研究，以中关村国家自主创新示范区为研究对象，从中微观层面测度和研究具有示范作用的高新技术园区全要素生产率（TFP）及各因素的影响作用，也同样对国内其他高新技术园区的发展提供借鉴意义。

2 文献综述

针对生产率的研究是近些年来学术领域的热点，从要素投入和生产率的角度探究经济增长影响因素及发展水平，能更清晰地反映经济发展过程中存在的问题。测度和分析全要素生产率水平是找出经济增长驱动因素的一个重要手段。TFP是判断经济增长的源泉和动力的重要指标。当前学术界对全要素生产率的含义暂未达成一致的看法。目前估算TFP的方法主要有增长核算法和生产前沿面法，且方法理论的发展多由国外学者研究贡献。

对国家和区域的研究有：Sveikauskas 曾对美国城市进行研究，发现城市规模增加一倍，生产率会提高6%~7%[1]。M. Danquah 和 E. Moral-Benito 等的研究发现区域的异质性差异和对外贸易程度造成了不同国家之间 TFP 对经济贡献的差异[2]。

对技术领域发展的研究有：E. Hisali 对乌干达的电信产业进行研究，发现其 TFP 指数增长的主要因素同样来自技术进步或技术变革[3]。

对 TFP 影响因素的研究有：Elsadig Musa Ahmed 对马来西亚 1999 年至 2008 年外商直接投资进行研究，结果显示 FDI 的流入对 TFP 增长有负面影响[4]。N. Apergis 和 J. Sorros 研究认为不同的固定资产折旧率对 TFP 的估算产生一定影响[5]。

在我国，对全要素生产率的研究已有十多年的历史。我国著名经济学家林毅夫对东亚经济增长模式的再探讨中对各种测算 TFP 的方法进行了较为详细的评析[6]；郑玉歆分析了 TFP 测度经济增长效益中含有的不足及其他问题；刘光岭对各种 TFP 测算的方法进行比较评述，认为国内的研究仍存在一些薄弱环节；程郁、陈雪认为高新区的 TFP 增长率明显高于其所在地区的水平，且技术进步是 TFP 增长的主要因素[7]。胡品平通过对广东省 2004—2008 年 6 个国家级高新区进行研究发现资本和劳动力的投入在高新区发展中发挥了重要作用，TFP 对高新区发展的促进作用不够显著[8]。

从以上国内外研究看出，随着经济理论的不断完善，自 21 世纪初全要素生产劳动研究热度快速上升，各自研究成果颇为丰富。

(1) 从研究内容上看，国内外对 TFP 的研究涵盖多个层面，包括对国家、地区、产业等各方面的分析，也有部分文献对高新区进行了研究。

(2) 从测度 TFP 的方法来看，使用的多是索洛余值法、数据包络分析及随机前沿分析法[9]，其中索洛余值法多用来测算宏观对象的 TFP 的变化情况，数据包络分析和随机前沿分析发展也相对成熟，成为 TFP 增长率测算的重要工具和手段。

(3) 从已检索到的文献资料看，现有研究缺乏对不同方法之结果的深入比较和分析，同时对单个高新技术园区全要素生产率的发展及趋势的探讨尚不多见。目前研究的高新技术园区的全要素生产率多是一个简单的计算和数据描述，对全要素生产率变动背后的原因进行探讨的较少。

3 全要素生产模型

高新区起源于发达国家，美国的"硅谷"被认为是世界上最早的高新技术园区。支持高新区发展的理论众多，从最早的马歇尔工业区理论到最新的创新理论等，都给出了建设高新区的理论支持。

对高新区经济影响因素有不同的评价角度，最常用的是从计量经济学的角度，评价影响高新区经济总量的人力、资本、全要素生产率等要素的贡献度。具体又分为两类，一类重点研究各要素投入对经济的贡献，另一类着重研究 TFP 及其影响因素的变化。本文将以中关村为例对全要素生产率进行测算，以探究高新技术园区要素投入变化的一般规律。

3.1 全要素生产率模型选择

测算全要素生产率的方法分为：增长核算法、指数法和生产前沿面法[10]。其中指数法单纯地使用多因为数据问题和随机因素影响较大，多是与其他方法结合起来测算全要素生产率。对高新技术园区的 TFP 测算较为适用的是增长核算法和生产前沿面法。

3.1.1 增长核算法

索洛（Solow）给出的总量生产函数形式为：

$$Y = A_t F(K, L) \tag{3.1}$$

这是一个包含技术进步因素的生产要素可替代的函数形式，索洛将增长表示为资本、劳动和技术进步的函数[11]。而 A_t 即为 Kendrick 所称的 TFP 的技术进步要素。在假定规模报酬不变、生产者均衡以及技术中性等条件下对该函数对时间求导数并除以总产出，可得出如下的产出增长方程：

$$\frac{dY}{Y} = \frac{dA}{A} + \alpha \frac{dK}{K} + \beta \frac{dL}{L} \tag{3.2}$$

其中，α 和 β 分别代表资本产出弹性和劳动产出弹性。

采用增长核算法测量 TFP 有两点优势。第一，该方法中能够用到的样本数据种类较多，时间序列数据、横截面数据和面板数据都能使用[12]。第二，因为此模型是在增长模型的理论上发展出来的,故此较为适合用于对经济总量的长期预测。

3.1.2 生产前沿面法

生产前沿面法中又分为含参数和不含参数的两种方法,其中非参数前沿分析方法不需要事先设定生产函数,也无须估计参数,它是采用线性规划技术,找出所有观测点中的相对有效点,并构造生产前沿面[13]。应用较为广泛的是 DEA-Malmquist 指数。

根据 Fare 等人 1994 年对 Malmquist 指数的定义:

$$M_i(x^t, y^t, x^{t+1}, y^{t+1}) = \left[\frac{D_i^{t+1}(x^{t+1}, y^{t+1})}{D_i^{t+1}(x^t, y^t)} \times \frac{D_i^t(x^{t+1}, y^{t+1})}{D_i^t(x^t, y^t)}\right]^{\frac{1}{2}} \quad (3.3)$$

其中,$D_i^t(x^t, y^t)$,$D_i^{t+1}(x^{t+1}, y^{t+1})$ 表示以当期技术表示的技术效率水平,$D_i^t(x^{t+1}, y^{t+1})$ 表示以第 t 期技术表示的 $(t+1)$ 期的技术效率水平,$D_i^{t+1}(x^t, y^t)$ 表示第 $(t+1)$ 期技术表示的第 t 期技术效率水平。该式值可大于 1,等于 1,小于 1。大于 1 时表示 TFP 呈增长趋势,等于或小于 1 时则代表下降。

Malmquist 指数可以被继续分解:

$$M_i(x^t, y^t, x^{t+1}, y^{t+1}) = \frac{D_i^{t+1}(x^{t+1}, y^{t+1})}{D_i^t(x^t, y^t)} \times \left[\frac{D_i^t(x^{t+1}, y^{t+1})}{D_i^{t+1}(x^{t+1}, y^{t+1})} \times \frac{D_i^t(x^t, y^t)}{D_i^{t+1}(x^t, y^t)}\right]^{\frac{1}{2}}$$

$$= TEC \times TC \quad (3.4)$$

TEC 测度从时期 t 到 $t+1$ 期生产单元到最优生产可能性边界的追赶程度,也被称为"追赶(catch-up)效应",衡量的是效率的变动[14]。TC 为技术进步指数,它测度了技术边界从时期 t 到 $t+1$ 的移动情况,即效率前沿的移动(frontier-shift),也被称为"增长效应"。根据 Fare 等的研究,技术效率变化指数又可以分解为纯技术效率变化指数 PTEC 和规模效率变化指数 SEC[15]。即:

$$M_i(x^t, y^t, x^{t+1}, y^{t+1}) = TEC \times TC = PTEC \times SEC \times TC \quad (3.5)$$

作为全要素生产率增长的源泉,其中某一指数大于 1 说明其促进了 TFP 的提高,小于 1 则说明其导致 TFP 降低。

对比来看,两种方法各有优缺点。增长核算法的优点是适用面广,可用数据类型较多，适宜于宏观对象的 TFP 测度，但缺点是生产函数的形式对 TFP 测算影响较大，函数中参数的选择也会对结果有所影响；DEA-Malmquist 方法的优点是无须具体的函数形式，无须估计参数，不用考虑指标的量纲，适用于多投入多产出的研究模型，可用于对多个决策单元的 TFP 测算，缺点是未剔除随机因素的影响。

3.2 样本选择及数据处理

3.2.1 样本选择

本文研究的是中关村国家级高新自主创新示范区的全要素生产率，以下数据无特殊说明均来自中关村管委会网站❶及《中关村科技园区年鉴》❷。

结合数据长度和质量，本文研究选择中关村整体、四大园区（海淀园、朝阳园、昌平园、丰台园）作为研究对象。

3.2.2 数据处理

从数据质量角度考虑，本文选择 2001—2014 年的中关村数据。

（1）产出。全要素生产率的测算一般采用 GDP、增加值、销售收入等指标，本文采用中关村的总收入作为产出指标。为除去价格因素影响，数据均以 2001 年为基做处理，得到不含价格变动的总收入。

根据此价格平减指数和中关村名义总收入数据可以得到中关村实际总收入（即除去价格因素的总收入），最终价格平减指数及实际总收入汇总见表 1。

表 1　价格平减指数及中关村实际总收入

年份	价格平减指数		中关村（亿元）	
	原始价格平减指数	以 2001 年为基处理	名义总收入	实际总收入
2001 年	3.66	1.00	2014.1	2014.1
2002 年	3.68	1.01	2397.4	2383.4
2003 年	3.77	1.03	2886.4	2797.3
2004 年	4.03	1.10	3692.4	3347.1

---

❶ http://www.zgc.gov.cn.

❷ http://yqz.zgc.gov.cn.

续表

年份	价格平减指数		中关村（亿元）	
	原始价格平减指数	以2001为基处理	名义总收入	实际总收入
2005年	4.19	1.15	4876.8	4255.7
2006年	4.35	1.19	6744.7	5664.7
2007年	4.70	1.28	9035.7	7037.7
2008年	5.06	1.38	10222.4	7385.4
2009年	5.06	1.38	13004.6	9405.5
2010年	5.41	1.48	15940.2	10780.7
2011年	5.85	1.60	19646.0	12287.0
2012年	5.99	1.64	25025.0	15285.4
2013年	6.12	1.67	30497.4	18220.8
2014年	6.17	1.69	36057.6	21366.3

（2）资本投入。资本投入应该是资本服务流量，但由于可以得到的数据通常并不允许进行此类测度，所以典型的做法是计算出一种特定类型的物质资本数量，并假定服务流量与存量成比例，故资本投入一般用资本存量代替，资本存量包括固定资产、流动资产和无形资产[16]。

（3）劳动投入。劳动小时数和劳动者薪资最能够体现劳动投入的变动情况，但从中关村管委会提供的数据来看，经济信息统计有大量缺失，企业在上报细分数据时由于对指标的内涵理解程度参差不齐，导致对细分指标（如科技活动人员、科技管理人员、技术人员数等）的数据区分不明，上报的数据大多数并不能真正反映企业或者园区的相应投入情况。目前数据质量较好且具有参考价值的指标是期末从业人数，本文将使用这一变量当作劳动投入。

4 高新园区全要素生产率实证分析

4.1 索洛余值法模型测算中关村示范区TFP

4.1.1 索洛余值法模型构建

索洛余值法的基本思路是，对于一个具有希克斯中性和不变规模报酬两要素新古典生产函数 $Y=A(t)F(K,L)$，通过对时间求导，可以将产出的变化分解为要素投入变化和广义的技术两部分，如果从中扣除要素投入剩下就是全生产率的变化，亦即索洛残差。用公式表示为：

$$\frac{\Delta A}{A} = \frac{\Delta Y}{Y} - \alpha \frac{\Delta K}{K} - \beta \frac{\Delta L}{L} \quad (4.1)$$

其中较难确定的是劳动和资本的投入产出弹性系数，一般情况下会有专家经验法、收入份额法、计量回归法来确定。

4.1.2 基于总体园区的投入要素弹性分析

为计算弹性系数，首先对柯布-道格拉斯生产函数进行对数变换，以便进行回归计算，变换后的函数形式如下：

$$\ln Y = \ln A_t + \alpha \ln K + \beta \ln L \quad (4.2)$$

若假定规模报酬不变，$\alpha + \beta = 1$，上式可变化为

$$\ln(Y/L) = \ln A_t + \alpha \ln(K/L) \quad (4.3)$$

或

$$\ln(Y/K) = \ln A_t + \beta \ln(L/K) \quad (4.4)$$

在建立模型之前对变量进行描述性统计和相关分析以确定变量是否满足线性关系。

表2 变量描述性统计

变量	符号	均值	标准差	变异系数
总收入（亿元）	Y	8730.8	5938.3	0.6802
资本投入（亿元）	K	10146.3	6982.0	0.6881
劳动投入（万人）	L	101699.2	51518.2	0.5066

将数据带入式（4.3）得到回归模型，对回归检验如下（见表3）：

表3 回归结果汇总

	Log（y/l）		Log（y/k）	
	系数	P值	系数	P值
常数项	-0.5823	0.0256		
Log（k/l）	0.7551	0.0000		
Log（l/k）			0.2449	0.0000
Ad-R^2	0.8253		0.8641	

从回归检验来看,加入约束条件后的模型系数估计值的概率检验都能通过,最终可确定资本投入和劳动投入的弹性系数的估计值为:

$$\alpha = 0.7551 \quad \beta = 0.2449$$

4.1.3 全要素生产率变动测算结果及经济增长贡献分解

在得到两个弹性系数之后,根据公式

$$\text{TFP}_t = A_t = \frac{Y}{L^\beta K^\alpha} \quad (4.5)$$

可以计算历年 TFP 的值,根据公式

$$\frac{\Delta A}{A} = \frac{\Delta Y}{Y} - \alpha \frac{\Delta K}{K} - \beta \frac{\Delta L}{L} \quad (4.6)$$

可以得到 TFP 的变化率。带入中关村示范区数据得到历年 TFP 及其增长率,绘制 TFP 增速及总收入增速曲线(见图1)。

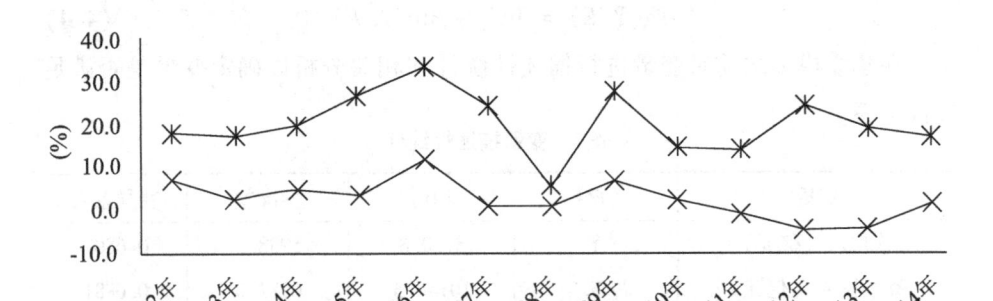

图 1 中关村示范区 TFP 增速与收入增速对比

对增速曲线分析可知,在整体趋势上 TFP 与总收入的增长率基本呈现相似的变化规律(除个别年份外),通过相关性检验发现两者在数据规律上具有一定的相关性。

2002 年至 2006 年 TFP 总体呈现上升趋势,且在 2006 年达到最高值。自 2001 年中国加入世贸以来,中国互联网技术领域也快速发展,中关村示范区的一大批优秀的创业者在互联网领域都捞到了第一桶金,同时金融、房产、新能源等技术领域开始不断涌现,中关村企业数量从 2002 年的 9673 家快速发展至 2006 年的 18149 家,科技活动人员也快速增加,2006 年已达到 28 万人,全要素生产率的增长基本也反映了中关村在这一时期蓬勃发展的状况。

2007 年至 2012 年 TFP 进入第二阶段。其中 2007 年是中国经济充满变化与挑战的一年,在这一年中关村响应中央号召转变经济增长方式,将原来的由关注总量的增长向质量效益方面转换,由出口导向型向内需主导型转变,在此过程中不可避免地出现了大规模的结构调整。2012 年中关村全要素生产率降至历史最低点,预示着中关村经济必将经历一次重大改革。

从 2013 年开始,随着经济体制改革不断加深,中关村淘汰了一大批不符合高新技术企业资格的企业,从政策、人员、科技投入等多方面考核企业,促进经济增长方式向创新型、高效型转变。随着改革的不断深入,经济发展方式的转变,全要素生产率不断提升。

令 ZY 代表总收入增速,ZK 代表资本投入增速,ZL 代表劳动投入增速,EK、EL、EA 分别代表资本投入、劳动投入和全要素生产率对总收入增长的贡献率,则有

$$EK = \alpha \times \frac{ZK}{ZY} \qquad (4.7)$$

$$EL = \beta \times \frac{ZL}{ZY} \qquad (4.8)$$

$$EA = \frac{ZA}{ZY} \qquad (4.9)$$

计算资本、劳动、全要素生产率的贡献率并绘制曲线,见图 2。

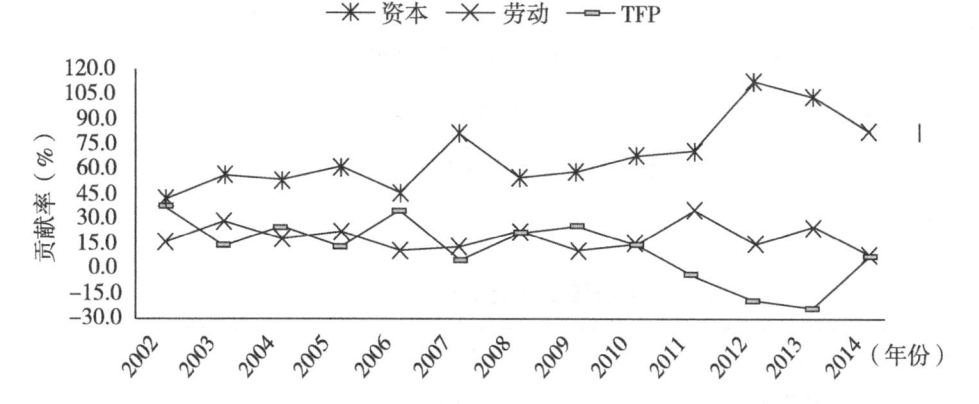

图 2 中关村示范区资本、劳动投入、TFP 对经济增长贡献率对比

从图 2 中可以看出，资本的贡献率一直处于较高的位置，而劳动投入的贡献率在 15%~30% 之间小幅波动，TFP 的贡献率也处于较低水平，波动大于劳动投入，且在 2010 年之后成为负贡献。可以判断，人力投入对经济增长的贡献率处在较低水平，而资本投入则是中关村经济持续高速增长的第一助推剂，中关村经济增长还处于资本拉动阶段。

4.2 DEA-Malmquist 指数模型测算中关村示范区 TFP

4.2.1 DEA-Malmquist 指数模型构建

基于数据包络分析的 Malmquist 指数法属于测算全要素生产率的非参数方法，其实质是用两个不同时刻距离函数的比值来反映生产率的变动情况，其中 DEA 模型中运用运筹学的线性规划来求解距离函数，Fare 等更进一步将指数模型进行了分解，并从两个方面对这个指数进行了阐述，主要包括技术效率指数和技术变化指数两个方面。与此同时，针对技术效率变动，又分解为纯技术效率指数和规模效率指数。

本文在测算中关村示范区的 Malmquist 时，首先把中关村当作一个效率单元，此时假设在这一时期的技术水平保持不变，关注的是单个单元在一段时期内的全要素生产率变化情况。接下来将中关村按照技术领域分为 11 个单元，主要关注技术效率的变化和技术进步变化，以及纯技术效率变化和纯技术效率变化。为了与索洛余值法结果进行对比，DEA-Malmquist 模型中选取的投入产出指标和索洛余值法一致，即一个产出变量总收入，两个投入变量资产总计和期末从业人数，时间是 2001 年至 2014 年。

4.2.2 中关村示范区 Malmquist 指数测算

使用 DEAP2.1 软件对中关村示范区的 Malmquist 指数进行测算，结果见表 4。

表 4 中关村示范区全要素生产率变化指数

年份	TFP 指数	增速（%）
2002 年	1.063	6.3
2003 年	1.006	0.6

续表

年份	TFP 指数	增速（%）
2004 年	1.049	4.9
2005 年	1.033	3.3
2006 年	1.133	13.3
2007 年	1.038	3.8
2008 年	1.008	0.8
2009 年	1.089	8.9
2010 年	1.032	3.2
2011 年	0.98	-2
2012 年	0.995	-0.5
2013 年	0.969	-3.1
2014 年	1.045	4.5
Mean	1.034	3.4

2002 年至 2014 年的 TFP 年均变化为 1.034，表示全要素生产率的 14 年年均增长 3.4%。其中 2002 年至 2010 年的 TFP 年均增速为 5.01%，此结果与陈甬军对中关村的分析研究结果（5.47%）十分接近。从指数水平来看，可将时段分为 2008 年之前和 2009—2014 年两个时段。

2008 年之前只有两年的 TFP 指数均大于 1，年均增速为 4.7%，这代表在此期间的 TFP 水平一直是增长趋势，只是其中 2003 年和 2007 年的经济过热产生的影响直接反映在了全要素生产率之上，导致 TFP 增下滑，其他年份基本维持了向好的趋势。

2008—2014 年 TFP 波动频繁，年均增速只有 2.1%。受全球经济危机的影响，2008 年全要素生产率指数只有 1.008，国家随即出台的经济刺激政策短暂维持了 2009 年和 2010 年的经济水平，但对技术进步的推动效果并未体现。

将全要素生产率指数转化为 TFP 同比增速，并以百分数表示，可以更加清晰地看到中关村的 TFP 增长率的波动情况。同时加入与基于索洛余值法的 TFP 测算结果的 TFP 变化率的比较，发现两种方法测算结果基本相似，只在

2008年和2009年对经济的敏感度表现不同，见图3。

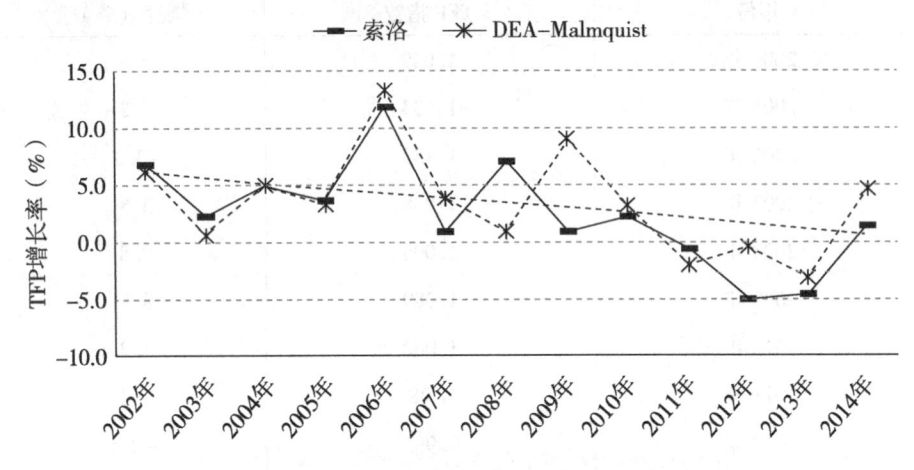

图3 DEA-Malmquist 和索洛余值法的TFP增长率比较

就趋势上来说，这13年间的全要素生产率增速有小幅的下降过程，且基本维持在5%上下波动。就其中波动较大的点来看，2006年TFP增速达13%，高出其他年份中最高点两倍以上，2011—2013年TFP均是负增长状态，表明在经济刺激政策效用消失、全面深化改革的初期，中关村的经济在经历重要的变革。

4.2.3 中关村示范区TFP指数分解测算

再次使用DEAP 2.1软件对中关村示范区的Malmquist指数进行测算，此次将中关村示范区分为11个单元，DEA模型将通过多个单元构造生产效率前沿面，再将各个单元与生产效率前沿对比得出技术效率变化指数，进而可以分解为规模效率指数和纯技术效率指数。本次仍然使用总收入、资本存量、期末从业人数作为产出投入变量，测算结果见表5。

表5 多效率单元的中关村示范区DEA-Malmquist测算分解

year	effch	techch	pech	sech	tfpch
2002	0.669	1.564	0.847	0.79	1.046
2003	1.379	0.805	1.023	1.348	1.11
2004	0.794	1.258	0.909	0.874	0.999
2005	0.984	1.114	0.987	0.997	1.096

续表

year	effch	techch	pech	sech	tfpch
2006	0.8	1.348	0.768	1.042	1.078
2007	0.991	1.046	1.213	0.817	1.037
2008	1.249	0.945	1.049	1.19	1.181
2009	1.195	0.849	1.195	1	1.015
2010	0.874	1.12	0.918	0.953	0.979
2011	0.964	1.078	1.027	0.938	1.039
2012	1.022	0.989	1.03	0.993	1.011
2013	1.222	0.822	1.105	1.107	1.005
2014	1.123	0.938	1.048	1.072	1.053
Mean	1.020	1.067	1.009	1.009	1.050

注：effch 表示技术效率指数，techch 表示技术进步指数，pech 表示纯技术效率指数，sech 表示规模效率指数，tfpch 表示 TFP 变化指数。

根据测算结果发现，当考虑多单元效率变化时的 TFP 指数，除 2004 年和 2010 年之外都大于 1，这表明中关村的全要素生产率多数年份都在增长，TFP 的年均增速 5%。将上述 TFP 增长率与索洛余值法的结果对比，见图 4，可以发现在 2008 年以后的波动趋势基本一致，2008 年之前的波动趋势差异较大，比如 2003 年、2005 年的波动方向与索洛余值法的不一样，本文认为 2008 年之前的 TFP 增速波动差异较大，主要是因为 2001 年至 2007 年之间中关村的发展较快，且在此期间多个关于园区调整政策影响，另外因为 DEA 模型使

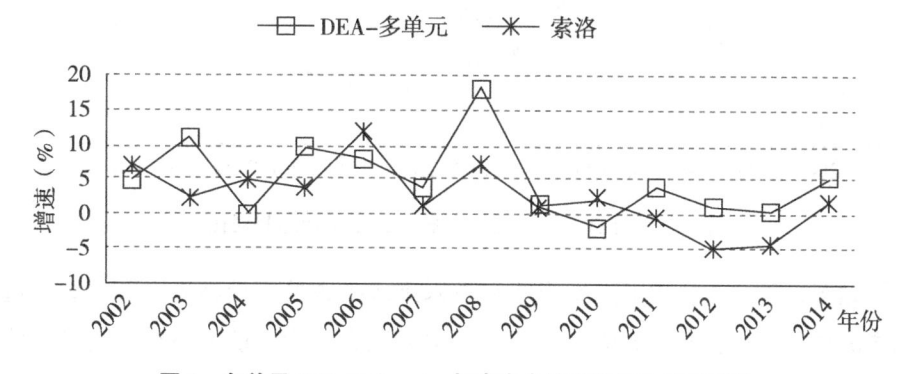

图 4 多单元 DEA-Malmquist 与索洛余值法的 TFP 增速对比

用了多个技术领域的数据作为效率单元，不同技术领域的发展差异也会对 DEA 模型的结果造成影响。2008 年之后中关村进入平稳发展时期，大的调整较少，故 TFP 增速的波动较为一致。但是 DEA-Malmquist 方法多效率单元测算时对数据的敏感度仍需在未来进一步研究。

从图 5 中也可以看到技术效率指数和技术进步指数的均值都大于 1，表明在过去的 14 年期间中关村的综合技术效率和技术前沿水平都有所提升，两者共同促进了 TFP 的增长，2007 年之前除 2003 年外技术进步指数一直大于技术效率变化指数，2007 年之后两者基本维持在 1 上下交替波动，这表明 2007 年之前的 TFP 增长基本由技术进步来带动，而技术效率变化一直是影响中关村 TFP 发展水平的因素，2007 年之后随着中关村的发展及管理水平进入成熟阶段，这两者对 TFP 的影响也呈现此消彼长的波动趋势。

另外从长期趋势来看，技术进步指数从最初的 2002 年到 2014 年总体呈现下降趋势，这有两方面因素影响：一是随着知识产权保护意识及力度越来越大，之前依靠抄袭模仿创新而带来巨大经济效益的时代已经过去；二是因为我国在自主创新及研发方面的水平依旧没有达到较高的水平。2002 年至 2014 年技术效率变化指数呈现不断上升的趋势，表明了中关村示范区在综合管理水平及产业规模等方面不断提升。

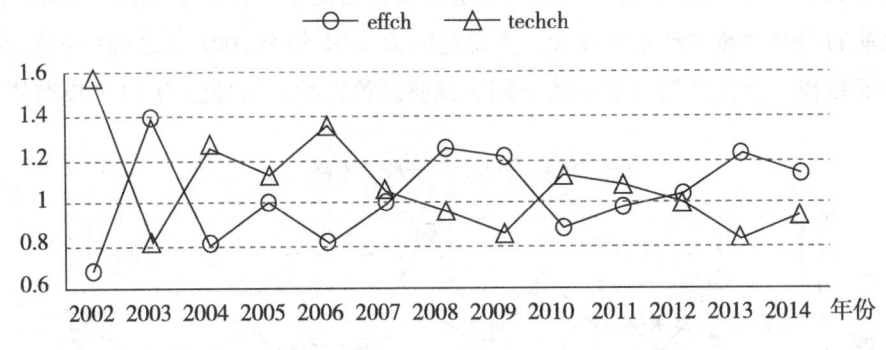

图 5　技术效率变化指数与技术进步指数趋势对比

如图 5 所示，从技术效率指数和技术进步指数的变动趋势图形来看，这两者的波动具有收敛的倾向，且两者基本上以 3 年为周期呈现交替起伏的状态。就趋势来看技术进步指数是一种逐步下降的趋势，技术效率指数则逐步上升，在未来5年中关村随着我国经济全面深化改革，技术进步和技术效率收敛到一定程度会进入平稳波动时期，中关村内部产业结构调整、创新机制更加完善之后，加上中关村的综合管理水平提高、资源整合优化配置之后将会迎来又一个增长期。

4.2.4 技术效率和技术进步对 TFP 的贡献分析

根据 Fare 的研究，全要素生产率变化指数可分为技术效率变化指数和技术进步指数。在图5中已经列出了技术效率变化指数和技术进步指数，代表符号分别是 effch 和 techch。

从指数水平来看，特别是2007年之前，技术进步指数 techch 一直高于技术效率变化指数。分阶段来看，2002年至2007年中关村技术进步指数高于技术效率水平，但呈现一个下降的趋势，在此阶段中关村呈现非技术效率，但技术效率呈现上升趋势，表明这一时期中关村在管理水平、政策引导、产业规模等方面存在一些问题，中关村 TFP 发展主要由技术进步及创新来带动。2007年至2014年间，TFP 发展主要由技术效率带动，只在2010年、2012年技术进步指数大于技术效率指数，表明在此期间技术效率变化对中关村 TFP 的带动作用较为明显，对促进经济发展也起到了一定的积极作用。

总体而言，中关村 TFP 的变化是由技术进步来推动的，而非技术效率，一般认为中国经济市场生产率水平的提高靠的多是效率的改进而非技术创新或技术进步[17]。考虑到中关村属于高新技术园区这一特性，并参考大量关于高新区全要素生产率分解的文献发现，高新区 TFP 增长的驱动因素也多体现在技术进步水平上，而效率的提升改进对高新区 TFP 的变化影响较小。张雄辉在对比中韩 TFP 时也发现中国经济的快速发展就是技术进步在发挥不可替代的作用[18]；许正中在研究区域高技术产业发展的动态效率时也发现在北京、天津等地高新区的发展中技术进步贡献较为明显[19]；王小兵也同样认为技术提升对于山东开发区经济发展的作用最突出[20]；方大春和张凡的研究中也发现我国高新技术产业生产效率提高的主要因素来自技术的进步[21]。

综合来说，中关村高新区全要素生产率水平的提高并不是由单一方面因素决定的，技术效率和技术进步对其变化都有相当重要的影响，高新区在发展经济的同时只有考虑到提升综合管理水平、积极引导企业不断加大科研创新力度才是长久的、可持续的经济发展之路。

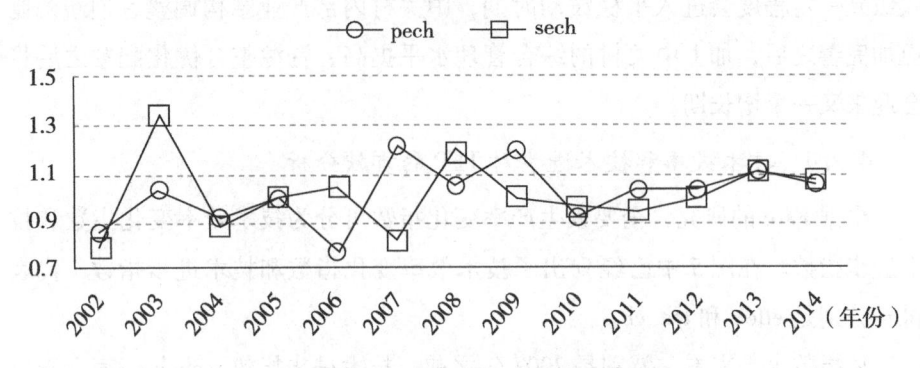

图6 中关村纯技术效率指数与规模效率指数对比

将技术效率变化指数继续分解为纯技术效率指数和规模效率指数，趋势图见图6。从图中可以看到中关村纯技术效率水平从2007年开始上升一个等级，规模效率也是在2007年进入新的发展阶段。2007年至2014年两者都呈现波动式增长，表明在中关村发展新时期其规模效率和综合管理水平在不断地提升，虽然过程较为曲折，但长期发展趋势向好。

5 分园区全要素生产率实证分析

5.1 各园区的全要素生产率测算

首先对道格拉斯生产函数进行对数变换，同样采用回归方法得到各园区的资本和人力的弹性系数，汇总如表6所示。

表6 各园区资本和人力弹性系数

技术领域	α	β
海淀园	0.6128	0.3872
丰台园	0.5734	0.4266
昌平园	0.6983	0.3017
朝阳园	0.6545	0.3455

根据 TFP 的计算公式，可以计算四个园区的 TFP，汇总如表 7 所示。

表 7 园区 TFP 值

年份 园区	海淀园	丰台园	昌平园	朝阳园
2001	0.197	0.187	0.232	0.449
2002	0.215	0.208	0.306	0.471
2003	0.231	0.225	0.281	0.417
2004	0.235	0.240	0.361	0.451
2005	0.229	0.263	0.344	0.524
2006	0.267	0.235	0.402	0.629
2007	0.257	0.250	0.422	0.652
2008	0.290	0.275	0.392	0.646
2009	0.327	0.311	0.358	0.643
2010	0.344	0.336	0.426	0.680
2011	0.338	0.334	0.454	0.734
2012	0.328	0.327	0.556	1.010
2013	0.353	0.351	0.486	0.815
2014	0.391	0.359	0.484	0.830

5.2 各园区全要素生产率对比分析

对表 7 中各技术领域 TFP 进行统计学检验发现方差最小的是海淀园，海淀园是中关村发展最早最具有代表性的园区，为了方便各园区对比，将各园区 TFP 水平均换算成以 2001 年海淀园的 TFP 为基期的指数形式，如表 8，绘制 TFP 指数曲线如图 7。

表8 园区 TFP 指数

园区 年份	海淀园	丰台园	昌平园	朝阳园
2001	100	95	118	228
2002	109	106	156	239
2003	118	114	143	212
2004	120	122	183	229
2005	116	134	175	266
2006	136	119	204	320
2007	131	127	214	331
2008	147	140	199	328
2009	166	158	182	327
2010	175	171	216	345
2011	172	170	231	373
2012	167	166	282	513
2013	179	178	247	414
2014	199	182	246	422

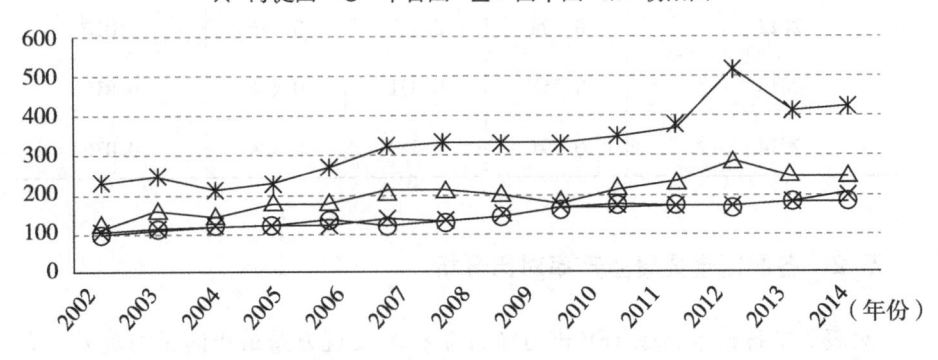

图7 不同园区 TFP 水平指数

从图形来看朝阳园 TFP 一直保持在较高的水平，昌平园次之，海淀园和丰台园的 TFP 处于较低水平且波动较小，处于稳步上升趋势。

就波动趋势来看，朝阳园和昌平园表现出相似的态势，在这14年的发展过程中都出现了"两个低点"和"两个高点"。

"两个低点"分别是2003年和2009年，其中2003年是因为在之前两年不仅受到入世后外来资本冲击和通货紧缩的影响，2003年"非典"席卷中国，都在一定程度上造成了经济生产发展缓慢、研发减弱、技术交流不够活跃等问题。2009年则是受到上一年经济危机的影响，企业生产效益减弱，连续两年减弱不可预见的研发投资力度，但资本投入和人员投入并未大幅减少，导致了资源的利用率低下。"两个高点"分别是2006年和2012年，由于2004年至2006年期间企业大量吸取民间资本，在一定程度上整合了资源，提高了资源的利用效率，对TFP有一定的推动作用。2012年则是经济刺激效应结束的时点，加之在这一年开始提出全面深化改革，加快了产业结构调整，开始淘汰高能耗、低增长、不可持续的产业及企业，通过高新区的流动机制提高了园区整体的科技水平。

四大园区之所以在全要素生产率上表现两高两低的特点，与园区自身的经济结构及园区人才政策、科研投入都有一定关系。

6 结论与展望

6.1 结论

本文以中关村高新技术园区为例，以2001年至2014年的投入产出数据为基础，借助索洛余值法和DEA-Malmquist模型对中关村高新区TFP测算分析得出以下结论：

（1）索洛余值法能够较好地识别高新区全要素生产率的发展状态。该方法不仅适用于宏观研究，在中微观的园区级研究中也有较好的表现。

（2）索洛余值法和DEA指数法对不同时期全要素生产率的度量有不同的表现。

一个较为一致的结论是，从对经济增长的贡献来看，中关村还是依靠资本投入来促进经济增长，创新带动效应并不显著。高新区若要更高效率持续促进经济增长，更加合理调整产业结构，提高技术水平和其他因素的推动作用仍是未来工作的重点。

（3）从全要素生产率结构来看，技术进步仍是促进园区科技进步水平的主要因素，中关村作为高新区的创新引领作用依旧存在，而综合管理水平和技术效率转化提升仍需进一步提高。2006年之前TFP增长主要由技术进步推动，2006年之后这两者对TFP的影响也呈现此消彼长的波动趋势。

（4）从园区发展来看，朝阳园TFP指数一直保持在较高的水平，昌平园次之，但昌平园和朝阳园的TFP指数波动也相对较大，海淀园和丰台园的TFP指数基本处于平稳增长状态。

6.2 展望

本文在现有数据及其他辅助资料和DEAP2.1软件帮助下基本完成了对中关村高新技术园区全要素生产率的测度分析，但由于基础数据、文章篇幅框架等原因，还未能对园区做更深层次的分析，就本文涉及的部分，在未来希望有以下拓展：

（1）由于基数数据限制，未能获取关于中关村南北东西等产业带的区域经济的数据，另外以产业集群为对象分析其对中关村整体发展的贡献也将是未来需要进一步研究的问题。

（2）中关村整体可分为十六个园区和十大技术领域，但园区与技术领域之间拥有的交叉影响作用本文并未涉及，对不同园区与技术领域的交互分析，将能进一步了解中关村各园区发展的优势不足和各技术领域的分布对地区经济发展的带动作用。

（3）由于方法和理论水平限制，文中对全要素生产率的测算仍有不足之处，在索洛余值法中的参数测算、DEA – Malmquist模型中的指标选取等方面还需进一步研究。对全要素生产率的影响因素的探究和评价缺乏完善的体系，单从分解指数的高低水平对其进行描述稍显乏力。另外DEA-Malmquist模型对经济发展波动期的测算结果表现不够平稳的背后原因仍需进一步探讨。

参考文献

[1] SVEIKAUSKAS L. The Productivity of Cities [J]. Quarterly Journal of Economics, 1975, 89 (3): 393 – 413.

[2] DANQUAH M, MORAL-BENITO E, OUATTARA B. TFP growth and its determinants: a model averaging approach [J]. Empirical Economics, 2014, 47 (1): 227 - 251.

[3] HISALI E, YAWE B. Total factor productivity growth in Uganda's telecommunications industry [J]. Telecommunications Policy, 2011, 35 (1): 12 - 19.

[4] AHMED E. M. Are the FDI inflow spillover effects on Malaysia's economic growth input driven? [J]. Economic Modelling, 2012, 29 (4): 1498 - 1504.

[5] APERGIS N., SORROS J.. The role of fixed capital depreciations for TFP growth: evidence from firm level panel data estimates [J]. Journal of Economics & Finance, 2013, 37 (4): 606 - 621.

[6] 林毅夫, 任若恩. 东亚经济增长模式相关争论的再探讨 [J]. 经济研究, 2007 (8): 4 - 12, 57.

[7] 程郁, 陈雪. 创新驱动的经济增长——高新区全要素生产率增长的分解 [J]. 中国软科学, 2013 (11): 26 - 39.

[8] 胡品平. 高新技术产业开发区经济增长因素分析——来源于广东国家级高新区的实证 [J]. 科技管理研究, 2010 (8): 41 - 43.

[9] 段文斌, 尹向飞. 中国全要素生产率研究评述 [J]. 南开经济研究, 2009 (2): 130 - 140.

[10] 王华伟, 韩景, 刘梦藜, 等. 北京高技术产业全要素生产率测算方法的研究 [J]. 科技信息, 2011 (33): 53 - 54.

[11] 王占益. 山东科技进步对服务业贡献的实证分析 [J]. 山东工商学院学报, 2012 (5): 27 - 30.

[12] 曲建君. 全要素生产率测算方法的比较 [J]. 经济师, 2007 (2): 86 - 87.

[13] 田刚. 中国物流业技术效率、技术进步及其地区差异研究 [D]. 南京: 南京航空航天大学, 2010.

[14] 原毅军, 刘浩, 白楠. 中国生产性服务业全要素生产率测度——基于非参数 Malmquist 指数方法的研究 [J]. 中国软科学, 2009 (1): 159 - 167.

[15] 田军伟. 我国区域 R&D 效率差异及其影响因素分析 [D]. 南京: 南京财经大学, 2012.

[16] 齐园. 高新技术产业各技术领域全要素生产率及其贡献率的比较研究 [J]. 开放导报, 2010 (6): 88-92.

[17] 刘伟. 高新技术产业技术创新的全要素生产率及其分解 [J]. 数学的实践与认识, 2012 (24): 72-83.

[18] 张雄辉. 技术进步、技术效率对经济增长贡献的研究 [D]. 济南: 山东大学, 2010.

[19] 许正中, 吴旭晓. 区域高技术产业发展的动态效率分析 [J]. 科技进步与对策, 2011 (4): 109-114.

[20] 王小兵. 山东开发区经济增长要素分析与运行效率评价研究 [D]. 北京: 中国农业大学, 2015.

[21] 方大春, 张凡. 中国高新技术产业效率差异实证研究——基于 DEA-Malmquist 分析 [J]. 石家庄经济学院学报, 2015 (2): 1-7.

中关村高新技术园区收入预测研究

王盈盈[1]

(北京信息科技大学经济管理学院)

摘要：收入预测研究有助于提高园区决策科学性，及时纠正和干预园区发展，确保政策规划方向的无偏性，促进园区内部结构稳定和外部关系协调，为地区间区域合作提供可能，为国内外企业投资区域选择提供参考。本文以定性与定量分析、实证与规范分析相结合的方法构建中关村高新技术园区收入预测模型。首先在深入研究园区数据和文献分析基础上，确定园区收入影响因素，为预测提供理论基础和技术准备；其次结合园区实际进行模型选择和构建；最后进行中关村高新技术园区收入预测实证分析。结果显示三种单预测效果均较好，组合预测效果相对更优。三次指数平滑模型在短期预测时较准确，长期预测时拟合误差有渐大的趋势；岭回归预测模型系数可以更好地解释园区收入影响因素作用的大小；SVM预测精度较好；组合预测模型效果好、可泛化性强，对园区下一步工作计划和决策具有重要参考价值。

关键词：收入预测；组合预测；岭回归预测；SVM 预测

1 引言

中关村高新技术园区（以下简称"高新技术园区"）围绕国家战略、北京市社会经济发展需要，不断创新，成为区域经济发展核心力量。中关村高新技术园区作为区域经济发展的示范单位，也呈现出效益提升、结构优化等积极特

---

[1] 作者简介：王盈盈（1987—），女，汉族，山东潍坊人，硕士。研究方向：经济预测。

点，总体走势符合全市稳增长、调结构、提质增效的经济发展总基调。

收入预测研究对园区目标决策制定有重要意义。园区空间规模和布局调整，以及关键技术突破，对首都和国家经济有强大的映射力。收入预测研究可以及时把握园区经济发展动向和波动规律，全面、准确、科学地获取经济运行状态，并对未来发展趋势和方向进行预判，监测园区目标季度和年度进度，有效支撑工作重点。

收入预测方法研究为高新技术园区经济统计工作提供新思路。科学预测方法有助于促进内部经济结构稳定和外部经济关系协调，尤其对重点行业、新兴行业的发展变化、龙头企业的波动震荡能够及时发现并寻得调整时间；应用于园区内产品的优势与劣势、新老产品，良性、恶性循环等问题分析以期获得更好的经济效益。

园区收入预测可为区域战略科学决策服务提供参考。针对园区的收入影响因素研究，有助于研究园区内社会财富和经济规模的增长变化。

基于以上需求和意义，论文建立收入预测模型来实现收入预测目标。通过分析园区内收入和其他指标数据，找到影响园区收入的因素，并及时发现园区统计数据的问题，对制订当前和未来计划、决策、目标及完成分解具有重要参考价值。单预测模型和组合预测模型的选择，在一定程度上克服了区域经济系统的波动性、模糊随机性和突变性、混沌性问题，同时模型的易推广性为后期研究工作打好基础。

2 文献综述

据不完全统计，国内外常用的预测方法有 300 多种。据孙静娟研究发现，20 世纪 60 年代以前，欧美尤其是美国的预测方法研究得到广泛应用和重视，认为经济大危机所用的预测方法是合理的，失误主要是因为没有正确理论指导[1]。国内政府、机构主要集中在专家意见、时间序列和因素分析及投入产出、计量、线性规划、系统动力学等模型应用。周雄鹏在《论统计预测及统计预测方法的定义》中认为，统计工作基于统计资料做外推预测，从狭义讲主要指时间序列[2]。

在预测方法的具体应用方面，邱依忠在《经济预测方法》中认为"预测是对未来做出估计"，"经济预测系对未来经济情势的一种猜测或研判"[3]。我国在1988年首届经济预测会议召开之后，经济预测成为经济计划前期和经济管理的重要部分，体现在月度、季度经济监控、经济预测逐步规范，预测效果达到较高水平。此时预测应用涉及20多个省市对16类产品的供求预测，成为预测数据的重要参考[4]。

综上所述，国内外研究理论及方法探讨中针对收入的研究较多，在预测方面应用广泛。针对中关村高新技术园区的收入预测研究，本文提出对园区经济预测指标进行定性分析，并基于宏微观经济理论和数学模型、统计分析工具进行定量分析，克服只有定性不能量化、只有量化缺少研究意义的问题，科学地对园区进行收入预测。

3 高新技术园区收入预测研究现状与影响因素分析

3.1 高新技术园区收入预测研究现状

高新技术园区收入是指在一定时期（通常为一年）内所获得的全部货币收入和实物收入的总和，用园区的所有企业报表显示的收入加总得到。园区收入预测是指根据园区内外一系列的影响园区收入的因素，在定性分析的基础上进行量化建模，从而预测未来收入。

收入预测研究在财政方面应用广泛。方博等在2015年用ARMA-BP神经网络组合预测模型实现我国财政收入年度预测，得到组合预测模型比单模型效果更好的结论[5]。2015年谢姗等的《中期预算框架下我国财政收入预测研究》一文，依据财政收入的非线性、样本外预测对财政收入同比预测，得到较好的预测效果[6]。2013年赵海利等在《中国财政收入预测的准确性分析》中提出，预测精度偏低的现象在我国收入预测中比较常见，说明我国预测较为保守[7]。2015年赵连伟等在《西班牙税收收入管理经验及其启示》中指出西班牙收入统计分类和科学分析非常专业，值得我们学习[8]。

国内对于收入预测的研究主要集中在政府一般财政收入课题和税收课题研究上，大多数预测结果较好，为本研究提供了可能[9]。

3.2 高新技术园区收入预测影响因素的理论基础

新经济增长理论认为知识是公共产品，给社会带来正外部性，从而提高整体知识因素水平，其中经济保持持续增长的动力主要来自知识和人力资本的增长。该理论对本文提供了研究的理论基础[10]。罗默认为与经济增长有关的重要因素有技术进步、人力资本、研究与开发活动支出[11]；诺贝尔经济学奖得主斯蒂格利茨2013年在《对发展经济学的反思》中提出，经济增长根源于知识水平的提高[12]。国内外最早对高新技术园区进行具体研究的是罗杰斯的硅谷模式，主要分析园区经济的影响因素和能持续增长的原因[13]。

预测技术常用于工业自动化、财政税费和金融市场、股票期货指数、电力、交通、煤炭瓦斯开采等多个行业和领域，效果较好[14]。

3.3 高新技术园区收入预测影响因素分析

收入影响因素从园区人力、资本、科技创新、市场四个方面展开，充分考虑高新产业投资、教育等知识经济发展指标。

3.3.1 人才是影响高新技术园区收入的关键因素

园区内人才构成主要有期末从业人员合计数、本科及以上学历人员、科技活动人员。从图1可看出，三因素与收入同比增速变化方向基本一致，

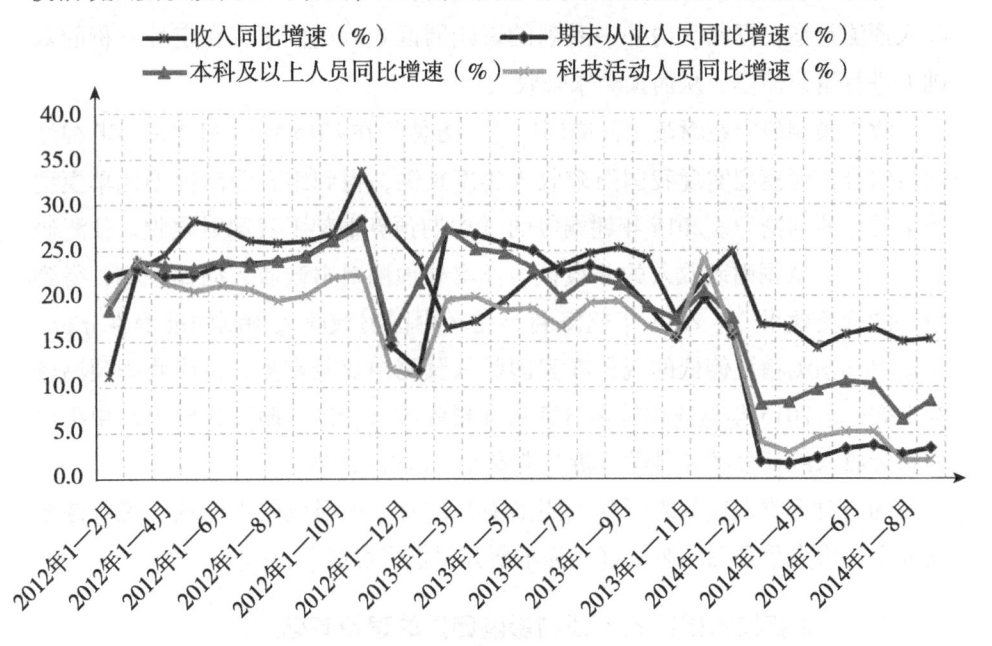

图1 中关村高新技术园区人才与收入同比增速

收入变化滞后于三个因素,与人才是关键因素的预判相符合;从收入增长的人才贡献角度分析,期末从业人员的基数是本科以上从业人员数的2~3倍,是科技活动人员数的3~4倍;将三个因素代入简单多元回归方程进行强制回归发现,只有期末从业人员合计数指标进入回归方程能够通过检验。因此,期末从业人员数代表园区人才要素。

3.3.2 资本投入对高新技术园区收入影响的不确定性

园区资本因素主要有固定资产投资总额、企业资产总计、出口总额和银行贷款,固定资产投资和资产总计构成园区资本基础,出口总额是直接获得外汇的货币收入,因此可以考虑为流动资本。有研究表明科技型企业更易获得商业银行贷款,因此吸引更多的银行贷款,这有助于园区内企业增加货币流动性,增强企业经营信心,从而增加高端人才的引入和科技研发的投入,从而间接影响收入,将银行贷款归于园区内的流动资本因素是合理的。

从图2可以得到资本因素变动相对收入趋势变动有一定的波动性,整体变化方向与收入变动基本一致,因此资本投入因素对园区收入有重要影响,但影响大小具有不确定性。

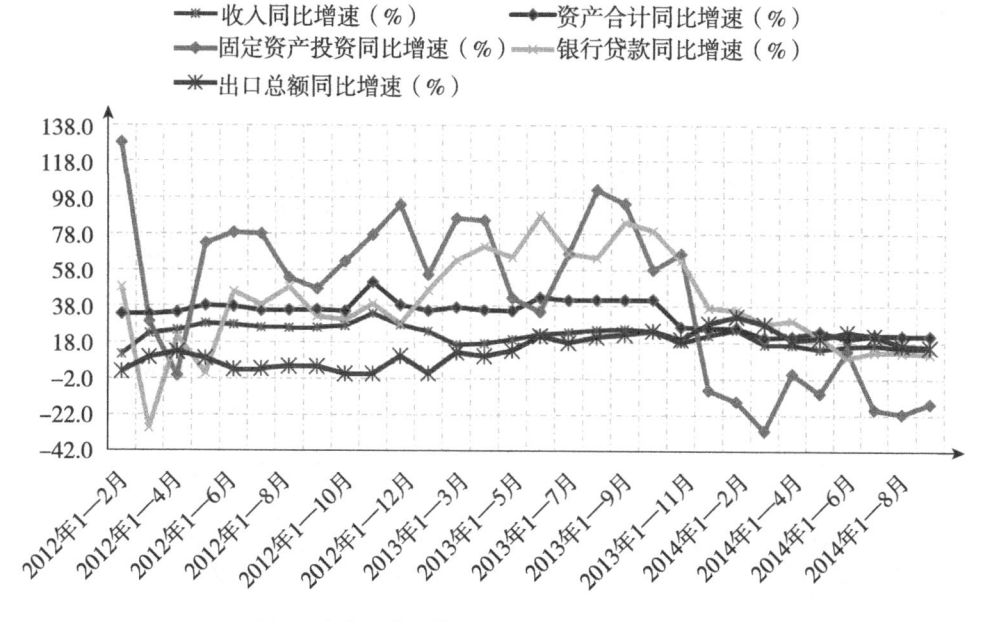

图2 中关村高新技术园区资本与收入同比增速

3.3.3 创新要素是影响高新技术园区收入的重要因素

企业内部用于科技活动的经费支出代表创新要素投入,创新要素产出用专利授权数代表。高新技术园区企业中的研发投入主要是通过产品和生产过程的创新实现高新技术园区收入,一般绩效好的高新技术企业能够进行更多的研发活动,研发的规模效应使得研发的创新产出亦较多。园区科技成果的转化,可以促进园区技术进步和创新,从而提高收入水平,因此创新产出研究是有必要的。

从图3可以看出,园区收入变化与内部经费支出、专利授权数的变化趋势基本一致。从图中可以看出在2013年1—2月和2013年1—12月后面各有一个变化点,在2013年1—2月和2014年1—2月之间,专利授权数同比高于企业内部经费支出同比,高于园区收入同比;在2014年1—2月之后专利授权数同比低于内部经费同比,低于收入同比。从经济学角度来讲,说明创新要素指标在较高水平时,可以拉高收入同比增速;创新要素指标在较低水平时,可以拉低收入同比增速。

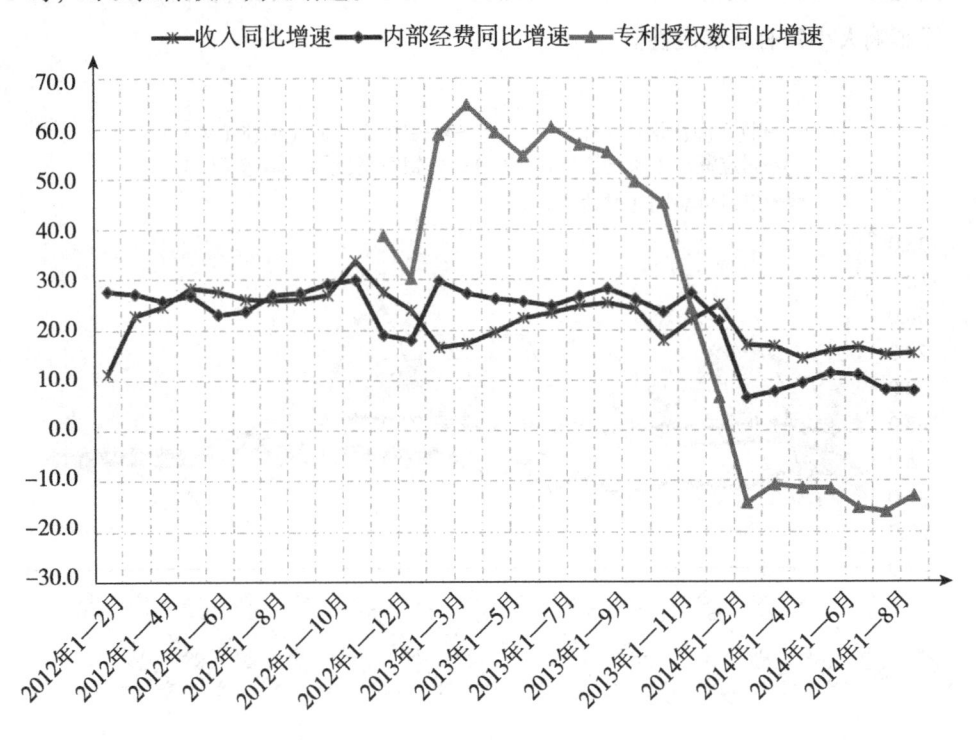

图3 中关村高新技术园区创新要素与收入同比增速

3.3.4 预警指标是高新技术园区收入预测研究的核心要素

国家统计局预警指数为园区预警指标的选取提供参考[15]。图4显示全社会固定资产投资、社会消费品零售总额对园区收入影响较大，反映北京市利好的经济政策有助于提高园区收入水平。高新技术园区收入的增加离不开区域知识外溢的正外部性，中国经济进入新常态发展时期，由以往高速增长期进入到中高速增长期的明显特征是经济增长将主要由消费驱动，因此社会消费品零售总额成为影响园区收入的重要因素。

从图4同比增速数据的变化发现，工业利润与收入和其他指标变化方向不一致，而且强制进行多元回归时，工业利润指标不能通过模型检验，因此综上分析，工业利润对园区收入变化有一定影响，但影响程度不如其他因素明显。因此园区收入预警指标选择为全社会固定资产投资、社会消费品总额。

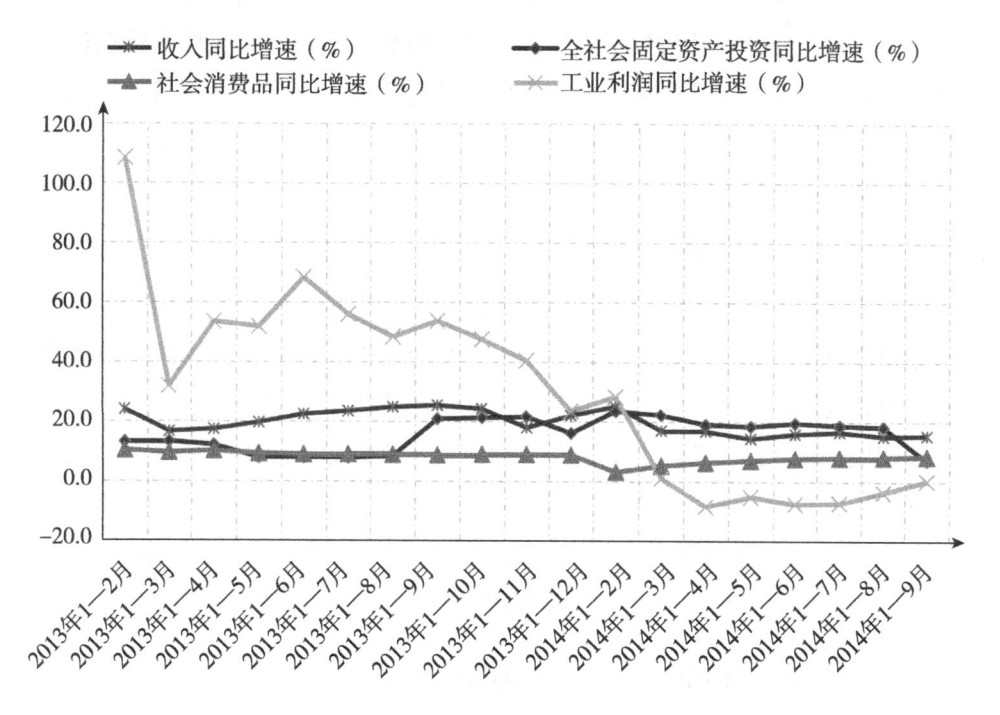

图4 高新技术园区预警指标与收入同比增速

4 高新技术园区收入预测模型的选择与建立

4.1 高新技术园区收入预测模型的基本假定与模型选择

4.1.1 收入预测模型构建的基本假定

本研究假定时间连续，并且园区经济系统结构在短期内是相对稳定的[16]。首先，论文采用月度数据，保证预测宽度的科学性；其次通过园区内的进入退出企业分析发现，每年进入退出企业变化所占比重不大，整个经济系统相对变化较小，因此系统稳定；再次，园区内一些影响因素发展趋势是园区收入变化的晴雨表，通过影响因素分析可以在一定程度上预见收入的未来趋势，并且园区指标或变量之间存在相关性；最后收入预测适用概率性原则，通过偶然分析，借助数学模型工具研究模型内部规律。在样本数据建模预测未来时可能会有预测误差偏差，偏差带有随机性，该原则要求预测人员对实际的经济过程做出区间估计，并认识到区间估计的区域宽度随时间的延长而有扩大的趋势。

4.1.2 收入预测模型的选择

三次指数平滑模型用训练样本直接预测，简单可行；多元岭回归模型有助于研究自变量和因变量之间的关系以及影响大小；SVM是利用核函数将数据映射到高维非线性空间，可以较好地解决小样本数据和全局最优问题，计算速度快、精度高、鲁棒性好。在应用方面，单目标与多因素相关时，提倡非线性算法有利于表达目标与相关因素之间系统的关系，优于BP神经网络（局部最优）；组合预测集中更多信息与预测技巧，可以减少预测系统误差，减少预测偶然因素影响，显著提高预测效果，流程图见图5。

4.2 高新技术园区收入单预测模型的建立

4.2.1 高新园区时间序列三次指数平滑模型

李闽榕在2009年研究省域经济综合竞争评价时指出存量指标使用三次指数平滑法预测的效果显著[17]。指数平滑法是一种特殊的加权平均法，考虑了

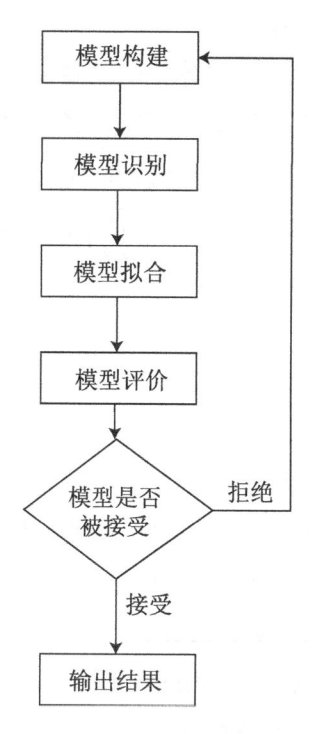

```
            ┌─────────────┐
            │  模型构建    │◄──────┐
            └──────┬──────┘       │
                   ▼              │
            ┌─────────────┐       │
            │  模型识别    │       │
            └──────┬──────┘       │
                   ▼              │
            ┌─────────────┐       │
            │  模型拟合    │       │
            └──────┬──────┘       │
                   ▼              │
            ┌─────────────┐       │
            │  模型评价    │       │
            └──────┬──────┘       │
                   ▼              │
              ╱ 模型是否 ╲   拒绝   │
             ╲  被接受  ╱─────────┘
                   │
                   │ 接受
                   ▼
            ┌─────────────┐
            │  输出结果    │
            └─────────────┘
```

图 5　模型构建流程图

数据近好远弱的特点，其优点有：（1）操作简单，Eviews 软件操作界面可以实现；（2）适用范围广、性能较好，在预测方面，可以应用于广阔的领域；（3）数据处理遵循当前数据影响更大的原则，模型具有一定削弱异常数据的能力，能体现时间序列的历史规律，这也是最重要的特点。

基于上述需要的数据少、成本小、应用广泛、性能好的优点，本文选用三次指数平滑法（Holt-Winters）预测，该方法只有两个参数，即截距 a_t 和斜率 b_t，k 为周期，预测公式为：

$$y = a_t + b_t k \tag{4.1}$$

通过对园区收入数据处理以后，引入三次指数平滑无季节模型，建模步骤如下：

（1）对时间序列进行趋势分析，选用三次指数乘法模型。

（2）将数据代入 Eviews 软件，选用 HW - 无季节乘法模型和 HW - 无季节加法模型。

(3) 分析误差，选最佳模型。

(4) 预测结果。根据上一步所建立的预测模型，在 Eviews 中输入公式，根据模型得到预测值，计算相对误差，做出拟合曲线。

采用的指数平滑乘法模型评估指标：平均绝对偏差（$MAD = \dfrac{\sum_{t=1}^{32}|A_t - F_t|}{N}$）、平均预测误差（$MFE = \dfrac{\sum_{t=1}^{32}(A_t - F_t)}{N}$）、预测跟踪信号（$TS = \dfrac{\sum_{t=1}^{32}|A_t - F_t|}{MAD}$）。

4.2.2 高新园区岭回归模型

伴随数学的发展，专家对岭回归的不断研究发现岭估计 k 值的选取是应用实践的重要因素。统计学家提出 k 值选取方法主要有岭迹图、方差扩大因子法、CP 准则等。岭回归不断发展为各种改进岭回归，涉猎经济、社会科学、工程和医药学等多领域，具有良好理论和实践基础[18]。

岭回归建模步骤为：多元线性逐步回归，将自变量逐步选入，并对进入变量逐步检验，留下具有最大显著性的自变量，剔除无关变量。逐步回归自变量不宜太多，一般十几个以下，而且数据量是变量个数 3 倍以上较好，模型评价方法采用 R 检验、F 检验、T 检验，多重共线性的诊断应用方差扩大因子法和特征根法。

4.2.3 高新园区收入 SVM 模型

对于训练样本集 $\{(x_i, y_i)\}$，SVM 算法原理为先将非线性数据输入空间投影，映射到高维的特征空间，对映射后的数据做支持向量机模型。SVM 通过极小化目标函数来确定参数，被认为是回归预测最有效的方法之一[19]，广泛应用于时间序列预测，结构图及流程见图 6、图 7。

SVM 预测模型的训练样本是给定的，建模步骤如下：

(1) 数据预处理。对训练样本过滤、变换，消除错误数据，插补数据。

(2) 模型训练。计算参数，建立 SVM 模型。

(3) 测试。

整个模型的建立过程是一个不断反复进行的过程，通过上述基本步骤的多次尝试并进行参数选择以得到最优的模型。

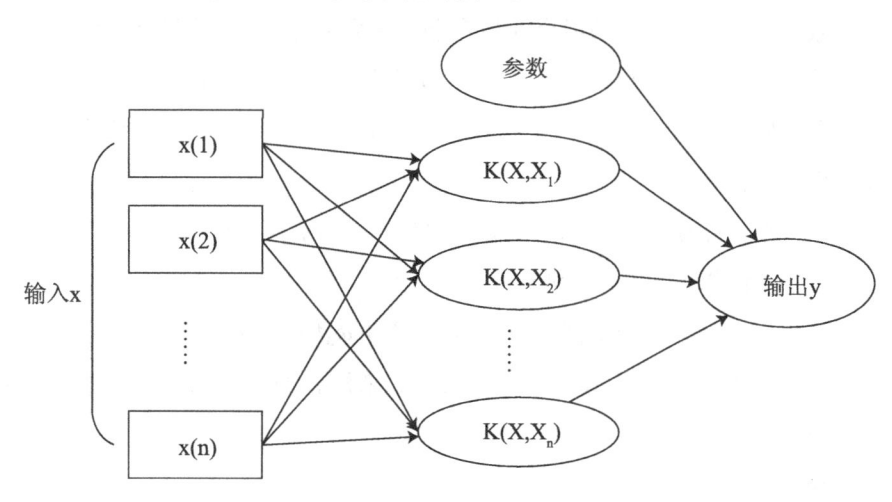

图 6 支持向量机结构图

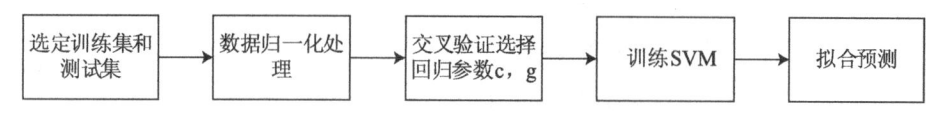

图 7 SVM 模型训练

4.3 高新技术园区收入组合预测模型的建立

组合预测成为各领域研究重点，方法方式较多，并广泛应用于多个领域。多种单预测组合可以降低系统中的误差敏感度。组合预测的加权最优法或者简单平均法，并不总是比单项预测模型好，但它一般比最差的单项预测模型好得多。因此，加权最优法或者简单平均法可以避开最坏的选择，并且简单平均法并不会因为组合而使模型有偏估计的偏度发生改变，因此在中长期预测中表现优异。基于加权最优法的特点，园区经济预测适用该方法。

高新技术园区中，不确定性因素较多，组合预测综合利用各种方法所提供的有用信息及各自的优势，加权组合，提高预测准确度。本文以最小误差加权形式组合起来，减少系统误差，增强应用可行性。

组合预测的构建过程：同一对象多方法建模预测，基于最小和误差法，赋予权重组建组合模型进行预测实证分析。一般步骤为：首先，分析数据，观察规律，建立多预测模型，分别预测；其次，赋予权系数，建立组合预测模型；最后，组合预测实证，分析研究效果。

文献分析发现，常用的组合预测确定权系数的方法有：固定权重系数法、变权系数法，进而延伸出等权平均法、方差倒数法、残差倒数法和最小二乘法。本文中假设一组观测序列为 $\{x_{32}\}=1, 2, 3, \cdots, 32$，组合预测模型的建立过程如下：

设3个单预测模型对目标预测值分别为 $f_1(x)$，$f_2(x)$，$f_3(x)$

组合预测结果为 $f(x)$，则有：

$$f(x) = \omega_1 f_1(x) + \omega_2 f_2(x) + \omega_3 f_3(x) + \sigma \quad (4.2)$$

ω_i 为各个模型的权重系数，依据最小二乘法，考察预测和实际的误差平方和最小。

最小二乘法：

$$\min m = \sum_{i=1}^{n} [x_{i0} - (ax_{i1} + bx_{i2} + cx_{i3})]^2 \quad (4.3)$$

$$S.t. \begin{array}{l} a+b+c=1 \\ \alpha + \alpha(1-\alpha) + \cdots + \alpha(1-\alpha)^n = 1 \end{array} \quad (4.4)$$

5 中关村高新技术园区收入预测实证分析

5.1 模型预测要素的确定

基于本文前章分析，本文借鉴徐映梅、丁俊君的聚类分析，脉冲响应和方差分解，将影响因素量化[20]。在定性分析基础上，用指标定量验证，将备选指标代入多元回归模型强制回归，参数检验中发现各影响因素系数均未通过显著性检验，VIF值均远大于10，根据方差扩大因子性质发现，该多变量具有多重共线性，因此使用SPSS软件对变量进行逐个剔除验证，共进行45次迭代验证，对比发现出口总额指标强制进入方程时，引起VIF值剧烈变动，并且干扰其他参数，不符合模型要求，因此剔除出口总额指标。

综上所述，论文选取8个变量作为研究指标集，分别为期末从业人员数（QM）、资产总计（ZC）、企业用于科研经费支出（QY）、专利授权数（ZL）、固定资产投资（GD）、银行贷款（YH）、全社会固定资产投资（QS）、社会消费品零售总额（SH）（见表1）。指标选取过程中充分考虑园区的经济发展特色、经济数据的客观性和可获得性，符合全面性、代表性的指标使用特征。

表1 预测指标集

变量名称	模型中变量表示
总收入	$Y = \ln(SR)$
期末从业人员数	$X_1 = \ln(QM)$
资产总计	$X_2 = \ln(ZC)$
企业用于科研经费支出	$X_3 = \ln(QY)$
专利授权数	$X_4 = \ln(ZL)$
固定资产投资总额	$X_5 = \ln(GD)$
银行贷款	$X_6 = \ln(YH)$
全社会固定资产投资总额	$X_7 = \ln(QS)$
社会消费品零售总额	$X_8 = \ln(SH)$

5.2 高新技术园区数据预处理

数据区间以201202到201409共32期的8个变量数据作为训练样本，2014年10—12月收入作为对比样本。数据主要来源于中关村内统计的归上和归下企业月度数据加总，其中2—11月数据来自于企业月报，12月份数据来源于企业统计年报，1月数据利用2—3月的同比增速转换计算得到。论文涉及的北京市指标的全社会固定资产投资总额和社会消费品零售总额的原始数据来源于北京市统计局[21~22]。文中数据不包括保密企业。

原始数据异常点使用散点图分析，仅有2013年6月数据突增，分析发现该点属于AO加性异常点，不影响其他值，采用同比增速修补数据[23]。使用数据绘图方法检测错误、拐点数据并标记。论文对数据进行存量、增量的查错处理，并标识出数据中的异常个案和无效个案、变量和数据值，对缺失值进行数据插补，用均值比较、方差迭代检验，确保数据科学。

利用Eviews软件借助Eviews进行初步的平稳性诊断，显示月度数据不稳定，防止伪回归及过度回归，在指数平滑模型和多元回归模型中对原始数据进行对数处理，在SVM模型中使用在区间[0，1]的归一化处理，消除量纲的影响，将原始数据处理为平稳时间序列数据，并建立可以进入模型的数据，数据预处理体系如图8所示。

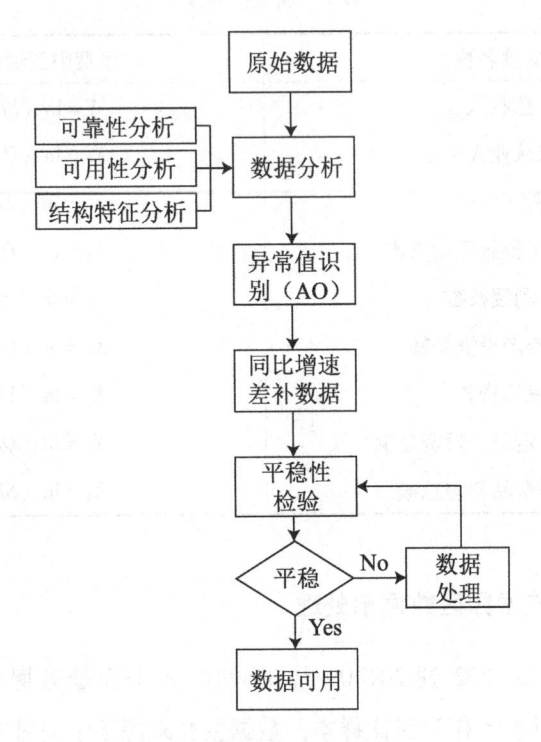

图8　数据处理流程图

5.3　中关村高新技术园区收入预测模型实证分析

5.3.1　基于时间序列的指数平滑乘法模型预测

基于2012年2月到2014年9月的数据拟合预测得到2014年10—12月的预测值，借助Eviews软件得到模型的两种拟合曲线（见图9，图10）。从拟合曲线和模型参数评价结果（见表2）可看出HW季节乘法模型对原序列拟合较好，同时预测序列曲线在趋势上滞后于原序列，这里体现了指数平滑法的局限性：在长短期预测中，HW季节乘法模型可以很好地预测收入值，但不能解释增长原因。因此在实际经济活动中，具体决策仍需定性与定量分析相结合，定量分析作为技术工具可以确保决策的科学性。其中得到的拟合方程为：

$$\hat{y} = 16319.62 + 209.41k \tag{5.1}$$

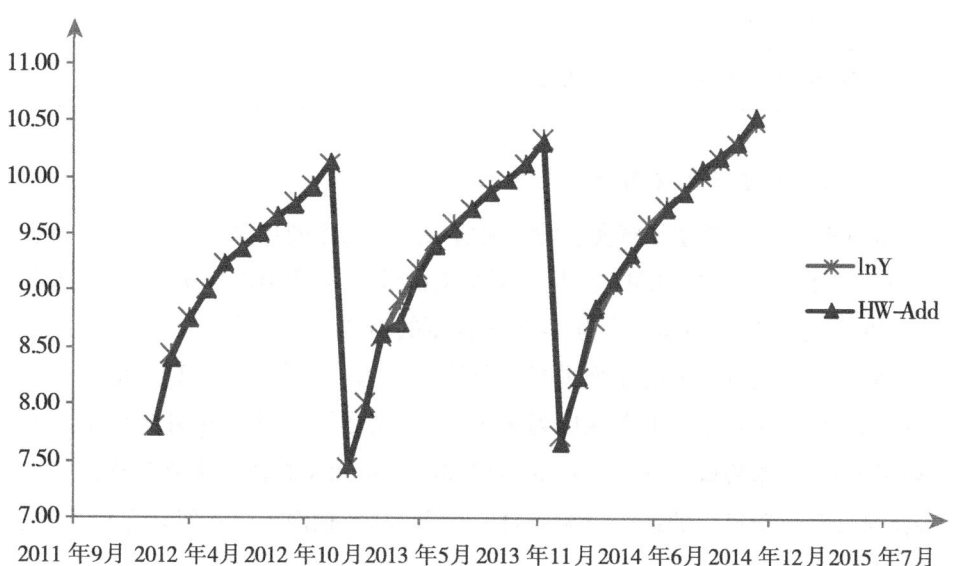

图 9　Holt – Winter 季节加法模型拟合效果

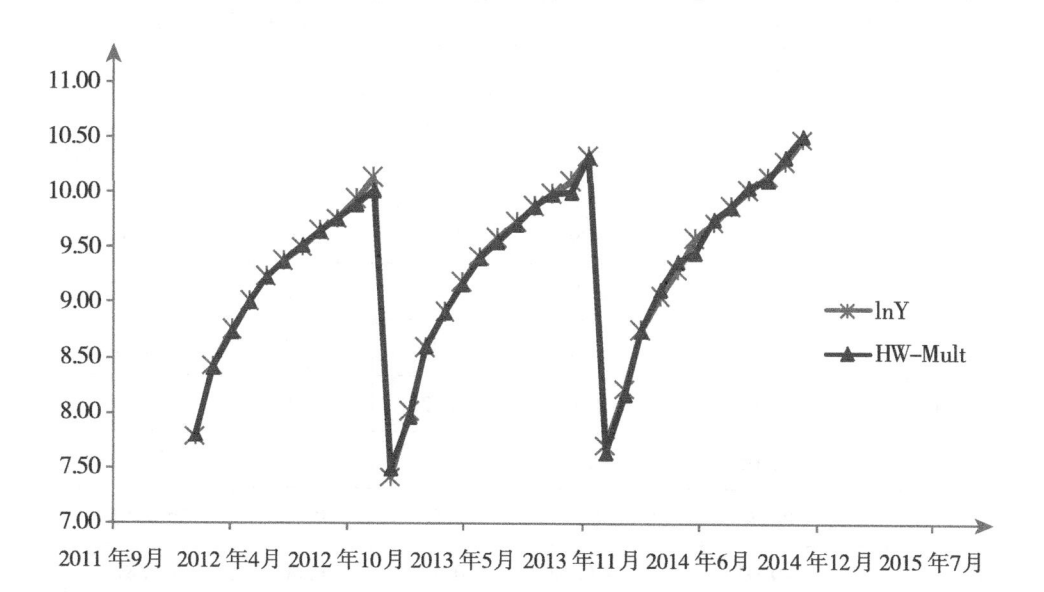

图 10　Holt – Winter 季节乘法模型拟合效果

表 2　指数平滑乘法模型评估指标结果

评价指标	MAD	MFE	TS
Holt-Winter 季节加法	10.71	0.15	0.11
Holt-Winter 季节乘法	7.32	0.03	0.05

5.3.2　基于多元岭回归模型预测

岭回归模型中外生经济变量的预测值采用时间序列预测方法 ARIMA 模型获得,在计算过程中 ARIMA 模型不同结果的选取参照 ACI 和 SC 准则,选取 ACI 和 SC 数值较小的模型作为 ARIMA 模型的预测结果[24~25]。

实证中首先将非平稳序列进行差分算子处理,形成平稳序列,单位根检验并判断检验残差序列不存在序列相关时,再做预测。本文中外生变量预测结果均通过残差检验,并且通过观察误差项,自相关系数是平稳序列,符合经济含义和模型建立的参数检验条件。借助 SPSS 软件,得到回归方程系数、相关检验见表3、表4。

表3　多元线性回归参数估计及检验

变量	Standardized Coefficient β	t 检验	Sig.	Collinearity Statistics Tolerrance	VIF
截距	0.00	1.65	0.11	—	—
X_1	-0.04	-0.72	0.48	0.01	162.88
X_2	0.10	3.86	0.00	0.03	31.50
X_3	0.85	2.46	0.02	0.00	6097.57
X_4	-0.18	-3.22	0.00	0.01	160.68
X_5	0.08	2.61	0.02	0.02	52.88
X_6	-0.05	-1.30	0.21	0.01	82.40
X_7	0.13	0.56	0.58	0.00	2622.94
X_8	-0.03	-0.30	0.77	0.00	517.89

表4 相关检验回归系数显著性检验

Adjusted R Square	Std. E	Durbin – W	F	Sig.
1.00	0.02	1.70	5731.71	0.00

表5 相关检验分析结果

评估指标	平方和	df.	平均值平方	F.	Sig.
回归	18.53	9	2.06	5731.707	0.00
残差	0.01	22	0	—	—
总计	18.54	31	—	—	—

由表5可知，多元线性回归模型调整后 $R^2 = 1.00$，F检验显著（$F = 5731.707$，Pro $= 0.00$），$DW.$ 检验值为1.7，在2附近，说明模型整体拟合效果较好，但是由表3可知，非标准化的相关系数存在负值，方差扩大因子（VIF）几乎都大于10，存在严重多重共线性，该模型中的经济变量都是对预测有较大影响的变量，因此暂不考虑剔除变量，而是引入有偏估计的岭回归法进行参数处理。观察岭迹图选取合适的k值，多次代入k值进行运算，得到较为稳定的控制矢量，损失一定的参数无偏性，得到较好的预测效果。

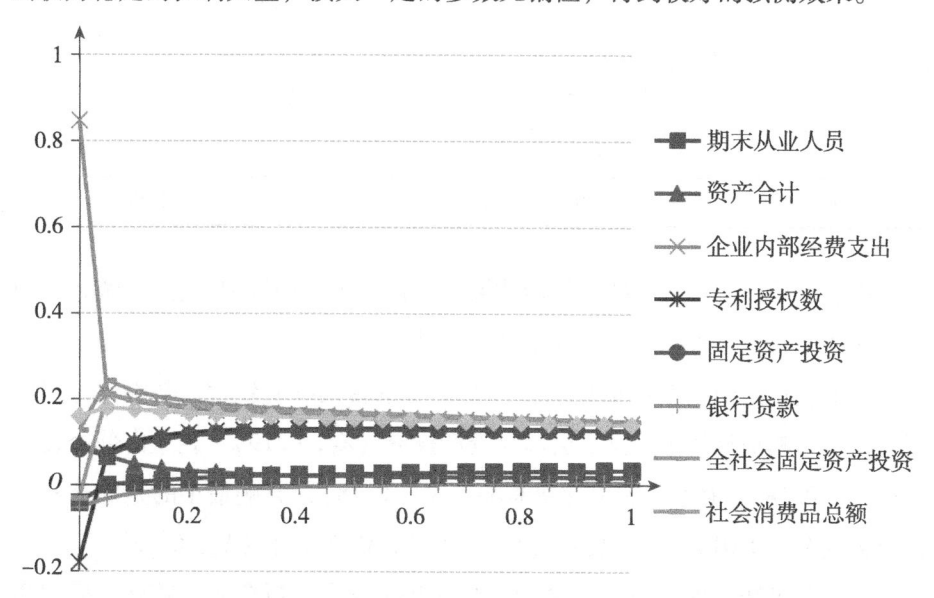

图11 岭迹图

由图 11 看出，k = 0.2 时，估计值在各个变量间趋于稳定，通过多次计算对比，也可以得到 k = 0.2 时指标参数优于其他值的结果，岭回归的各变量系数见表 6。

表 6 岭回归系数

变量	Beta
X_1	0.01
X_2	0.03
X_3	0.18
X_4	0.12
X_5	0.11
X_6	0.01
X_7	0.19
X_8	0.18

得到标准化后的岭回归方程：

$$Y = 0.01X_1 + 0.03X_2 + 0.18X_3 + 0.12X_4 + 0.11X_5 + 0.01X_6 + 0.19X_7 + 0.18X_8 \tag{5.2}$$

表 7 k = 0.2 时岭回归统计指标检验

K	R^2	Adjusted R^2	Sig. F
0.20	0.993	0.996	0.00

由表 7 得到，岭回归统计检验结果 R^2 为 0.993，t 检验值通过，调整后的 R^2 为 0.996，显著性为 0.00，方程拟合效果优。

标准化岭回归系数结果显示：各变量对总收入影响较大，其中，对园区经济增长影响最显著的是全社会固定资产投资（X_7，0.19），企业内部经费支出（X_3，0.18），社会消费品零售总额（X_8，0.18），影响最小的是期末从业人员数（X_1，0.01），银行贷款（X_6，0.01），资产总计（X_2，0.02）。

从表 7 可知，模型修正后决定系数 0.996 较大，拟合效果较好，模型整体显著性为 0.00，0.01 显著水平下通过检验，拟合效果较好，岭回归模型可以用作预测模型，模型的拟合误差见表8，表9，拟合曲线如图12所示，其中拟合误差公式为：$1-ABS$（预测值-实际值）/实际值×100%。

表 8 岭回归训练集拟合误差

时间	拟合误差（%）	时间	拟合误差（%）
201202	5.36	201306	2.07
201203	6.74	201307	0.16
201204	4.47	201308	2.49
201205	7.14	201309	1.20
201206	1.46	201310	2.45
201207	1.82	201311	0.85
201208	0.75	201312	1.70
201209	2.85	201401	2.12
201210	1.04	201402	0.89
201211	1.93	201403	1.44
201212	0.13	201404	0.37
201301	0.72	201405	0.01
201302	1.47	201406	1.63
201303	3.73	201407	1.56
201304	2.10	201408	2.13
201305	2.39	201409	0.68

表 9 岭回归预测测试样本预测值与精度

时间	拟合误差（%）
201410	0.131
201411	0.030
201412	0.063

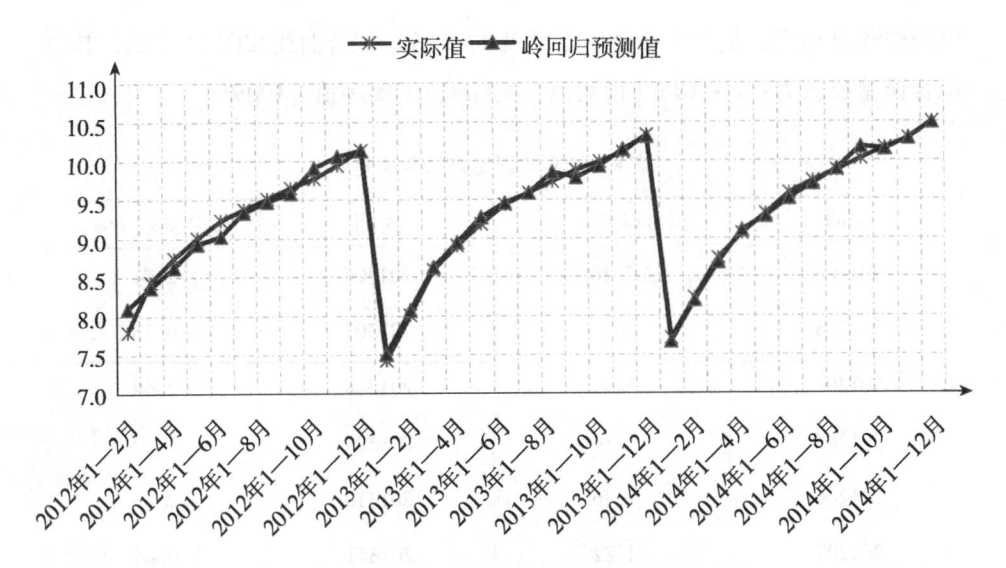

图12 园区总收入实际值与岭回归拟合结果对比

岭回归模型预测的拟合效果较好。主要结论有：（1）多因素对收入指标测算，多个单序列预测与检验降低单一变量失真的影响。缺点为对专家经验依赖性较大。（2）权重系数发现，企业内部经费支出能够较好地带动高新技术园区收入增长；期末从业人员数、银行贷款、资产总计对园区总收入的拉动作用不明显。这些反映出目前园区的创新驱动力足，创新能力较强，园区的发展已经顺利地转移到依靠科技进步和科技投入上来，增加企业的内部科技经费支出和增加高新技术人才的引入，能够更好地提高创新水平。

5.3.3 基于 SVM 模型预测

论文的 SVM 模型，将 2012 年 2 月到 2014 年 9 月的数据作为优化的训练样本，构建函数模型并对参数进行优化选择，利用训练样本建立的模型对测试样本进行预测。在预测中，具体的映射函数未知不需要知道，训练集和测试集的数据统一使用 Map min max 函数归一化处理。设置为：

$$[y, ps] = map\ min\ max\ (x) \qquad (5.3)$$

$$[y, ps] = map\ min\ max\ (x, ymin, ymax) \qquad (5.4)$$

$$[y, ps] = map\ min\ max\ (, reverse, y', ps) \qquad (5.5)$$

其中 x 是原始数据，y 为归一化后的数据，ps 为结构体，文章 $ymin$ 中将设置为 0，设置为 1，$ymax$ 将函数在置信区间 [0, 1] 内归一化。

随机选择参数选择通过迭代得到，过程见表 11，论文引入 K-CV 参数选择法。惩罚参数 c 选取 1000 内数据，参数 g 设定为 0.1 到 10，首先利用实验确定参数 g 和惩罚参数 c，再进一步确定输入参数维数。实验条件如下：采用前 32 个样本作为训练样本，最后 3 个样本作为测试样本，保持输入向量为 32 维并且保持不变，改变 c 和 g 取值，确定大致范围，再小范围内取值，对于不同参数和惩罚参数得到 SVM 模型不同的预测误差。

表 10　归一化处理准确率对比

归一化方式	准确率（%）	SVMtrain 参数选项
不进行归一化处理	41.0	'-c2 -g1'
[-1, 1] 归一化	98.3	'-c2 -g1'
[0, 1] 归一化	99.1	'-c2 -g1'

表 11　随机参数与最佳参数选择准确度对比

运行次数	随机选择参数 c	最佳选择参数 g	测试集准确率（%）
1	44.1	92.7	94.5
2	55.1	4.3	89.7
3	2.9	85.9	43.2
4	83.2	18.1	51.5

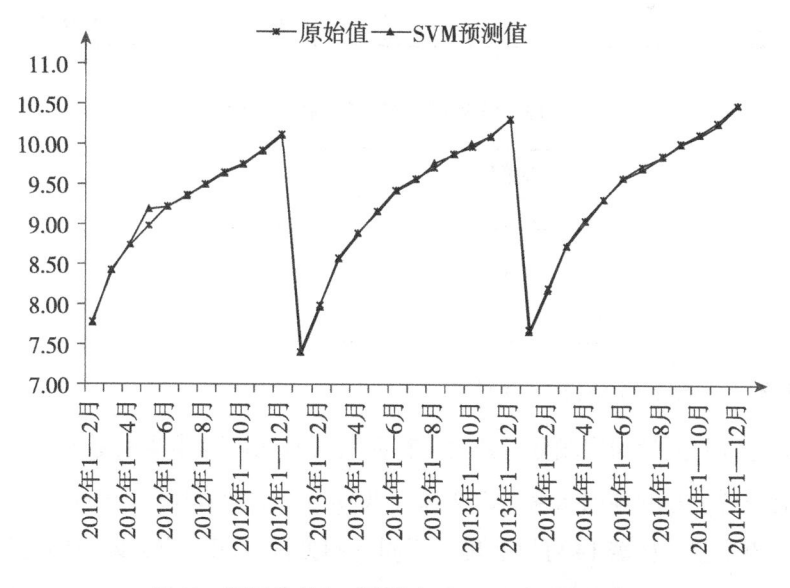

图 13　园区总收入对数值与 SVM 拟合结果对比

表 12　SVM 训练样本预测值与精度

时间	拟合误差（%）	时间	拟合误差（%）
201202	0.128	201306	0.042
201203	0.119	201307	0.010
201204	0.229	201308	0.535
201205	2.222	201309	0.273
201206	0.022	201310	0.394
201207	0.000	201311	0.198
201208	0.000	201312	0.010
201209	0.000	201401	0.402
201210	0.000	201402	0.365
201211	0.101	201403	0.023
201212	0.000	201404	0.033
201301	0.000	201405	0.322
201302	0.375	201406	0.188
201303	0.015	201407	0.202
201304	0.112	201408	0.010
201305	0.087	201409	0.010

表 13　SVM 测试样本预测值与精度

时间	拟合误差（%）
201410	0.197
201411	0.019
201412	0.106

5.3.4　基于组合模型预测

通过调研文献与实践分析证明，将回归与时间序列预测模型组合在一起，将可能得到更好的预测结果。论文选取 2012 年 2 月到 2014 年 9 月的数据建立组合预测模型。从表 14 可以看出，不同预测方法互相补充，即在同时间点不同预测方法拟合效果并不完全一致，同样地，在不同时间点的相同预测方法也有不同的拟合效果。

表 14　组合预测样本训练值与精度

时间	拟合误差（%）	时间	拟合误差（%）
201202	9.851	201306	1.242
201203	2.472	201307	1.036
201204	1.178	201308	0.674
201205	0.152	201309	1.436
201206	5.807	201310	0.473
201207	0.704	201311	2.368
201208	0.763	201312	0.983
201209	0.293	201401	4.550
201210	0.266	201402	0.731
201211	2.315	201403	7.881
201212	0.856	201404	2.947
201301	4.929	201405	1.890
201302	2.357	201406	2.156
201303	1.729	201407	2.148
201304	0.402	201408	0.098
201305	64.526	201409	0.224

表 15　组合预测模型测试样本预测值与精度

时间	拟合误差（%）
201410	1.125
201411	0.355
201412	0.198

表16　组合预测模型效果有效性评价

评价指标	SSE	MAE	MAFE	MSE
指数平滑模型	2542125.1	862.1	0.0254	3256.2
岭回归模型	3986524.0	1025.3	0.0425	5251.3
SVM 模型	6214513.5	1258.9	0.0521	3562.2
组合预测模型	2163251.1	752.1	0.0092	2563.7

从有效性指标来看，组合预测模型误差指标值基本都小于其他模型，在定量分析中组合预测优于单预测模型，能更好地解决提高预测精度的问题。

表17　四种预测模型效果评价

预测模型	R^2	拟合误差（%） 2014M10	2014M11	2014M12
时间序列	0.021	3.371	1.349	2.507
岭回归	0.302	0.131	0.030	0.063
SVM 回归	0.125	0.197	0.019	0.106
组合预测	0.251	0.125	0.355	0.198

经济活动中往往是多因素同时起作用，且经济变化受一定人为主观因素的影响，这给经济预测带来一定的困难，尤其是转折点、奇异点的预测。本研究对于收入预测结果，组合预测结果相对更好一些。

6　结论

本文在文献分析的基础上，结合中关村高新技术园区的收入预测需求，提出使用三种单预测和组合预测模型进行收入预测研究的思路，并将其运用于中关村高新技术园区收入预测研究实证分析。通过本文的理论分析和收入预测研究可以得出以下结论。

（1）针对中关村高新技术园区的收入特点，给出一种收入预测影响因素的定性和定量分析相结合的分析方法，从具有园区特色的人才、资本投入、创新要素、预警指标四个方面分析园区收入影响因素，收到了较好的效果。

（2）根据园区企业收入数据特点，进行预测方法选定，研究中发现拟合效果较好，预测方法选择较为科学，推广性和实用性强。

（3）通过研究发现，收入预测模型均具有较高的预测能力，其中组合预测相对更优。单预测各有优点，在综合评价方面组合预测更有优势，具有较高的可行性和预测有效性，实用性强，泛化效果好。

综上所述，本文为中关村高新技术园区收入影响因素分析和预测模型构建、园区决策提供一种切实可行的方法，获得的经验和成果为国内其他高新技术园区研究提供新的视角和借鉴。

参考文献

[1] 孙静娟. 国民经济核算与经济预测 [J]. 统计与决策, 1995, 56-58.

[2] 周雄鹏. 论统计预测及统计预测方法的定义 [J]. 统计研究, 1985, 41-42.

[3] 邱依忠. 经济预测方法 [M]. 正中书局, 1982: 15-39.

[4] KIYOHIRO YAMAZAKI, ALEXANDRA CAPATINA, RYMBOUZAABIA. Cross-Cultural Issues Related to Open Innovation in High-Tech Companies from Japan, Romania, Tunisia and Turkey [J]. Review of International Comparative Management Revista Management Comparat International, 2012, 13 (4): 561-573.

[5] 方博, 何朗. ARMA-BP 神经网络组合模型的财政收入预测 [J]. 数学杂志, 2015, 35 (3): 709-713.

[6] 谢姗, 汪卢俊. 中期预算框架下我国财政收入预测研究 [J]. 财贸研究, 2015 (4): 64-70.

[7] 赵海利, 吴明明. 中国财政收入预测的准确性分析 [J]. 经济研究参考, 2013, 45 (45): 41-47.

[8] 赵连伟, 郭龙, 张平竺, 等. 西班牙税收收入管理经验及其启示 [J]. 国际税收, 2015 (8): 58-61.

[9] 王道树, 董丽红, 赵连伟. 英国税收收入预测经验及启示 [J]. 中国税务, 2009, 8 (8): 45-46.

[10] 陈燕武, 吴承业. 论宏观经济计量模型的发展 [M]. 华侨大学学报：哲

学社会科学版,2002,02(2):15-19.

[11] 罗默. 高级宏观经济学[M]. 上海:上海财经大学出版社,2009.

[12] 斯蒂格利茨,苏丽文. 对发展经济学的反思[J]. 经济社会体制比较,2013(4).

[13] 埃弗雷特·罗杰斯,朱迪思·拉森,吴奇. 硅谷的崛起[J]. 国际经济评论,1984(10).

[14] 谢季坚,刘承平. 模糊数学方法及其应用第4版[M]. 武汉:华中科技大学出版社,2013.

[15] 张永军. 经济景气计量分析方法与应用研究[M]. 北京:中国经济出版社,2007.

[16] 易丹辉. 时间序列分析:预测与控制[J]. 数理统计与管理,2000,3(3):51.

[17] 李闽榕. 全国省域经济综合竞争力评价研究[J]. 管理世界,2006(5):52-61.

[18] 蔡龙海,侯玲娟,周泓. 中国高新区发展水平的主成分分析和聚类分析[J]. 2009,29(4):25-30.

[19] 于谨凯,李宝星. 我国海洋高新技术产业发展策略研究[J]. 浙江海洋学报(人文科学版),2007,24(4):11-15.

[20] 徐映梅,丁俊君. 宏观经济运行质量评价指标的选择方法[J]. 中南财经政法大学学报,2007,5(1):3-8.

[21] www.zgc.gov.cn.

[22] www.bjstats.gov.cn.

[23] F. INFORMATIK, L. VIII, K. INTELLIGENZ, T. Joachims. Making Large-Scale SVM Learning Practical[J]. Technical Reports, 1998, 8(3):499-526.

[24] 农吉夫. 主成分分析与支持向量机相结合的区域降水预测应用[J]. 数学的实践与认识,2012,41(22):91-96.

[25] 谭学瑞,邓聚龙. 灰色关联分析:多因素统计分析新方法[J]. 统计研究,1995,3(3):46-48.

基于 IOWA 算子的指数平滑模型与非线性回归模型的组合预测

刘 刚　李静文　卢 凯❶

(北京信息科技大学经济管理学院)

摘要：本文首先对观测值进行单个预测，然后通过建立基于 IOWA 组合预测模型，构建了以误差平方和最小为准则新的组合预测模型，通过求解非线性规划模型给出了基于 IOWA 组合预测的最优权系数。最后对比预测效果评价指标体系的各个指标，表明该组合预测模型能提高模型预测的精度。

关键字：有序加权算子；指数平滑模型；非线性回归模型；组合预测；数学规划

1 引言

单个预测模型能够从某个角度提供相应的有效信息，每个单个预测模型提供有效信息的角度不同，若是仅适用于某一单个预测会导致信息不够广泛。Bates 和 Granger 首次提出组合预测的概念。由于它能有效地提高预测精度，因此受到国内外预测工作者的重视。组合预测就是综合利用各种单个预测方法所提供的信息，以某种加权平均的形式得出组合预测模型。目前国内外学者的研究重点为如何对单个预测模型进行加权平均，才能有效地提高组合预测的预测精度。

---

❶ 作者简介：刘刚（1990—），男，硕士，研究方向为数量经济学；李静文（1969—），女，副教授，研究方向为实验经济学、知识管理、技术创新；卢凯（1989—），男，硕士，研究方向为能源经济。

本文分别使用非线性回归模型和指数平滑模型预测出观测值在样本区间的预测值，对上述两种模型使用基于 IOWA 组合预测模型计算出样本区间的预测值。本文使用的基于 IOWA 组合预测模型与传统的组合预测方法有着很大的不同。传统的组合预测是按着单项预测方法的不同而赋予不同的加权平均系数，同一个单项预测方法在样本区间上各个时点的加权平均系数是相同的。然而对于同一个单项预测方法而言，不同时刻的预测精度各不相同，即在某个时点上预测精度较高，而在另一时点上预测精度较低。因而传统的组合预测存在一定的缺陷。本文利用基于 IOWA 的组合预测对每个单项预测方法在样本区间上各个时点的拟合精度的高低按顺序赋权，并建立以误差平方最小为准则的非线性规划模型，通过求解非线性规则模型，得出加权值，进而建立新的组合预测模型。最后通过计算预测效果评价体系中的各个指标，本文发现基于 IOWA 的组合预测能够明显地提高预测的精度。

2 模型介绍

本文使用非线性回归模型和指数平滑模型分别对样本区间的观测值进行预测。非线性回归模型包含多种模型形式，根据观测值的实际走势可以确定非线性回归模型的具体形式。指数平滑模型中包含了一次指数平滑模型、二次指数平滑模型和多参数指数平滑模型，多参数指数平滑模型包含 Holter-Winter 非季节模型、Holter-Winter 季节加法模型、Holter-Winter 季节乘法模型。本文选择使用 Holter-Winter 非季节模型（简称 HW 无季节模型）。

2.1 非线性回归模型

根据观测值的时间走势图，本文对观测值使用非线性回归模型对观测值进行预测。由于观测值的时间走势图类似于一元二次函数的图形，根据非线性回归模型 $y_t = ax_t^2 + bx_t + c$，使用 Eviews 软件计算得出模型结果如下所示：

$$y_t = 13.98t^2 - 119.55t + 287.88$$
$$t = 19.61 \quad -7.75 \quad 4.09$$
$$p = 0.0008 \quad 0.0000 \quad 0.0000$$

根据 Eviews 的计算结果可知非线性回归函数的各个系数都能通过 t 检验。

同时 $R^2 = 0.99$，可知该函数的拟合度很高。因而根据上述模型计算出在样本区间的预测值，具体的计算结果如表1所示：

表1 非线性回归模型预测结果

年度	原始数据	非线性回归模型
1993	29.20	182.32
1994	42.30	104.72
1995	61.90	55.09
1996	97.60	33.43
1997	122.10	39.74
1998	157.00	74.02
1999	226.10	136.27
2000	326.00	226.49
2001	455.70	344.67
2002	519.00	490.83
2003	608.00	664.96
2004	760.90	867.05
2005	954.90	1097.12
2006	1285.80	1355.15
2007	1569.90	1641.16
2008	1934.10	1955.13
2009	2263.70	2297.07
2010	2615.10	2666.98
2011	3111.00	3064.87
2012	3647.50	3490.72

2.2 指数平滑模型

HW 无季节模型两个平滑系数 α，β 取值范围：$0 \leq \alpha, \beta \leq 1$。预测模型为：

$$\hat{X}_{t+k} = a_t + b_t k \quad 对于所有 k \geq 1$$

式中：$a_t = \alpha X_t + (1-\alpha)(a_{t-1} - b_{t-1})$

$b_t = \beta(a_t - a_{t-1}) + (1-\beta)b_{t-1}$

如果 $t = T$（最后一期），预测模型为：

$$\hat{X}_{T+k} = a_T + b_T k \quad 对于所有 k \geqslant 1$$

上式中：a_T 是截距；b_T 是斜率。

根据 HW 无季节模型，本文使用 Eviews 软件计算原始序列的预测值，本文计算出样本区间上预测值（拟合值），计算结果如表 2 所示：

表2 HW 无季节模型预测结果

年度	原始数据	HW 无季节模型
1993	29.20	29.20
1994	42.30	87.08
1995	61.90	57.19
1996	97.60	80.42
1997	122.10	132.71
1998	157.00	147.37
1999	226.10	191.30
2000	326.00	294.00
2001	455.70	425.32
2002	519.00	584.82
2003	608.00	585.54
2004	760.90	694.78
2005	954.90	911.60
2006	1285.80	1148.49
2007	1569.90	1612.07
2008	1934.10	1858.43
2009	2263.70	2294.43
2010	2615.10	2596.04
2011	3111.00	2965.12
2012	3647.50	3601.44

3 基于 IOWA 算子的组合预测

3.1 IOWA 算子的概念

定义 1[7] 设 $fw: R^m \to R$ 为 m 元函数，$W = (w_1, w_2, \cdots, w_m)^T$ 是 fw 有关的加权向量，满足 $\sum_{i=1}^{m} w_i = 1, w_i \geq 0, i = 1, 2, \cdots, m$，若 $fw(a_1, a_2, \cdots, a_m) = \sum_{i=1}^{m} w_i b_i$，其中 b_i 是 $a_1, a_2, \cdots, a_m$ 中按从大到小的顺序排列的第 i 个大的数。则称函数 fw 是 m 维有序加权平均算子，简记为 OWA 算子。

例如，设 $w_1 = 0.5$，$w_2 = 0.2$，$w_3 = 0.3$，则由定义 1 得
$$fw(7, 5, 9) = 9 \times 0.5 + 7 \times 0.2 + 5 \times 0.3 = 7.4$$

从定义 1 可知，OWA 算子是对 m 个数 $a_1, a_2, \cdots, a_m$ 按从大到小顺序排序后的序列进行有序加权平均，系数 w_i 与 a_i 大小顺序相关，而与 a_i 的数值无关。

定义 2[6] 设 $\langle v_1, a_1 \rangle, \langle v_2, a_2 \rangle, \cdots, \langle v_m, a_m \rangle$ 为 m 个二维数组，令
$$fw(\langle v_1, a_1 \rangle, \langle v_2, a_2 \rangle, \cdots, \langle v_m, a_m \rangle) = \sum_{i=1}^{m} w_i a_{v\text{-}index(i)}$$

则称函数 fw 是由 $v_1, v_2, \cdots, v_m$ 所产生的 m 维诱导有序加权平均算子，简记为 IOWA 算子，v_i 称为 a_i 的诱导值。其中 $v\text{-}index(i)$ 是 $v_1, v_2, \cdots, v_m$ 中按从大到小的顺序排列的第 i 个大的数的下标，$W = (w_1, w_2, \cdots, w_m)^T$ 是 OWA 的加权向量，满足 $\sum_{i=1}^{m} w_i = 1, w_i \geq 0, i = 1, 2, \cdots, m$。

例如，设 $\langle 5, 4 \rangle, \langle 2, 3 \rangle, \langle 7, 0 \rangle, \langle 6, 2 \rangle, \langle 8, 5 \rangle$ 为 5 个二维数组，OWA 的加权向量为 $w_1 = 0.25$，$w_2 = 0.13$，$w_3 = 0.37$，$w_4 = 0.1$，$w_5 = 0.15$，则
$$fw(\langle 5, 4 \rangle, \langle 2, 3 \rangle, \langle 7, 0 \rangle, \langle 6, 2 \rangle, \langle 8, 5 \rangle)$$
$$= 5 \times 0.25 + 0 \times 0.13 + 2 \times 0.37 + 4 \times 0.1 + 3 \times 0.15 = 2.84$$

从定义 2 可知，IOWA 算子是对诱导值 $v_1, v_2, \cdots, v_m$ 按从大到小的顺序排序后所对应的 $a_1, a_2, \cdots, a_m$ 中的数进行有序加权平均，w_i 与数 a_i 的大小

和位置无关，而是与其诱导值 v_i 所在的位置有关。

3.2 模型建立

设 $a_{it} = \begin{cases} 1 - |(x_t - x_{it})/x_t| & |(x_t - x_{it}/x_t)| < 1 \\ 0 & |(x_t - x_{it}/x_t)| \geq 1 \end{cases}$ (1)

其中 x_t ($t=1, 2, \cdots, n$) 为某一序列的观察值，设有 m 种可行的单项预测方法对其进行预测，x_{it} 为第 i 种预测方法在 t 时刻的预测值，$i=1, 2, \cdots, m$; $t=1, 2, \cdots, n$。a_{it} 表示第 i 种预测方法在 t 时刻的预测精度。

本文把预测精度 a_{it} 看成预测值 x_{it} 的诱导值，因而 m 单项预测方法在 t 时刻的预测精度和其对应的预测值就构成了 m 个二维数组：(a_{1t}, x_{1t}), $\langle a_{2t}, x_{2t}\rangle$, $\cdots$, $\langle a_{mt}, x_{mt}\rangle$。设 $L = (l_1, l_2, \cdots, l_m)^T$ 为各种预测方法在组合预测中的 OWA 加权向量，将 m 种单项预测方法在 t 时刻预测精度 $a_{1t}, a_{2t}, \cdots, a_{mt}$ 按从大到小的顺序排列，设 $a-index$ (it) 是第 i 个大的预测精度的下标，根据定义 2 有：

$$f_L(\langle a_{1t}, x_{1t}\rangle, \langle a_{2t}, x_{2t}\rangle, \cdots, \langle a_{mt}, x_{mt}\rangle) = \sum_{i=1}^{m} l_i x_{a-index(it)} \quad (2)$$

则上式称为由预测精度序列 $a_{1t}, a_{2t}, \cdots, a_{mt}$ 所产生的 IOWA 组合预测值，则 n 期总的组合预测误差平方和 S 为：$S = \sum_{t=1}^{n}[x_t - \sum_{i=1}^{m} l_i x_{a-index(it)}]^2$

因此以误差平方和为准则的基于 IOWA 的组合预测模型可表示成如下模型：

$$\min S(L) = \sum_{t=1}^{n}[x_t - \sum_{i=1}^{m} l_i x_{a-index(it)}]^2 \quad (3)$$

$$s.t. \begin{cases} \sum_{i=1}^{m} l_i = 1 \\ l_i \geq 0, \quad i = 1,2,\cdots,m \end{cases}$$

利用非线性规划求解上述模型可以得出 l_i ($i=1, 2, \cdots, m$) 值，即组合预测中的 OWA 加权向量 l_i ($i=1, 2, \cdots, m$) 使得组合预测总的误差平方和最小。

3.3 组合预测

从表1和表2可知非线性回归模型和HW无季节模型的预测结果,根据(1)式可以计算出上述两种单项预测模型的预测精度。如表3所示:

表3 单项预测模型的预测值及预测精度

年度	非线性回归模型预测值	HW无季节模型预测值	非线性回归模型预测精度	HW无季节模型预测精度
1993	182.32	29.20	0	0
1994	104.72	87.08	0	0
1995	55.09	57.19	0.89	0.92
1996	33.43	80.42	0.34	0.82
1997	39.74	132.71	0.33	0.91
1998	74.02	147.37	0.47	0.94
1999	136.27	191.30	0.60	0.85
2000	226.49	294.00	0.69	0.90
2001	344.67	425.32	0.76	0.93
2002	490.83	584.82	0.95	0.87
2003	664.96	585.54	0.91	0.96
2004	867.05	694.78	0.86	0.91
2005	1097.12	911.60	0.85	0.95
2006	1355.15	1148.49	0.95	0.89
2007	1641.16	1612.07	0.95	0.97
2008	1955.13	1858.43	0.99	0.96
2009	2297.07	2294.43	0.99	0.99
2010	2666.98	2596.04	0.98	0.99
2011	3064.87	2965.12	0.99	0.95
2012	3490.72	3601.44	0.96	0.99

按(2)式计算IOWA组合预测值,计算过程如下所示:

$$f_L(\langle a_{11}, x_{11}\rangle, \langle a_{21}, x_{21}\rangle) = f_L(\langle 0, 182.32\rangle, \langle 0, 29.20\rangle) = 0$$

$$f_L(\langle a_{12}, x_{12}\rangle, \langle a_{22}, x_{22}\rangle) = f_L(\langle 0, 104.72\rangle, \langle 0, 87.08\rangle) = 0$$

$$f_L(\langle a_{13}, x_{13}\rangle, \langle a_{23}, x_{23}\rangle) = f_L(\langle 0.89, 55.09\rangle, \langle 0.92, 57.19\rangle) = 57.19 l_1 + 55.09 l_2$$

同理：

$$f_L(\langle a_{14}, x_{14}\rangle, \langle a_{24}, x_{24}\rangle) = 80.42 l_1 + 33.43 l_2$$

$$f_L(\langle a_{15}, x_{15}\rangle, \langle a_{25}, x_{25}\rangle) = 132.71 l_1 + 39.74 l_2$$

$$f_L(\langle a_{16}, x_{16}\rangle, \langle a_{26}, x_{26}\rangle) = 147.73 l_1 + 74.02 l_2$$

……

$$f_L(\langle a_{1,19}, x_{1,19}\rangle, \langle a_{2,19}, x_{2,19}\rangle) = 3064.87 l_1 + 2965.12 l_2$$

$$f_L(\langle a_{1,20}, x_{1,20}\rangle, \langle a_{2,20}, x_{2,20}\rangle) = 3601.44 l_1 + 3490.72 l_2$$

将上述公式代入（3）中，得出如下最优化模型：

$$\min S(l_1, l_2) = \sum_{t=1}^{20} [x_t - f_L(\langle a_{1,t}, x_{1,t}\rangle, \langle a_{2,t}, x_{2,t}\rangle)]^2$$

$$s.t. \begin{cases} l_1 + l_2 = 1 \\ l_1 \geqslant 0, l_2 \geqslant 0 \end{cases}$$

其中，x_t（$t=1,2,\cdots,20$）是序列的原始数据，利用 Matlab 最优化工具箱或者使用 Excel 中的规划求解，得到基于 IOWA 的组合预测模型的最优权系数为：

$$l_1 = 0.876 \quad l_2 = 0.124$$

4 结论分析

为了反映本文使用的基于 IOWA 的组合预测模型的有效性以及预测的精度，按照预测效果评价原则，一般选择以下指标作为评价指标体系：

（1）均方误差　　$MSE = \dfrac{1}{n}\sum_{i=1}^{n}(x_i - \hat{x}_i)^2$

（2）均方根误差　　$RMSE = \sqrt{\dfrac{1}{n}\sum_{i=1}^{n}(x_i - \hat{x}_i)^2}$

（3）平均绝对误差　　$MSE = \dfrac{1}{n}\sum_{i=1}^{n}|(x_i - \hat{x}_i)|$

(4) 平均相对误差绝对值公式 $MAPE = \frac{1}{n}\sum_{i=1}^{n} |(x_i - \hat{x}_i)/x_i|$

(5) 平方和误差 $SSE = \sum_{i=1}^{n}(x_i - \hat{x}_i)^2$

(6) 均方百分比误差 $MSPE = \sqrt{\sum_{i=1}^{n}[(x_i - \hat{x}_i)/x_2]^2}$

为了更加明确地反映基于 IOWA 组合预测与两种单项预测精度之间的优劣，本文计算了单项预测及组合预测在观测样本各个时期的平均相对误差的绝对值，由于单项预测在前两期的预测精度较低，本文删除前两期的样本。具体的计算结果如表 4 所示：

表4 各个时期的平均相对误差的绝对值

年度	非线性回归模型相对误差	HW 无季节模型相对误差	IOWA 组合预测相对误差
1995	0.11	0.08	0.08
1996	0.66	0.18	0.24
1997	0.67	0.09	0.01
1998	0.53	0.06	0.12
1999	0.40	0.15	0.18
2000	0.31	0.10	0.12
2001	0.24	0.07	0.09
2002	0.05	0.13	0.03
2003	0.09	0.04	0.02
2004	0.14	0.09	0.06
2005	0.15	0.05	0.02
2006	0.05	0.11	0.03
2007	0.05	0.03	0.03
2008	0.01	0.04	0.00
2009	0.01	0.01	0.01
2010	0.02	0.01	0.00
2011	0.01	0.05	0.02
2012	0.04	0.01	0.02

从表 4 中可以看出基于 IOWA 组合预测在各个时期的平均相对误差的绝对值小于两种单项预测模型，尤其在 2002 年以后，可以看出组合预测的平均相对误差显著小于其他单项预测模型。

本文同时计算单项预测模型与基于 IOWA 组合预测的均方误差、均方根误差、平均绝对误差等预测效果评价指标。通过预测评价指标体系的计算值，可以明显地看出基于 IOWA 组合预测相对于其他两种单项预测模型的优势。计算结果如表 5 所示：

表 5　预测效果评价指标体系

预测效果评价指标体系		SSE	MAE	MAPE	MSE	RMSE	MSPE
单项预测	非线性回归模型	124508.86	73.33	0.20	6917.16	83.17	0.07
	HW 无季节模型	65832.51	46.33	0.07	3657.36	60.48	0.02
IOWA 组合预测最优权重向量	$l_1 = 0.876$ $l_2 = 0.124$	20901.94	29.02	0.06	1161.22	34.08	0.02

从表 5 预测效果评价指标体系来看，本文使用的基于 IOWA 的组合预测模型的各种误差指标值均明显低于其他两种单项预测模型的计算结果，从而表明本文使用的 IOWA 的组合预测方法要优于非线性回归模型和 HW 无季节模型，能够有效地提高预测精度。

本文使用了 IOWA 的组合预测方法，通过求解二次规划模型可以获得样本区间上组合预测 IOWA 最优权系数。本文根据陈华友等一文中提及的预测连贯性原则，计算样本在未来区间 $[n+1, n+2, \cdots]$ 的预测值。计算公式如下所示：

$$f_L(\langle a_{1t}, x_{1t} \rangle, \langle a_{2t}, x_{2t} \rangle, \cdots, \langle a_{mt}, x_{mt} \rangle) = \sum_{i=1}^{m} l_i x_{a-index(it)}$$

$$t = n+1, n+2, n+3, \cdots$$

$l_i (i = 1, 2, \cdots, m)$ 为样本区间上组合预测 IOWA 最优权系数。

组合预测值在预测区间 $[n+1, n+2, \cdots]$ 上的诱导值，即为预测精度序列 $a_{it}(i=1,2,\cdots,m, t=n+1,n+2,\cdots)$。确定原则是依据各个单项预测方法在样本区间上近几期拟合平均精度。即若要进行未来 k 步的预测，则预测区间上 $n+k$ 期的预测精度为最近 k 期的拟合平均度，即 $a_{i,n+k} = \frac{1}{k}\sum_{t=n-k+1}^{n} a_{i,t}$ ($i=1,2,\cdots,m$)。因而可以预测出观测值在 2013 年、2014 年的值分别为 4184.65 和 4716.69。

参考文献

［1］ BATES J. M., GRANGER C. W. J. Combination of forecasts ［J］. Operations Research Quarterly，1969，20 （4）.

［2］ 陈华友，刘春林. 基于 IOWA 算子的组合预测方法 ［J］. 预测，2003，22 （6）：61 - 65.

［3］ 陈华友. 基于预测有效度的组合预测模型研究 ［J］. 预测，2001，20 （3）：72 - 73.

［4］ 陈华友. 组合预测权系数确定的一种合作对策方法 ［J］. 预测，2003，22 （1）：75 - 77.

［5］ 易丹辉. 数据分析与 EViews 应用 ［M］. 北京：中国人民大学出版社，2008.

［6］ YAGER R. R.. Induced aggregation operators ［J］. Fuzzy Sets and Sytems，2003 （137）：56 - 69.

［7］ YAGER R. R.. On ordered weighted averaging aggregation operators in multicriteria decision making ［J］. IEEE Transactions on Systems，Man, and Cybernetics，1988 （18）：183 - 190.

［8］ 王丰效. 不同优化准则统计组合预测权系数优化 ［J］. 数学的实践与认识，2013 （13）：135 - 139.

［9］ 窦红强. 基于组合加权算术平均算子的组合预测方法 ［J］. 统计与决策，2011 （18）：161 - 163.

［10］ 王明涛. 确定组合预测权系数最优近似解的方法研究 ［J］. 系统工程理论与实践，2000 （3）：104 - 109.

[11] 杨蕾,陈华友,王宇. 基于贴近度的诱导广义 OWA 算子最优组合预测模型 [J]. 统计与决策, 2013 (5): 24–26.

[12] 王丰效. 组合预测模型预测精度的贴近度评价法 [J]. 统计与决策, 2013 (8): 70–72.

[13] 陈启明,陈华友. 基于 IOWA 算子的投影法在加权几何平均组合预测模型中的应用及性质 [J]. 数理统计与管理, 2013 (6): 1020–1027.

[14] 陈启明,陈华友. 基于 IOWGA 算子的最优组合预测模型及应用 [J]. 统计与决策, 2012 (3): 88–91.

[15] 姜继娇,杨乃定. 基于 IOWA 算子的行为证券组合投资决策研究 [J]. 系统工程理论与实践, 2004 (11): 57–62, 93.

(本文原刊载于《统计与决策》2015 年第 17 期)